酿酒酶与酶制剂

薛栋升 著

化学工业出版社
·北京·

本书共八章，系统论述了酿酒酶与酿酒技艺发展的辩证关系；酿酒酶的种类和酿酒酶的催化机制及其在酿酒中的功能；新型酿酒工艺适配的新型酶和酶制剂；新型淀粉酶及其酶制剂的高效制备；新型耐受酒精的蛋白酶及低温丝氨酸肽酶的催化特性；新型果香味酯化酶及低温酯化酶生成酒体酯类物质的催化性质；高活性新型纤维素酶及耐受酒精或高盐的纤维素酶酶学特性和酶制剂制备；脲酶制剂、葡萄糖氧化酶制剂、淀粉酶制剂、纤维素酶制剂、蛋白酶制剂、柚苷酶制剂、果胶酶制剂、葡糖苷酶制剂等在酒类酿造中的应用。

本书可供高校和科研院所等酿酒或酶制剂领域的科研人员参阅。

图书在版编目（CIP）数据

酿酒酶与酶制剂/薛栋升著. —北京：化学工业出版社，2017.12

ISBN 978-7-122-31271-6

Ⅰ.①酿… Ⅱ.①薛… Ⅲ.①酶制剂-应用-酿酒-研究 Ⅳ.①TS261.4

中国版本图书馆 CIP 数据核字（2017）第 316006 号

责任编辑：魏 巍 洪 强 甘九林　　文字编辑：周 倜
责任校对：王素芹　　装帧设计：关 飞

出版发行：化学工业出版社（北京市东城区青年湖南街 13 号 邮政编码 100011）
印　　装：中煤（北京）印务有限公司
787mm×1092mm 1/16 印张 12½ 字数 314 千字 2018 年 9 月北京第 1 版第 1 次印刷

购书咨询：010-64518888（传真：010-64519686） 售后服务：010-64518899
网　　址：http://www.cip.com.cn
凡购买本书，如有缺损质量问题，本社销售中心负责调换。

定　　价：68.00 元

前 言

随着经济的发展，消费者的结构群体发生变化，消费理念也发生变化。酒类保健功能的提升，口感风味时尚化和个性化，新品种的开发等都需要白酒创新性开发来应对这种变化。已有酿酒的创新性开发主要从“料”“曲”“艺”“器”四个方面着手，此四个方面的创新虽有所进展，但相对于市场对白酒的创新要求仍然不足。进一步加大酿酒的创新力度，可助推酿酒产业进一步发展，已达成共识。

白酒酿造的生化过程是一个多种酶共同催化的过程，酒体的风味和品质主要取决于酿造过程中酶的种类、酶的性质、酶催化的效率等。改变酿造过程中酶的种类、调控酶的催化效率是白酒创新性开发的重要途径。新品种酶在酿酒中的应用更是白酒创新的一个重要思路。

本书共8章。绪论主要从历史发展角度论述酶的应用对酒品质提升的重要作用。第一章论述酿酒所用酶的种类、分子结构和催化机制，以及酶催化对酒体品质和风味形成的作用。第二章论述酿酒工艺发展的趋势，酿酒工艺创新对酶性质的新需求。第三～六章主要论述新型酿酒酶生产菌株的筛选和构建，新型酿酒酶的分子改造或高效表达。第七章主要论述酶在酿酒中创新性的应用实例。

著者集自己多年的酶学研究成果，撰成此书。期望通过此书的出版，能使著者“新酶酿新酒”的思路得到更多酿酒研究者的关注，从而促进白酒行业的创新。“新酶酿新酒，好酶酿好酒”，以好酒“飨吾国民，惠吾国民”是著者志之所愿。

薛栋升

于湖北工业大学

2017年10月

目　录

绪 论

追溯酿酒历史，可以发现酿酒的发展史，是一个技艺不断创新的发展史。酿酒的发展史是一个对更优酒质追求的发展史，是一个酒的品种不断拓展的发展史，是一个不断与特定时代的文化背景和科技背景融合的发展史。

查阅大量的历史文献、考古资料和民族学资料都得出这样的结论：我国酒的起源和发展经历了从自然酒到人造酒，从自然发酵到人工蒸馏，从原始低劣的自然酒到种类多样的现代酒的漫长的发展过程。

古法酿酒的创新最初是酿酒技法的创新，通过对酿酒原料和酿酒工艺的改进来获得更优质的酒。现代酿酒的创新主要体现在酿酒设备的创新，以及新品白酒的创新开发。这一阶段，利用复配曲和新工艺生产优质白酒和新品白酒具有最鲜明的创新特色。未来，白酒的创新将主要集中于健康白酒的创新，小品种白酒的创新，智能化生产的创新。未来生产健康白酒、个性化白酒、优质小品种白酒需要开发特种酒曲和新型的酶。

酿造过程中的酶系对酒的风味、酒的格调等有显著影响。新型曲含有的微生物种类及微生物产生的酶系与传统酒曲的微生物种类和酶系有差别，这些差别是利用新型酒曲生产新品优质白酒的基础。

将来开发的特种曲，要实现所生产酒的健康效益和个性化效益都达到最大化，必须含有或在酿造过程中产生新的酶系。新的酶系是实现健康效益和个性化效益的基础。

酿酒的创新，以往局限于原料、工艺、设备等的创新。产生新型酿酒酶系的微生物筛选，生产含有或在酿造过程中产生全新酶系的酒曲是白酒酿造迎合未来消费需求的一个具有挑战性的创新方向。

第一节 酒之溯源

最早的酒是自然酒，就是指自然界中自然而生、自然存在的原始酒。在远古时代，富含糖分的水果、蜂蜜、兽乳等在自然界中发酵微生物的作用下而产生酒。在洪荒时代，果树繁多，果实盈野，野果落地或野猿将吃剩的果肉弃之于洞洼之中，在温度适宜时，果实中的糖分经自然发酵，便酝酿成原始的自然酒。

在中国古代文献典籍中，对野果天然发酵成酒的记载很多，如《新修本草》、《旧唐书》、《癸辛杂识》、《粤西偶记》等均有记载。《粤西偶记》云："平乐等府山中，猿猴极多，善采百花酿酒。樵子入山得其巢穴，其酒多至数石。饮之香美异常，曰猿酒。"诗人元好问在《蒲桃酒赋》中也记述过葡萄天然成酒的情况："贞柘中，邻里一民家避寇自山中归，见竹器所储蒲桃在空盎上者，枝蒂已干而汁流盎中，薰然有酒气，饮之良酒也，盖久而腐败，自然成酒耳。”

自然酒到人工酿酒，经历了一个漫长的历史过程。人类发现并品尝自然酒后，便觉得自然酒滋味独特。在这种无意间发现的启发下，经过无数次的反复尝试，人们才开始有意识地用含糖类的、甜的东西进行人工造酒。我国最早人工酿酒的确切时间应在距今约一万年到八千年之间。当时人类正从旧石器时代向新石器时代的跨越，相对充裕的生活资料，奠定了人工造酒的基本条件。将含有糖分且最易获取的野果、兽乳放置在容器中，经过自然发酵成含有乙醇的果酒、奶酒。最早的人工饮料酒是不添加任何糖化酶，只是将原料简单收贮后，在适当温度下令其天然发酵而产生的。

最早的人工酿酒起源于远古时代的证据虽然缺乏，但周秦以后的众多史籍以及大量的民族学资料却完全可以证实它的存在。奶酒，古称“醴酪”（《周礼·礼运篇》）。据《史记·匈奴列传》称：“其攻战，斩首虏赐一卮酒”，可见酒已经在当时大量制造。《汉书·李广苏建传》也记载匈奴人曾“持牛酒劳汉使，博饮”。《隋书·突厥传》中也有关于突厥人“饮马酪取醉，歌呼相对”的文字。唐代颜师古注解说：“以马乳为酒，撞挏乃成也。挏音动。马酪味如酒，而饮之亦可醉，故呼马酒也。”元代刘因有《黑马酒》诗，许有壬有《马酒》诗，对此皆有吟咏。

蒙古、柯尔克孜、哈萨克等民族自古至今都非常喜欢饮用马奶酒。柯尔克孜族民间还流传着一个有趣的关于马奶酒的起源。很早以前，一个小部落经过一天奔波以后，人们又渴又累，从马背上取下肉和马奶食用。在一个牧民打开了装有半袋子马奶的羊皮袋时，一股清馥的酒香扑鼻而来，香气四溢。他赶快把其他人叫来，他们小心而胆怯地尝着。被这香气四溢的马奶所吸引，都忍不住大口大口地喝起来。一些尚未喝够的人打开自己装马奶的皮袋，但他们皮袋中的马奶并没有一点香气。他们以为这个产奶酒的羊皮袋是个“宝袋”，就给它又装满一袋奶，由牧民们轮流抱在怀里。但几天过去了，这个袋中的马奶再未发生那样奇迹般的变化。正当人们大失所望的时候，另一位牧民的马奶袋中产生了同样的香气。这回，聪明的牧民们并未急着喝光马奶酒，而是在一起仔细研究马奶酒形成的原因。他们经过反复琢磨之后发现，只有挂在马镫附近的马奶才能变成马奶酒。在马急行时，骑马人的脚不停地踢打挂在马镫附件的奶袋，奶袋在运动、撞击中产生了马奶酒。为此他们做了个试验，每天用脚踩上一羊皮袋子，踩了几天之后，再打开羊皮袋，清香醉人的马奶酒真的产生了。这样制作马奶酒的方法，很快就传遍了整个柯尔克孜草原。也不知过了多少年，用脚踩的办法才改成用木棍搅动，而且一直沿用至今。

史籍记载果酒的自然发酵更为翔实。《隋书·赤土国传》记载，赤土国“以甘蔗作酒，杂以紫瓜根，酒色赤黄，味亦香美”。这是用甘蔗和蔗汁自然发酵酿酒的记载。唐代苏敬的《新修本草》说：“作酒醴以曲为，而蒲桃（即葡萄）、蜜独不用曲。”《旧唐书》载：“俗以椰树花为酒，其树生花，长三尺余，大如人膊，割之取汁以成酒，味甘，饮之亦醉。”南宋周密在《癸辛杂识》中曾记载：“山梨者，味极佳，意颇惜之。漫用大瓮储数百枚，以缶盖而泥其口，意欲久藏，旋取食之。久则忘之。及半岁后，因至园中，忽闻酒气熏人，疑守舍者酿熟，因索之，则无有也。因启观所藏梨，则化而为水，漓冷可爱，湛然甘美，真佳酿也，饮之辄醉。”以上的酿酒虽有人为因素，但其仍处于质朴的天然酿造阶段。

第二节　现代酒技之雏形

现代酒一般意义上所指的是谷物（粮食）酿造的酒。此种发酵酒的酿造工艺与自然酒的不同之处是在酿酒原料中添加了糖化发酵剂，即曲蘖。现代酿酒工艺经历了天然曲蘖酿酒和人工曲蘖酿酒两个阶段。谷物酿酒与野果自然成酒不一样。谷物的淀粉在糖化以前不能直接用于酿造，因而用谷物酿酒比用含糖野果酿酒的工艺复杂很多，必须有糖化酶才能把谷物转化为可发酵的糖类。根据考古资料，距今近6000年前的新石器时代，我国开始用谷物酿酒。

最开始具有糖化功能的酒曲是天然曲蘖。江统（晋朝）的《酒诰》记载："有饭不尽，委余空桑，郁积成味，久蓄气芳。本出于此，不由奇方。"人们对自然糖化和发酵现象长期的观察和揣摩，逐渐掌握了人工制造曲蘖的方法。《魏书·勿吉传》记载的"失韦"人能够"嚼米酝酒，饮能至醉"。《稗海纪游》描述了中国台湾省的高山族，"其酿酒法，聚男女老幼共嚼米，纳筒中，数日成酒，饮时入清泉和之。"《台湾纪略》载：高山族"人好饮，取米置口中嚼烂，藏于竹筒，不数日而酒熟，客至出以相敬，必先尝而后进。"

曲和粮食混合在一起，发酵的酒精度低。后来曲开始单独制造，实现了曲与发酵粮食的分离。曲单独制备，有利于优化曲的微生物组成，有利于提升酒质，这是酿酒工艺的一个显著进步。

我国唐宋以前的酒都属于黄酒的范畴。"蒸馏酒"，现多称"白酒"或"烧酒"，标志着我国酿酒技术的一大飞跃，是酿酒史上的一个里程碑。通过蒸馏改变了酒体色泽，使酒体清冽透亮；通过蒸馏，提高了酒度，赋予酒体更饱满浓烈的口感。

曲与蘖分离，蒸馏技术的创新，使酒的酿造技艺逐渐具备了工业化生产的雏形，以后的酿酒工艺都是在这两种工艺基础上的改进。从自然酒，到最初的人工酒，到蒸馏酒，逐渐形成了现代酿酒的工艺雏形 。

第三节　酒之现状

根据2015年数据，国内酒企达到18000多家，有生产执照的大约7000多家，前100家酒企的生产规模占整个酒行业的约90%。地方性小酒种不断涌现，新风格或品味的酒异军突起已经成为一种常态。

酿酒行业的机械化不断推进。在国家推进机械化和智能化生产政策的导向下，在人力成本大幅度增加的市场环境下，一些规模较大的酒企都在积极推广机械化生产。例如，劲牌枫林酒厂实现了小曲白酒的全程机械化生产，湖北白云边实现了压砖、粉曲、拌曲等工段的机械化生产，六尺巷酒业实现了浓香型粉曲、蒸煮、摊凉、拌曲、蒸馏等工段的机械化。白酒机械化市场的需求也刺激了白酒机械化生产设备的研发。一些研究白酒机械化、智能化生产的研发企业相继出现。例如武汉奋进机器人有限公司开发的全自动上甑机器人在劲牌等酒企得到大规模应用，在工业化生产规模下能提高酒质和酒率。

原料供应寻求本土化。在生产原料方面，一些酒企从海外购买高粱，一些酒企慢慢在国内打造自己的原料供应基地。由于中国传统的非机械化小面积耕种和耕地所有权过于分散的限制，原料本土化的阻力较大。农村土地流转政策的出台，为酿酒原料本土化提供了一定的便利条件。

中国大型酒企生产所用的酒曲一般有三种方式：全部自己生产，部分购买和部分自己生产，全部购买。中国有几家大型的酒曲生产企业，如山东的徐坊大曲有限公司等。酒曲对酒质和酒率具有重要的意义。总体看来，中国酒曲的生产，总体工艺水平相对较低，酒曲的创新步伐相对较慢，许多制曲厂的机械化程度较低。

中国白酒产品的生产除了传统的十二大香型外，市场上的地方性酒种，或者新型风味的酒种在局部地域逐渐占据了一定市场份额。随着保健意识的增强，保健性能好、口感好的酒的市场份额逐步扩大。例如，劲牌的苦荞酒，市场份额近几年一枝独秀，一路飙升。无论是大型企业，还是小型企业，积极开发新品白酒，适应白酒消费多样性的需求，是白酒产业持续发展的关键所在。

中国白酒的生产最终要满足白酒消费者的需求，消费者的需求随着经济和文化的发展而不断变化，中国白酒生产企业必须迎合这种变化，才能在未来白酒生产的竞争中占据主动。

第四节　酒之未来

酒的未来是指未来市场对酒的品质和种类的需求，以及酒企对白酒未来需求的导向或迎合所采用的生产策略。未来市场对白酒品质的需求是多种因素综合作用的结果。这些因素包括：社会文化、科技、经济发展水平等。尽管市场具有一定不确定因素，但是总的趋势是在一定程度可以预见的。

酒的未来是健康之酒的未来。随着经济发展，健康逐渐成为人们关注的热点和重点。越来越多的人把健康放在生活的首位。从最初的“用口和胃吃饭”到“用心和脑吃饭”。在食品、医疗、国家文化等舆论正确引导下，健康观念日益深入人心，健康成为食品各个领域产品评价的重要指标。同样，酒的健康功能被日益重视，保健效果好、保健价值高、口感好的白酒会逐渐受到市场青睐。

白酒品种的推陈出新。未来传统的精品白酒还具有一席之地。由于白酒消费行为受地域、风俗、文化思潮、时尚理念等影响，将来风格独特、口感别致、时尚前卫的新品白酒会脱颖而出，崭露头角。特别是青年一代消费者逐渐成为市场消费的主力，其消费观念更加前卫、更独特。这种消费心理不能用传统的消费理论去解释和预测。例如，江小白品牌的白酒，迎合了部分消费者的心理，依靠一个好的名字和酒体的精准定位就获得巨大市场份额。

白酒品种必定会突破传统经典香型的束缚，白酒品种也必定会突破传统的白酒品质评定的束缚。将来的白酒产业必将是新型白酒品种不断出现、产品更新频率更高的时代。市场导向作用更大，传统的概念和理念对酒创新的束缚越来越小。消费量必将成为酒体好坏评定的一个重要内容，传统的品评理念逐渐被现代的品评理念所取代。

个性化白酒生产是未来白酒发展的一个大趋势。未来的白酒市场消费，是一个崇尚个性化消费的时代。随着科技的发展，市场已经有一定能力为消费者提供个性化的产品。例如，3D 打印技术的出现，已经能够根据每个消费者脚的扫描信息，制造出最适合消费者的鞋子。根据消费者个体的需求而生产的产品，能最大限度满足消费者个体。同样，不同消费者在消费时，对白酒的酒精度、酸度、颜色、风味、格调等有不同的个性化需求，能满足个性化需求的酒企未来发展空间巨大。

未来的酒是一个科学的复合体。现在的酒，更多的是一种酒精饮料。未来的酒的发展方向是健康化、时尚化、个性化、艺术化。所以未来的酒必定是保健品、时尚品、艺术品、个性化产品、创新产品五品的集合体或复合体。未来的酒是多种市场需求的复合体。未来酒的竞争力还有性价比，但是消费者对酒的价值的评判已经不仅局限于“好喝”“喝了舒服”，对酒品质具有更多的维度，这个维度随着市场的变化而变化。对酒品质评判的维度越多，实际上对酒的创新提出了更高的要求。所以，未来的酒，是多维度市场需求的创新集合体或复合体。

第五节 酶与酒质和酒率的辩证关系

酒质和酒率是企业最重视的效益指标。酒质和酒率的影响因素是：酿酒原料、酿酒设备、酿酒工艺。酿酒原料包括酿酒用的谷物、果实等物料，酒曲和水也是原料的重要组成部分。酿酒设备为从原料储存到成品储存整个环节所用的工具或器具。酿酒工艺为从原料处理到成品储存的所有工段的操作条件。酿造酒的过程也可以这样理解：好的酿酒工艺是酿酒原料、酿酒设备、酿酒工艺等三者相互适应，使酿造过程中的酶催化反应整体耦合，整体耦合的结果是生产出性价比高的酒。

酒曲对酒质和酒率有重要影响。一般认为是酒曲中微生物的种类和含量差异导致了酒的风味和产量不同。实际上，导致酒的风味和产量不同的是酿酒酶。酿酒过程中酶的种类、酶的性质和量、酶催化相互之间的关联关系等在很大程度上决定了酒质和酒率。原因很简单，原料是在酶催化作用之下，辅以物理变化和少量的化学变化而形成酒。酶的催化在原料转变成酒的过程中发挥了最为重要的作用。

在原料相同的条件下，表面看是工艺条件决定了酒质和酒率，实际上仍然是整体酶催化决定了酒质和酒率。工艺条件决定了酿酒微生物的生长状况和理化反应的状况。实际上，微生物的生长，仍然取决于细胞内部的酶和细胞外部的酶。酿造过程中的化学反应，不管是胞内还是胞外的化学反应，大部分是微生物酶所催化的反应。当然，确实有一些物理变化和化学反应不是酶催化的，但是物理变化和化学反应的前体或产物是酶催化的产物或底物。所以，工艺条件与酿造过程中的多种酶的系列反应相互适应，匹配度高，酒质和酒率就相对高。在一定程度上可以这样说：酶决定了最优的酿酒工艺，而不是酿酒工艺决定酿造过程中酶的催化作用。

酶对酒质和酒率的影响是非线性的。由于酶的产生、酶的催化效率、酶相互之间催化的关联关系受多种因素的影响，这种影响在复杂的酿酒微生物体系下很难与某个因素建立线性的对应关系。非线性的对应关系决定了相同的酒曲可以与多个酿造工艺匹配，从而生产出不同品种的优质白酒。

酿造过程中酶对酒质和酒率有重要影响，但不是唯一决定性因素。除了酿造环节之外，比如蒸馏、储存、勾调等对酒产品的酒质和酒率也有重要影响。酿酒是一个复杂的过程，前后工艺的衔接也影响酒质和酒率。

酶对酒质和酒率的影响是可控的。酶催化本身是可以调控的。通过控制影响酶催化的工艺条件，例如温度、pH 等都可以调控酶的催化，进而调控酒质和酒率。当然，在酿酒复杂的发酵体系下，调控温度等工艺条件对酒质和酒率的影响并不局限于影响酶催化，还可能影响了一些非酶催化的反应，酶催化和非酶催化的反应共同决定了酒质和酒率，酶催化是一个相对更显著影响酒质和酒率的因素。

第六节 未来之酒需求的酿酒酶

从酒的起源追溯，现代酒技雏形成型。从酒的生产现状和未来酒的发展趋势可以看出，酒的生产历史，是一部不断创新的历史。未来的酒的生产同样要通过创新，来实现酒的健康化、个性化、时尚化、艺术化等。未来酒品质的创新需要新型的酿酒酶和酶制剂。

从生化角度看酿酒的本质为：原料在胞内酶和胞外酶的催化作用下，辅以物理变化或化学变化，转变成具有特定风味的酒。在一定程度上，酿酒过程中酶的种类、性质、表达量、酶的相互作用等决定了酒的品质。例如，清香型小曲白酒的传统酿造过程中，由于糖化酶产量远远高于浓香型白酒和酱香型白酒酿造过程中的酶量，所以其糖化速率快，发酵周期相对较短，而且由于糖分供应充足，酵母繁殖速度快，增殖量大，其结果就是杂醇油的含量相对较高。浓香型白酒酿造过程中，糖化酶的量相对较少，所以发酵周期相对较长，而且浓香型白酒的酯化酶酯化形成己酸己酯的能力相对高于酯化形成其他酯类的能力，所以浓香型白酒中己酸己酯的含量高。

未来的白酒，需要在风味、口感、颜色、保健功能等方面大幅度创新。酒的创新一般有以下途径：原料更新、新的酒曲、新的工艺等三个方面。目前，原料不管是单一物料，还是复合物料都研究得较多，从物料上走创新之路，开发创新产品的可能性目前不是很大。新的酿酒工艺，如果酒曲不进行创新型开发，单纯依靠工艺创新，生产出全新产品或者截然不同的产品的可能性也不是很大。原因很简单，一个令人耳目一新的产品，必须具有全新的产品骨架。“水为酒之血，粮为酒之肉，曲为酒之骨”，要打造具有全新骨架的酒，必须开发新型的酒曲。新型酒曲的新在于酒曲在酿造过程中产生新的酶，新酶的性质、酶的表达量和酶的相互作用等都不同于已有酒曲的酶。

未来之酒需新的酿酒酶，新的酿酒酶是未来之酒创新酿造的重要元素之一。新的酿酒酶包括几个层面：传统酒曲中已有酶的改性或以新的酶混合得到新的复合酶系，从而为工艺创新奠定基础；酶为传统酒曲中不含或不产生的酶类，从而为生产品质独特的酒奠定基础。

综上所述，未来酒行业面临的挑战仍然是白酒的创新，应用新型酶和酶制剂酿酒，是突破创新瓶颈的关键因素之一。

新型酶在酿酒中的应用面临以下挑战：酿酒传统观念的挑战；新酶酒曲与酿造工艺匹配的挑战；新品白酒开拓市场阻碍的挑战。毫无疑问，新酶的应用会有巨大阻力，但是其促进白酒产业发展的动力不会减弱，新酶在新工艺或新品白酒生产中的应用会越来越广泛。

第一章 酿酒酶的种类和催化机制

酶在酿酒中具有非常重要的作用，酶最初就是从酿酒的酵母中发现的。产生糖化酶的糖化曲应用到酿酒中，实现了从自然酿造到人工酿造的真正跨越。在传统酿酒和现代酿酒技艺中，多种酶类复合协同催化作用赋予了酒特定的格调和风味。

不同种类的酶，具有不同的催化分子结构，具有不同的催化机制，从而形成不同的产物。酶催化具有一定的共性：条件温和、效率高、具有底物专一性。不同种类的酶，具有相同或相似功能的酶的催化过程具有个性不同的催化性质。不同催化个性多种酶的协同催化使酿酒原料转变为具有特定风味的酒体。

第一节 源于酿酒酵母的酶

酶，德语：enzym，源于希腊语：ενζυμον，“在酵里面”。一个非常有意思的现象，酶的发现与酿酒的主要功能微生物——酵母菌有最直接的关系。最早的酶就是从酿酒功能菌——酵母中发现的。

古人在生活中发现酵母能使果汁和谷类转化成酒，把这种转化过程叫发酵。发酵的原因引起了当时科学家的兴趣。1680 年，荷兰列文·虎克用显微镜首先发现了酵母。一个半世纪以后，法国物理学家卡格尼亚尔·德拉图尔用复式显微镜观察到酵母的繁殖过程，确定酵母是活体。

法国化学家帕扬和佩索菲发现麦芽提取物中有一种物质能使淀粉转变成糖，变化速度比酸解速度快，他们称这种物质为“淀粉酶制剂”（希腊语“分离”）。德国博物学家施旺从胃液得到了一种浓度高的消化液，他把这种物质叫作“胃蛋白酶”（希腊语中的消化之意）。科学家们把酵母细胞一类的活体酵素和像胃蛋白酶一类的非活体酵素作了明确的区分，德国生理学家库恩提出把后者叫作“酶”。

1897 年，德国化学家毕希纳用砂粒研磨酵母细胞，把所有的细胞全部研碎，并成功地提取出一种液体。结果发现这种液体依然像酵母细胞一样能完成发酵任务。这个实验证明了非活体酵素与活体酵素的功能是一样的。对酿酒的发酵现象的研究，使得“酶”的概念被提出。现在“酶”的概念得到拓展，它是生化反应的催化剂。

第二节 酶的概念

生物化学对酶的定义为：酶是具有催化功能的生物大分子，其组成分为两类——蛋白质和核酸。大多数酶为蛋白质，少数的酶为核酸。酶具有以下特性：

① 高效性：酶具有比无机催化剂更高的催化效率。

② 专一性：一种酶只能催化一种或一类底物，具有绝对专一性或相对专一性，如蛋白酶只能催化蛋白质水解成多肽。

③ 多样性：酶的种类很多，已经发现的有4000多种，催化同一种反应的酶也可能是几种不同的酶。

④ 温和性：是指酶所催化的化学反应一般是在较温和的条件下进行的，相对于化学反应的高温、强酸或强碱条件更为温和。

⑤ 活性可调节性：包括抑制剂和激活剂调节、反馈抑制调节、共价修饰调节和变构调节等，同时外界的条件如温度、酸度等也可影响酶的活性。

⑥ 有些酶的催化性与辅因子有关，有些酶相互聚集形成复合体。

⑦ 易变性，由于大多数酶是蛋白质，因而会被高温、强酸、强碱等破坏。

一、酶的分类

国际酶学委员会（IEC）根据酶催化反应的性质，把酶分成六大类。

（1）氧化还原酶类（oxidoreductases）：指催化底物进行氧化还原反应的酶类。例如，乳酸脱氢酶、细胞色素氧化酶、琥珀酸脱氢酶、过氧化氢酶等。

（2）转移酶类（transferases）：催化底物之间进行转移或交换某些基团的酶类。如转甲基酶、转氨酸、己糖激酶、磷酸化酶等。

（3）水解酶类（hydrolases）：水解催化底物的酶类。例如，淀粉酶、纤维素酶、蛋白酶、脂肪酶、磷酸酶等。

（4）裂解酶类（lyases）：指催化一个底物分解为两个化合物或多个化合物的酶类。例如柠檬酸合成酶、醛缩酶等。

（5）异构酶类（isomerases）：催化各种同分异构体之间相互转化的酶类。例如，磷酸丙糖异构酶、消旋酶等。

（6）合成酶类（连接酶类，ligases）：指催化两分子底物合成为一分子化合物，同时还必须偶联有ATP的磷酸键断裂的酶类。例如，谷氨酰胺合成酶、DNA聚合酶等。

另外，根据酶的亚基数，分为单体酶、寡聚酶、多酶体系等。

二、酶的命名

（一）习惯命名法

（1）根据催化的底物命名：如蛋白酶、蔗糖酶、胆碱酯酶等。

（2）依据其催化反应的类型命名：如水解酶、转氨酶等。

（3）结合催化的底物和反应的类型来命名：如琥珀酸脱氢酶、乳酸脱氢酶、磷酸己糖异构酶等。

（4）有时在底物名称前冠以酶的来源或其他特点：如唾液淀粉酶、血清谷氨酸-丙酮酸转氨酶、酸性磷酸酯酶和耐热淀粉酶等。

习惯命名法简单，应用历史长，但缺乏系统性，有时出现一酶数名或一名数酶的现象。

（二）系统命名法

国际酶学委员会规定了一套系统的科学命名法，一种酶只有一种名称。它包括酶的系统命名和 4 个数字分类的酶编号。例如对催化下列反应的酶的命名：ATP＋D-葡萄糖⟶ADP＋D-葡萄糖-6-磷酸。酶的系统命名是 ATP：葡萄糖磷酸转移酶，表示该酶催化从 ATP 中转移一个磷酸到葡萄糖分子上的反应。此酶分类编号是 EC 2.7.1.1；EC 表示是国际酶学委员会规定的命名，第 1 个数字（2）代表酶催化反应的类型名称（转移酶类），第 2 个数字（7）代表反应的亚类（磷酸转移酶类），第 3 个数字（1）是亚亚类（羟基为受体的磷酸转移酶类），第 4 个数字（1）表示该酶在亚亚类中的排号（磷酸基的受体是 D-葡萄糖）。

第三节 酿酒中酶的功能

酿酒的核心是“微生物和酶”。微生物的新陈代谢产生初级代谢产物和次级代谢产物。初级代谢产物主要是菌体，次级代谢产物包括一些小分子物质和酶类。微生物产生的酶在酿酒中的作用可以分为两大类：催化功能和酶降解后作为氮源。酶降解后的氨基酸作为氮源，氮源的种类和浓度影响微生物的代谢，进而影响酒体风味。

微生物产生酶的催化功能包括胞内催化和胞外催化。胞内催化的作用是新陈代谢的基础，是菌体吸收营养、合成菌体、进行菌体增殖的过程。胞外催化包括原料的降解、酯类物质的合成、蛋白酶的降解、菌体裂解物等的降解。

胞内催化和胞外催化是相互影响的。胞外催化是微生物吸收营养物质的基础，是代谢产生醇类、醛类、酸类、酚类等物质的基础。胞内催化的氧化、酯化、裂解、合成等是胞外催化的物质基础。

不同香型白酒典型风味呈现与微生物的种类，以及酶的性质、多种酶催化的相互影响等直接相关。换句话说，酿造过程中酶的种类、酶的性质、酶量、酶催化相互之间的作用对不同白酒典型风味的呈现具有重要决定作用。

第四节 酿酒原料的酶催化转化

一、酿酒原料各组分的作用

酿酒工艺控制的目的是高效利用粮食中的淀粉，尽可能多地产出优质酒。白酒的酿造是利用酿酒微生物代谢及其酶分解和利用酿造原料中的营养成分，达到产酒、生香的目的。微生物的生长、繁殖和代谢，酶的产生及酒的质量提高、酒体风格形成等是要考虑的因素。用于酿酒的粮谷原料或原料的混合体系应具有高淀粉含量、适宜的蛋白质含量、相对较低的脂肪含量及适量的无机元素等特点。

粮谷类一般是酿造传统白酒的首选原料，高粱酿造的酒不仅出酒率较高，而且口感醇厚浓郁，风味香正甘冽，在酿造白酒上独具优势，是主要的酿酒谷类原料。

小麦的营养成分相对于其他谷类较为丰富，含有较多的无机元素和维生素，最适宜酿酒微生物的生长繁殖，并且黏度适宜，无疏松失水之弊，是非常理想的制曲原料。

大米质地纯正，脂肪及纤维素含量相对较少，用以酿酒口感纯净。但蒸煮后黏度大，用量多非常容易导致发酵不正常。因此，在酿酒中仅作辅料使用。

糯米几乎全是支链淀粉，发酵制造的酒体优美香甜，口味醇厚，口感绵柔。但蒸煮后易发黏，不利发酵。因此，在发酵中仅以少量作辅料用。

小米粒小粒圆，蒸煮后不黏不糊，酿造的酒呈现宜人米香味。用以酿酒，对增加酒体香及后味提升具有重要作用。

玉米蒸煮后疏松，较适宜酿酒，有利发酵。但玉米的脂肪含量较其他原料高，在发酵中不被微生物所利用。高脂肪含量会导致白酒的异杂味重。

从表 1-1 中可以看出，各种适宜酿酒的原料中都含有碳水化合物、纤维素、蛋白质和脂肪。碳水化合物、纤维素和蛋白质等高分子量的物质不能被微生物吸收利用，必须被降解为小分子才能被酿造微生物吸收利用。

表 1-1 主要酿酒用粮谷原料有机成分

Table 1-1 Organic components of the main wine making grain material %

原料	碳水化合物	纤维素	蛋白质	脂肪
高粱	71.1	3.5	13.6	2.7
小麦	75.2	10.8	11.9	1.3
大米	77.9	0.7	7.4	0.8
糯米	78.3	0.8	7.3	1.0
小米	76.7	8.0	8.8	1.2
玉米	66.6	6.4	8.7	3.8

从表 1-2 可以看出，各类酿酒原料中都含有种类丰富的无机盐和磷元素。磷是微生物细胞中重要的成分，是微生物新陈代谢所必需的。

钾、钠、镁等元素是细胞中酶的活性所必需的，具有调节和控制细胞质的胶体状态、细胞质膜的通透性和细胞代谢活动的功能。玉米、小麦、小米中钾的含量较高；高粱、玉米、小米中镁的含量比其他酿酒原料都高；钠的含量则是小麦、小米的较高。

钙是某些酶（如蛋白酶）的激活剂，还参与细胞膜通透性的调节。小麦、高粱、糯米中钙的含量较高。

铁是过氧化氢酶、过氧化物酶、细胞色素氧化酶的组成元素。高粱、小麦中含有较多的铁。

铜是多酚氧化酶和抗坏血酸氧化酶的成分。锌是乙醇脱氢酶和乳酸脱氢酶的活性基团。铜在小米中的含量特别高。

这些无机盐和磷元素都被淀粉、蛋白质和纤维素等高分子的物质吸附和包埋。酿酒原料中的无机盐和磷只有在淀粉、蛋白质和纤维素等高分子被降解或溶解后才能游离出来，被微生物吸收利用。因此，酿酒原料中大分子组分：淀粉、蛋白质、纤维素、半纤维素、果胶质等的有效降解或溶解等对无机盐和磷的吸收利用有重要的影响。

表 1-2 主要酿酒粮谷原料无机成分

Table 1-2 Inorganic components of the main wine making grain material mg/100g

原料	磷	钾	镁	钙	铁	锌	钠	锰	铜
高粱	244.00	201.00	116.00	30.00	5.70	3.05	1.70	1.50	0.57
小麦	325.00	289.00	4.00	34.00	5.10	2.33	6.80	3.10	0.43
大米	110.00	103.00	34.00	13.00	2.30	17.00	3.80	1.29	0.30
糯米	113.00	137.00	49.00	26.00	1.40	1.54	1.50	1.54	0.25
小米	436.00	223.00	80.00	3.00	2.40	2.31	5.20	1.08	13.66
玉米	218.00	300.00	96.00	14.00	2.40	1.70	3.30	0.48	0.25
均值	241.00	208.83	63.16	20.00	3.21	4.65	3.71	1.49	2.57

从表 1-3 可以看出，酿酒原料中都含有生长因子，生长因子对微生物的生长和代谢具有重要的作用。

硫胺素在小麦、小米、高粱等酿酒原料中含量相对较高。硫胺素以羧化酶、转羟乙酰辅酶系统的辅酶参与糖类代谢，是微生物进行物质能量代谢的关键性物质。硫胺素参与生物的氧化脱羧作用，是微生物进行支链氨基酸代谢所必需的物质。

玉米、小麦、高粱中核黄素的含量较高。核黄素是许多酶催化所必需的，当核黄素缺乏时许多酶的活性降低，影响能量代谢。

烟酸在小麦、玉米、糯米中含量较高。烟酸是 CoA 和 CoⅠ、CoⅡ等的主要成分。而较多的细菌和酵母菌不能合成烟酸，需要从外源供给。

表 1-3 主要酿酒粮谷原料维生素

Table 1-3 Vitamin of the main wine making grain material mg/kg

原料	硫胺素	核黄素	烟酸	维生素 E
高粱	3.0	0.9	14.0	17.9
小麦	4.0	1.0	40.0	18.2
大米	1.1	0.5	19.0	4.6
糯米	1.1	0.4	23.0	12.9
小米	3.7	0.2	16.0	12.8
玉米	2.1	1.3	25.0	38.9

二、酿酒原料酶解的必要性

酿酒的实质是微生物产生的酶和微生物的胞内代谢作用，形成一个复杂的生物转化体系，在这个复杂的生物转化体系的转化作用之下，酿酒原料中的组分被转化成乙醇，以及酒体风味成分和其他副产物。

酿酒原料中的高分子物质，例如淀粉、蛋白质等不能进入到微生物细胞内部，不能进入到微生物的新陈代谢体系。所以，淀粉、蛋白质等大分子物质必须被降解成微生物能够吸收和利用的碳源及氮源。在酿酒较温和的环境下，淀粉和蛋白质等大分子的物理降解微乎其微，只有酶催化的降解效率才能满足高效降解的要求。酶催化的降解具有反应条件温和、降解效率高等特点。这些特点是酶和底物形成的复合物，改变了反应的途径，降低了反应的活化能而实现的。

微生物对无机盐和生长因子的需求量虽然很小，但是无机盐和生长因子是微生物新陈代谢所必需的，对代谢有重要的影响。酿酒原料中含有无机盐和生长因子，这些无机盐和生长因子并不是游离态的。无机盐和生长因子被淀粉、蛋白质、纤维素、半纤维素、果胶等酿酒原料的主要成分包裹或吸附。无机盐和生长因子只有在淀粉、蛋白质、纤维素、半纤维素、果胶等被降解以后，才能游离出来，被酿造微生物吸收利用，或者进入到液体非蒸馏酒的酒体中，进而对酒的风味等产生影响。

酶解对微生物的新陈代谢具有重要的意义，微生物代谢产生的酯化酶等对酒体的风味成分具有重要的作用。

综上所述，酶解淀粉提供碳源、酶解蛋白质提供氮源、酶解酿酒原料中的大分子（淀粉、蛋白质、纤维素、半纤维素、果胶等）释放无机盐和生长因子、酯化生香、酶的氧化和还原、酶的分解和合成等是启动酿造微生物代谢，继而进行生成白酒的生物转化的首要步骤、必需步骤、奠基步骤。

第五节 酿酒酶的种类和作用

在酿造过程中，参与酿酒催化的酶种类多，催化性能各具特点，催化的底物和产物不尽相同。下面主要论述每种酶的空间结构、催化功能和催化的分子机制。

一、酿酒淀粉酶

（一）酿酒原料中淀粉的含量和性质

主要的酿酒原料如高粱、大米、玉米、小麦等都含有丰富的淀粉。

淀粉根据其分子形态，可以分为直链淀粉和支链淀粉。直链淀粉为α-D-葡萄糖直链聚合体，葡萄糖单元以α-1,4-糖苷键连接，分子量为$1\times10^4\sim2.5\times10^5$。支链淀粉则先由$\alpha$-D-葡萄糖通过$\alpha$-1,4-糖苷键形成主链，而后由$\beta$-1,6-糖苷键连接的葡萄糖聚合链作为支链，分子量为$5\times10^4\sim1\times10^8$，葡萄糖支链平均单位链长20～25个葡萄糖单位。

直链淀粉具有螺旋状结构，具有很好的热稳定性。直链淀粉能与碘等试剂结合生成络合物。直链淀粉的分子结构影响淀粉的糊化和老化，其螺旋状结构中所含的脂肪对淀粉的糊化也有显著的影响。直链淀粉比支链淀粉更易老化，直链淀粉的老化速率及其结晶性受链长的影响。

支链淀粉是一个具有多分支结构的大分子，分子量比较大，一般由1300个以上的葡萄糖残基聚合组成。它是由α-D-葡萄糖通过α-1,4-糖苷键连接聚合而成主链，加上由α-1,6-糖苷键连接的葡萄糖支链共同构成的多枝状多聚体分子。支链淀粉的各条链可以分为A、B、C链三种，C链是三条链中唯一一个具有还原性末端的主链，还原性末端在分子的脐点；B链有一个或多个分支的葡聚糖链；A链没有分支，通过α-1,6-糖苷键连接在B链上。因为A链和B链仅具有非还原性末端基，所以淀粉不表现出还原性。

支链淀粉的链又可以分为外链和内链。外链形成双螺旋结构，在淀粉颗粒的结晶片层中存在；内链主要存在于非结晶片层。A链不携带其他的链，因此A链属于外链；B链一部分属于外链，一部分属于内链，起到一定的连接作用。

淀粉颗粒是由直链淀粉和支链淀粉两种高分子按照一定秩序集合而成。淀粉颗粒是一种天然的多晶体系。淀粉颗粒存在着结晶区和无定形区两个不同的区域。一般认为淀粉颗粒的结晶区存在于支链淀粉之内。淀粉颗粒中水分子也参与氢键结合，淀粉分子间有的是由水分子经氢键结合，水分子介于中间，有如架桥。数量众多的氢键形成的结晶束赋予淀粉颗粒一定的强度，因此淀粉具有较强的颗粒结构。淀粉的支链分子庞大，支链淀粉分子穿过多个结晶区和无定形区，为淀粉颗粒结构起到骨架定形的作用。

（二）淀粉酶在酿酒中的作用

淀粉酶在酿酒中的作用就是降解淀粉为酿造微生物能利用的碳源——葡萄糖。淀粉酶降解淀粉的速率，降解产生的葡萄糖的浓度，以及淀粉酶在整个发酵中的浓度和活性对酿酒的出酒率、酒的风味和口感具有重要的作用。

首先，碳源的浓度，决定了酿酒主要功能微生物酵母菌的生长繁殖速度和代谢的方向。碳源浓度高，酵母菌的生长繁殖旺盛，相对应的出酒率要高一些。碳源浓度过高，酵母菌过度地生长繁殖产生过多的高级醇，对酒的品质有负面影响。碳源浓度低，酵母菌生长繁殖速率低，不利于发酵。在发酵后期，生香阶段，如果淀粉酶降解的淀粉不能满足酯化菌生长的需求，会造成酒体中的酯类物质含量过低或酯类物质的比例不协调。

其次，碳源的浓度影响微生物代谢的强度，从而影响发酵热。发酵热对发酵局部的微环境温度有重要影响，局部微环境温度是影响微生物代谢的重要因素，对发酵的出酒率、发酵的酒品质等都有非常重要的影响。碳源浓度影响微生物代谢产生酸的量，这也对发酵微环境的酸度有影响，从而影响微生物的整个代谢网络，进而影响酒率和酒质。

淀粉酶的另外一个作用是对整个发酵体系黏度的影响。在固态酿造酒的过程中，固体醅的黏度对发酵影响非常大。例如在小曲白酒酿造过程中，如果淀粉糖化程度过高，非常不利于后面的拌糟，而且酒醅的黏度过大，也不利于使酒醅含有适宜的溶氧，从而对酒率和酒质产生影响。

淀粉酶对酿酒的间接影响包括：影响无机盐的溶出，影响生长因子的释放，影响碳源和氮源的供应。淀粉中的无机盐和生长因子并不是游离的，而是被淀粉等生物大分子吸附或包裹。淀粉酶对淀粉的水解速率和水解程度，决定了无机盐和生长因子的释放速率和释放的程度。

酿酒原料中的蛋白质、纤维素、半纤维素、果胶等的降解受淀粉降解的影响。淀粉被降解后，更有利于蛋白质、纤维素、半纤维素、果胶的酶解。

（三）淀粉酶的种类和结构

淀粉酶是以酶降解的底物命名的，意思是降解淀粉的酶。淀粉是酿酒粮食中含量最高的成分，酿酒的最主要的转化过程就是淀粉转化为乙醇和风味成分，淀粉转化为乙醇和风味成分第一步就是淀粉酶降解淀粉为可发酵性的糖类。

淀粉是一种多糖，是植物贮存能量的物质，分子式（$C_6H_{10}O_5)_n$，淀粉是葡萄糖的高聚体。淀粉根据其结构，分为直链淀粉（糖淀粉）和支链淀粉（胶淀粉）。直链淀粉为无分支的螺旋结构；支链淀粉以24～30个葡萄糖残基以α-1,4-糖苷键首尾相连而成，在支链处为α-1,6-糖苷键。淀粉酶包括α-淀粉酶、β-淀粉酶、γ-淀粉酶（葡萄糖淀粉酶）、异淀粉酶等。

1. α-淀粉酶

α-淀粉酶降解淀粉时，从淀粉大分子内部切开α-1,4-糖苷键，生成小分子糊精和还原糖，产物末端葡萄糖残基C1原子为α构型，所以称为α-淀粉酶。

根据产物的不同，α-淀粉酶可以分为液化型淀粉酶和糖化型淀粉酶。液化型淀粉酶能将淀粉快速降解为寡糖和糊精，淀粉从难溶的大分子变为小分子。糖化型淀粉酶可以把淀粉降解为葡萄糖。

目前，已经报道的α-淀粉酶基因有近6000个，编码的氨基酸序列有2000多个。α-淀粉酶按照反应的类型可以分为适冷淀粉酶、高温型淀粉酶、耐酸耐碱淀粉酶等。按照其来源，可以分为细菌淀粉酶、真菌淀粉酶、植物淀粉酶、动物淀粉酶等。

α-淀粉酶的催化过程包括三个步骤。底物的某个葡萄糖残基结合在酶活性部位结合位点，该糖苷的氧原子被质子供体酸性氨基酸质子化；第二步，结合位点的氨基酸对糖残基的C1原子进行亲核攻击，形成底物与酶结合的过渡态化合物，断裂糖苷键，并置换出底物的糖苷键配基部分；第三步，激活的水分子将亲核氧与糖残基之间的共价键水解掉，置换出酶分子的酸性氨基酸基团。α-淀粉酶和α-淀粉酶家族酶都具有相似的催化机制。

酶的催化活性是由淀粉酶的空间结构决定的，酶的空间结构取决于酶的一级结构。通过大量研究发现，不同来源的α-淀粉酶的氨基酸序列差异巨大，但是都具有典型的八个桶状结构，淀粉酶的活性中心由八个桶状结构组成。除相似的桶状结构外，还包括Domian B（三个β折叠和三个α螺旋组成），Domian C为催化区域（β折叠组成），主要的功能是保护疏水区域的稳定性。大部分α-淀粉酶C端都带有淀粉酶的结合位点，C端包含一个明显的外延区域，这一区域包含大量的β折叠。

耐热的α-淀粉酶N端有一个凹槽结构（图1-1），这个凹槽结构是活性部位，大的凹槽结构是容纳大的淀粉分子的部位。

来自芽孢杆菌的淀粉酶，其晶体结构也具有一个大的凹槽结构（图1-2），淀粉分子结合在凹槽区域，与活性位点的氨基酸作用后降解淀粉分子。

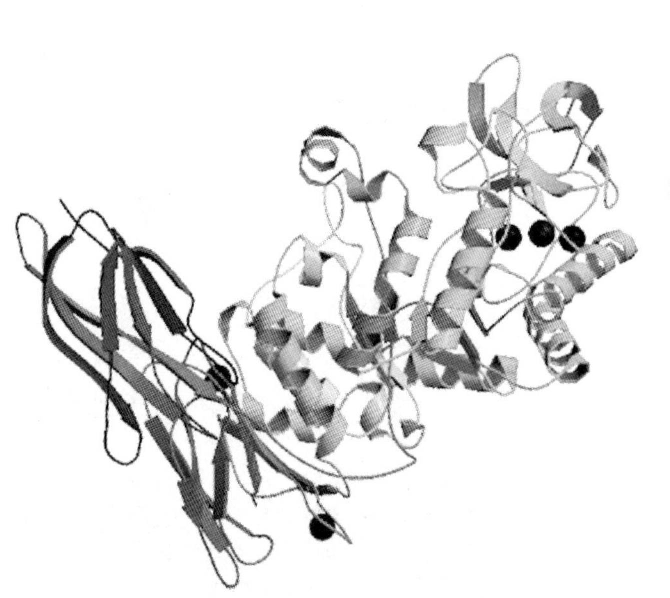

图1-1 耐热α-淀粉酶的三维结构

Fig 1-1 3-Dimension structure of thermostalbe α-amylase

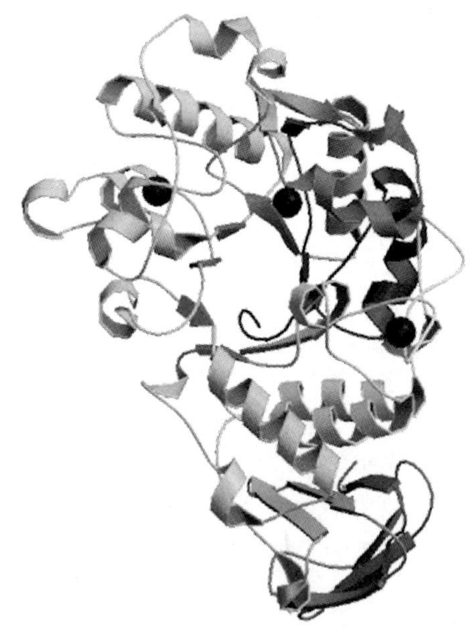

图1-2 芽孢杆菌α-淀粉酶的三维结构

Figure 1-2 3-Dimension structure of α-amylase from *Bacillus* sp.

2. β-淀粉酶

β-淀粉酶（EC3.2.1.2）是一种典型的外切酶，作用于淀粉时，能从*α*-1,4-糖苷键非还原端顺次切下一个麦芽糖单位，产生麦芽糖和*β*-界限糊精。β-淀粉酶在降解淀粉的时候，发生沃而登转位反应，使产物由 α 型转变为 β 型，所以称为 β-淀粉酶。β-淀粉酶广泛存在于大麦、大豆、玉米和甘薯等植物组织中。微生物的细菌和真菌也产生 β-淀粉酶。

随着研究的拓展，许多新的酶被发现，例如从 *Paenibacillus polymyxa* 发现的淀粉酶，既具有 α-淀粉酶活性，又具有 β-淀粉酶活性。该酶的结构最大的特点是具有一个夹子的结构（图 1-3）。

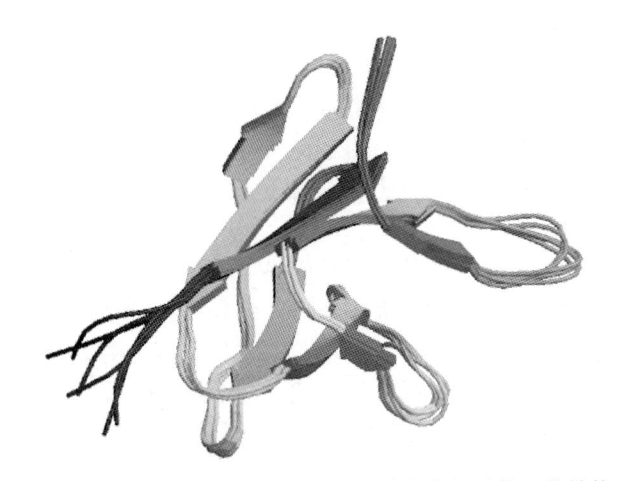

图 1-3　*Paenibacillus polymyxa* 双功能淀粉酶的三维结构

Figure 1-3　3-Dimension structure of bifunctional amylase from *Paenibacillus polymyxa*

3. γ-淀粉酶（葡萄糖淀粉酶）

葡萄糖淀粉酶系统名为 α-1,4-葡聚糖-葡萄糖水解酶。葡萄糖淀粉酶能将淀粉全部水解为葡萄糖。葡萄糖淀粉酶是应用最广泛的淀粉糖化剂，所以又叫糖化酶。葡萄糖淀粉酶是典型的外切酶，其底物的专一性很低。该酶不仅能从淀粉大分子的非还原端切开 α-1,4-糖苷键，还能以较低的速率切开 α-1,6-糖苷键和 α-1,3-糖苷键。该酶水解大分子底物是单链水解式的，水解小分子是属于多链式。葡萄糖淀粉酶水解的底物分子越大，水解速率越高，而且水解速率受上一个键的影响。葡萄糖淀粉酶能水解含有一个 α-1,6-糖苷键的潘糖，很难水解含有一个 α-1,4-糖苷键的异麦芽糖。水解含有一个 α-1,4-糖苷键和 α-1,6-糖苷键的潘糖底物，首先切开的是 α-1,6-糖苷键，然后再切开 α-1,4-糖苷键。葡萄糖淀粉酶水解支链淀粉的速率受水解 α-1,6-糖苷键速率的控制。

4. 异淀粉酶

异淀粉酶，又叫脱支酶，系统名为 α-1,6-葡聚糖水解酶，包括两大类：异淀粉酶和普鲁蓝酶。

异淀粉酶对支链淀粉和糖原的活性强，但是对 β-限制糊精和 α-限制糊精水解活性较差。异淀粉酶专一性水解分支节点的 α-1,6-糖苷键，对直链淀粉中的 α-1,6-糖苷键没有降解活性。

普鲁蓝酶催化支链淀粉、极限糊精、普鲁多糖的水解，催化的键为 α-1,6-糖苷键。普鲁蓝酶能够水解支链淀粉和对应的 β-限制糊精的 α-1,6-糖苷键。普鲁蓝酶不能降解以 α-1,6-糖苷键结合的葡萄糖单位。

5. 生淀粉酶

生淀粉酶没有一个严格的定义，通常指可以与生淀粉颗粒紧密结合，并直接水解或糖化未经蒸煮的淀粉颗粒的酶。生淀粉酶可以减少蒸煮原料时候的能耗，这对酿酒减少环境污染，降低生产成本具有重要的意义。

生淀粉颗粒的结构与蒸煮的淀粉颗粒结构差异显著。未经蒸煮的生淀粉颗粒与糊化后淀粉在水中的颗粒结构完全不同。生淀粉表面的坚硬外壳结构在蒸煮时被破坏，水分子可以进入到淀粉分子的内部，从而让淀粉高分子在水中呈松散的结构。蒸煮后的淀粉颗粒，由于结构松散，淀粉酶很容接近淀粉分子并作用于糖苷键。未蒸煮的生淀粉颗粒在水中由于其表面与水分子形成氢键，进而形成水束层。此水束层形成了一层水分子很难通过的屏障。此屏障阻隔水分子到达淀粉颗粒分子的内部。未蒸煮的淀粉分子在水中由于相互之间的疏水作用而形成相对致密的结构，使得酶分子很难吸附于淀粉分子，从而不能降解淀粉。淀粉酶能否与生淀粉颗粒结合及结合紧密的程度，决定了淀粉酶是否具有对生淀粉水解的能力及水解能力的强弱。

葡萄糖淀粉酶为能从非还原末端外切淀粉的 α-1,4-葡糖苷键和 α-1,6-葡糖苷键，生成葡萄糖的酶。真菌产生的葡萄糖淀粉酶，大多数对生淀粉具有较强的分解作用，不同来源的葡萄糖淀粉酶的结构和催化功能有差异，对生淀粉的水解作用也有差别。

生淀粉葡萄糖淀粉酶有三部分结构：催化位点的 GA Ⅰ、连接催化位点与直接亲和位点的 Gp-Ⅰ 和直接亲和位点 Cp。生淀粉糖化酶的亲和位点与 GA Ⅰ中的催化位点相隔一段距离。亲和位点分为两个区域：Gp-Ⅰ区域和 Cp 区域。这两个区域分别位于靠近 C 端的第 470 位的 Ala 至第 514 位的 Val，以及第 515 位的 Ala 至第 615 位的 Arg。

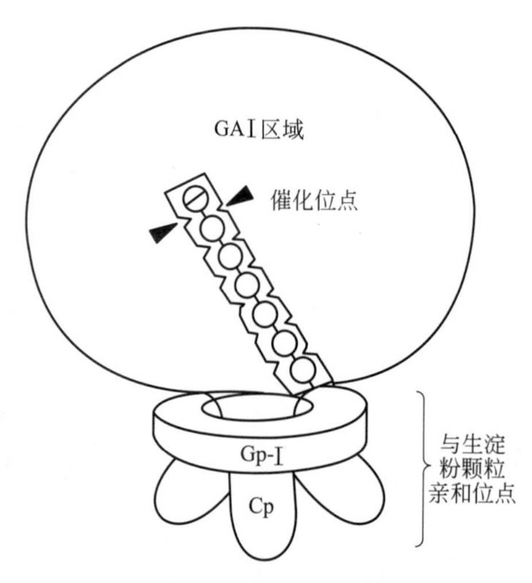

图 1-4 生淀粉酶结构

Figure 1-4 Structure of raw starch glucoamylase

GAⅠ类型的葡萄糖淀粉酶对生淀粉颗粒的降解能力较强。GAⅠ类型的葡萄糖淀粉酶之所以对生淀粉具有水解作用，是因为其除了具有包含催化位点的 GAⅠ外，其还具有与生淀粉相结合的亲和位点 Cp 区域和 Gp-Ⅰ（图 1-4）。亲和位点 Cp 与 Gp-Ⅰ的复合体是该类型的酶吸附于生淀粉颗粒的关键区域。亲和位点 Cp 与 Gp-Ⅰ的复合体对生淀粉和糊化的淀粉不具有催化能力。对生淀粉和糊化淀粉有水解作用的催化位点一般是肽链的前部分，一般为靠近 N 端的第 1 位的 Ala 至第 469 位的 Val。

生淀粉葡萄糖淀粉酶水解生淀粉颗粒与水解糊化淀粉的机理与方式有相同的地方：都是从非还原末端外切淀粉的 α-1,4-葡糖苷键和 α-1,6-葡糖苷键，但作用的形式和途径完全不同。

生淀粉颗粒在水中由于其表面与水分子形成氢键，从而形成水束。大量的水束形成一层水分子无法通过的水束层。当温度升高时水束层被破坏后，水分子才能渗入淀粉颗粒，使淀粉颗粒膨胀进而形成疏松的结构。对于糊化淀粉或水溶性淀粉的酶解而言，水分子可以通过疏松区域，直接渗透到淀粉分子内部，淀粉分子在水中呈松散状态，从而酶能顺畅地与淀粉分子结合，并切断糖苷键降解淀粉。

生淀粉葡萄糖淀粉酶的亲和区域不仅与肽链的氨基酸残基有关，而且与亲和位点中的碳水化合物有关。与酶 Gp-Ⅰ中 Thr 和 Ser 连接的甘露糖不同于葡萄糖，它能破坏淀粉表面的水束，使得生淀粉颗粒表面的水束变成单分子的水，以便于生淀粉酶结合到淀粉分子上，进而水解淀粉。生淀粉酶除了 Gp-Ⅰ中的 Thr 和 Ser 与甘露糖通过糖苷键形成复合体与生淀粉颗粒表面紧密连接外，Cp 区域中的第 562 位的 Trp 也通过氢键与淀粉颗粒表面连接。Gp-Ⅰ和 Cp 共同作用使生淀粉酶与生淀粉形成一个内含复合体。当生淀粉酶与淀粉颗粒连接后，内含复合体中含有的多个高焓的水分子可以破坏淀粉分子颗粒内维系其螺旋空间结构的氢键。维系淀粉分子的螺旋结构被破坏后，淀粉颗粒游离出淀粉分子的非还原端，该还原端进入 GA Ⅰ区域的催化位点后被分解。亲和位点 Gp-Ⅰ和 Cp 不断地沿螺旋方向进入，从而不断地破坏维系螺旋结构的氢键，连续地水解淀粉糖苷键。

生淀粉葡萄糖淀粉酶水解生淀粉的过程为：吸附于淀粉，形成含高焓水分子的复合体，复合体中水分子破坏生淀粉分子螺旋结构的氢键，水解淀粉的糖苷键。实际生产中水解淀粉时，淀粉酶是多种酶的混合物，生淀粉水解并不是由一种酶单独作用，而是由多种酶共同作用的结果，这种作用往往更为复杂。

6. 葡萄糖异构酶

葡萄糖异构酶（EC 5.3.1.5），又称木糖异构酶，能将木糖异构化为木酮糖。

不同种属来源的葡萄糖异构酶的一级结构有较大的差别，但在空间结构上具有一定相似性。葡萄糖异构酶都是非糖蛋白，通常以四聚体或二聚体形式存在。四聚体亚基之间以非共价键相结合，没有二硫键，二聚体之间的结合力大于二聚体内的亚基之间的结合力。亚基单体间为点群对称分布，每个亚基单体都有两个结构域（图 1-5）。葡萄糖异构酶 N 端的主结构域为由 8 股 α/β 螺旋折叠结构围绕构成的具有催化作用的“口袋”。“口袋”内层由 8 条平行的 β 折叠片组成，“口袋”外层由 8 股与 β 折叠片交替相邻的 α 螺旋构成。α 螺旋肽链走向与 β 折叠片反向平行，活性中心则位于 β 折叠的近 C 端口部。葡萄糖异构酶 C 端的小结构域为几段 α 螺旋无规则卷曲构成远 N 端的不规则环状结构。该结构域参与亚基间的相互作用及活性中心的形成。四聚体葡萄糖异构酶具有 4 个活性中心，整体呈口袋状，活性中心位于亚基催化域 β 桶的近 C 端口部。每个活性中心由 2 个相邻亚基组成，包含 2 个二价金属离子结合位点，以及与底物结合和催化过程关联的保守残基。

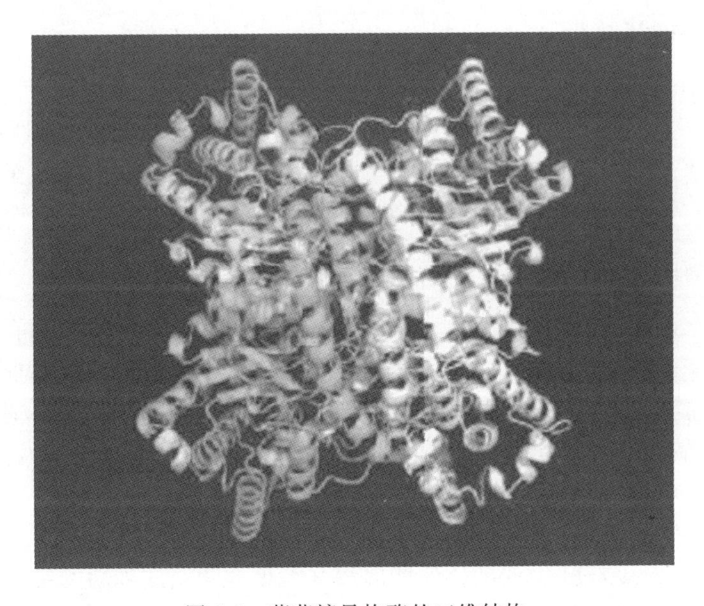

图 1-5　葡萄糖异构酶的三维结构

Figure 1-5　3-Dimension structure of glucose isomerase

二、酯化酶

（一）酯化酶作用

白酒酿造是集糖化、成醇、成酸、成酯为一体的生物代谢过程。酸和醇在酯化酶的酯化作用下生成酯类，形成的酯类赋予白酒独特的风味。低级脂肪酸与乙醇缩合形成酯，这些酯具有特殊的芳香气味，是构成酒的芳香成分与特殊风味的主要物质基础，如己酸乙酯是浓香型白酒的典型的风味物质，乙酸乙酯为清香型白酒的典型的风味物质。

白酒中酯类的生成途径有两条：一是通过化学反应直接缩合有机酸和醇生成酯类。但在酿造温和条件下，这种化学反应的酯化过程极为缓慢。二是在酿造过程中，通过微生物的生化反应生成酯类。在白酒生产中具有酯化能力的微生物主要是酵母菌和霉菌，酵母菌能直接合成乙酸乙酯。己酸乙酯及其他酯类的生成，是在有机酸存在时，通过酯化酶缩合成酯，或者在乙酰乙酸转移酶的作用下缩合成酯。

白酒酿造中的酯化酶是酯合成酶，催化酿造过程中产生的有机酸与醇类生成酯类。同时，在把有机酸缩合成酯以后，也对酒体中有机酸的含量有影响。酯化酶对酒体风味具有重要的作用，是最为重要的风味酶。

（二）酯化酶的命名和分类

酯化酶不是酶学上的系统命名术语，其学名为解脂酶，是脂肪酶、酯合成酶、酶分解酶、磷酸酯酶等一系列酶的统称。

依据酯化酶底物特异性，酯化酶可分为非特异性酯酶和特异性酯酶两大类。非特异性酯酶可分为芳香基酯酶、羧酸酯酶、乙酰酯酶等。它们的底物特异性不强。特异性酯酶根据底物的类型，可分为分解高级脂肪酸的脂肪酶，分解乙酰胆碱酯的乙酰胆碱酯酶，分解胆碱酯的胆碱酯酶，以及维生素 A 酯酶等。

（三）酯化酶催化特性

酯化酶具有多向功能的催化特性，酯化酶往往都具有酯分解和酯合成的双向功能，在催化终点处于动态平衡。

大多数酯化酶的底物专一性相对较低，酯化酶一般都能催化多种有机酸与多种醇缩合成酯。这种底物专一性相对较低的催化作用使酿造体系中含有多种酯类。

（四）酯化酶的分子结构

酯化酶的分子结构呈现多样性，不同来源的酯化酶的氨基酸序列不同，酯化酶的三维分子模型也不同。大多数酯化酶都有一个盖子形的结构，盖子形结构是结合底物的部位。

来自 *Streptomyces rimosus* 的酯化酶具有一个 αβα 典型的三明治结构。活性位点分布在两个区域，Ser10 和连接 Ser10-OγH…NεHis216 的 His216，以及两个氢键 His216-NδH…O═C-Ser214和 Gly54-NH…Oγ-Ser10。Ser214 的羰基确保 His216 的咪唑环位于正确的位置，从而确保质子的传递（图 1-6）。

来自 *Pelosinus fermentans* 的酯化酶能降解多酯聚合物，这种酶的结构同样有一个盖子形结构，同时还有一个环绕在锌离子周围的区域结构。来自 *Saccharomyces cerevisiae* 的酯化酶也具有一个盖帽形的区域，该区域是底物的结合位点。*Saccharomyces cerevisiae* 的酯化酶比普通的酯化酶多了一个底物结合位点（图 1-7）。

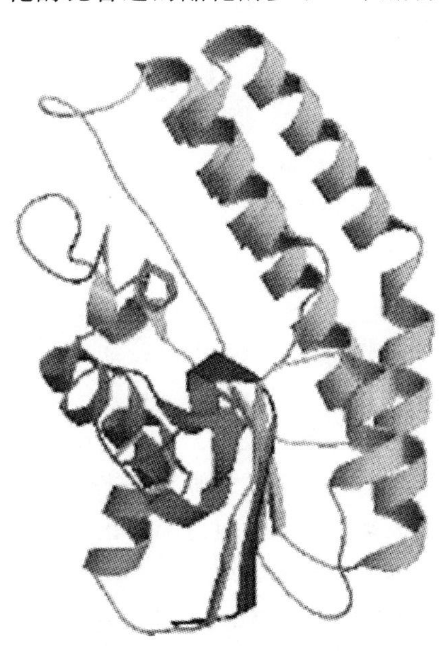

图 1-6 *Streptomyces rimosus* 酯化酶的三维结构

Figure 1-6 3-Dimension structure of esterase from *Streptomyces rimosus*

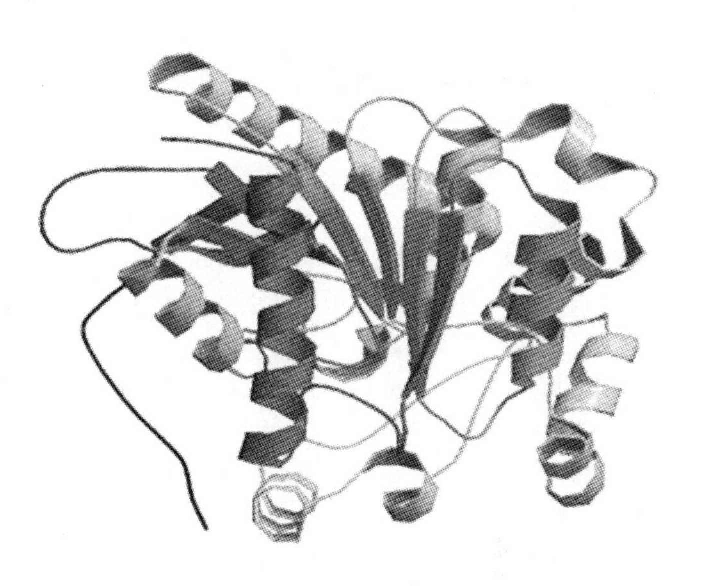

图 1-7 *Saccharomyces cerevisiae* 酯化酶的三维结构

Figure 1-7 3-Dimension structure of lipase from *Saccharomyces cerevisiae*

Proteus mirabilis 产生的酯化酶经过突变后，具有较高的甲醇耐受性，热稳定性大幅度提升。晶体结构分析表明，突变的酯化酶增加了 4 个氢键和一个离子键（图 1-8）。

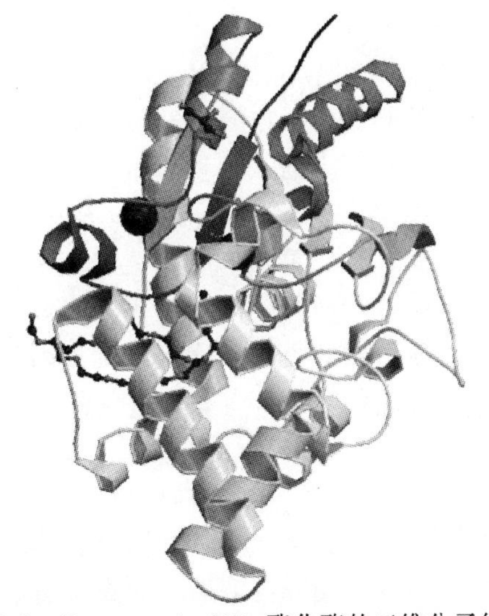

图 1-8 *Proteus mirabilis* 酯化酶的三维分子结构

Figure 1-8 3-Dimension structure of lipase from *Proteus mirabilis*

三、蛋白酶

蛋白酶为水解蛋白质肽键的酶。随着对蛋白酶研究的深入，发现蛋白酶对蛋白质的降解作用也对酒率、酒体风味等有影响。

在特香型白酒酿造过程中，入池发酵酒醅中蛋白酶活力为2～10U/g糟时，生产的白酒口感较好，诸味谐调。当入池发酵酒醅中蛋白酶活力为5U/g糟时，生产酒体中的醛类物质、杂醇油含量较低，酯类物质中四大酯及丙酸乙酯含量较高，对应酸的含量也高，酸酯比例谐调。当发酵酒醅中蛋白酶活力达到2U/g糟时，所产酒的酒质最好。

(一) 蛋白酶在酿酒中的作用

1. 促进微生物生长，提高原材料的利用率

蛋白酶在白酒酿造过程中，能提高乙醇发酵速度，这对提高设备利用率，降低能耗和生产成本，增加经济效益具有十分重要的意义。白酒酿造过程中原料中的淀粉等利用速率随发酵时间增加而降低，发酵速度越来越慢，发酵不彻底。造成这种现象的原因，从蛋白质这个角度分析，主要原因有两个方面：一方面是由于淀粉质原料中的蛋白质、纤维素、半纤维素等生物大分子产生空间位阻效应，阻碍了糖化酶对淀粉的有效接触，从而阻碍了糖化酶对淀粉的完全水解；另一方面则是由于发酵醅中氮源的含量随着发酵时间增加逐渐减少，剩下的高分子蛋白质不能被酵母吸收利用，从而对酵母菌的生长与代谢产生显著的影响。因此，在酿造白酒过程中添加适量的酸性蛋白酶，一方面能有效地水解原料中的蛋白质，解除蛋白质对淀粉酶降解淀粉的空间位阻效应，提高淀粉糖化率；另一方面，由于蛋白质的水解作用，增加了发酵体系中可被酵母利用的有机氮源氨基酸，促进酵母生长繁殖和产酒精的代谢，使发酵体系中的糖更多地转化为酒精，从而提高原料出酒率。

2. 影响生香前体物质和风味物质的生成

白酒中的香味成分对酒体的口感和风味具有重要的影响。在一定程度上，酒的差别就在微量的风味物质组成和含量的差别上。白酒中的风味物质一般包括以下几类：醇类、酸类、醛类、酯类、酮类、缩醛类、芳香族化合物、含氮化合物和呋喃化合物等。某些风味物质的形成，一般需要氨基酸作为合成的起始物，或者氨基酸本身就是前体物质。因此，氨基酸在发酵醅或醪液中的浓度和种类会影响酒中的风味物质。

在酿造过程中，蛋白酶能将原料中少量的蛋白质酶解成可以被微生物吸收代谢的氨基酸，再经过不同微生物的新陈代谢，生成香味物质。例如，甘氨酸、丙氨酸、苏氨酸和半胱氨酸等通过异化作用可转变为丙酮酸，而丙酮酸除转变为乙醇外，还可转化为乙酸、丙酸、丁酸、己酸、乳酸等有机酸；丙氨酸和苏氨酸可代谢转化为丙醇，缬氨酸转化为异丁醇，异亮氨酸转化为异戊酸，苯丙氨酸转化为苯乙醇等，这些物质作为多种生香物质前体，可转化为多种酯及其他香味物质。

蛋白酶降解蛋白质产生的氨基酸，除了作为底物进行代谢影响有机酸和酯类的种类和含量外，在理论上还影响醇类的合成。生物代谢是一个网络状的结构，氨基酸的代谢对能量代谢、代谢网络中的节点物质的产生、代谢关键酶的表达量都会产生影响，这些影响可能微乎其微，但是其含量的微小变化对白酒的酒体风味会产生比较大的影响。

李长文等通过对白酒酿造过程中杂醇油生成因素的研究，直接证明了正丙醇、异丁醇、异戊醇的量与蛋白酶的含量关系密切，并进一步证明这3种物质的合成与物料中的发酵力、糖化力、蛋白质分解力的协同作用有关。四特集团的陈全庚等亦认为，特香型酒特征香味成分正丙醇的合成与蛋白酶相关。此外，通过对大曲的酶系研究发现酱香型曲的酸性蛋白酶含量最高，清香型曲的含量最低，兼香型的中温曲其酸性蛋白酶含量低于兼香型高温曲的酸性

蛋白酶含量，因此，酸性蛋白酶也与香型具有一定相关性。

3. 影响液态非蒸馏酒的稳定性和口感

液态非蒸馏酒最大的品种是葡萄酒。葡萄酒含有蛋白质、酒石酸盐、重金属离子等胶体。胶体体系的稳定性是葡萄酒质量稳定的一个重要指标。葡萄酒的不稳定性因素包括两个方面：微生物不稳定性及非微生物不稳定性。葡萄酒非微生物不稳定性是指在没有活的微生物的作用下，酒石酸盐、蛋白质、金属离子、色素等成分受外界环境或内部因素影响而发生的物理化学变化。该变化使葡萄酒出现浑浊、沉淀等现象，严重时会影响产品的感官质量和口感。因此，葡萄酒生产必须通过一系列工艺保证质量的稳定，并保证装瓶后在极端条件下仍能具有较长的保质期。蛋白质是仅次于酒石酸影响葡萄酒稳定性的因素。

葡萄酒中产生的沉淀主要是葡萄细胞组织被降解后释放出的蛋白质，以及酵母自溶后胞内溶出的蛋白质。葡萄酒中蛋白质的含量为15～230mg/L，此类蛋白质的等电点一般在pH 2.5～8.7，平均分子质量为20～40kDa。当酒中的pH值接近酒中所含蛋白质的等电点时，易发生沉淀。某些金属离子、盐类等物质与酒体中的蛋白质聚集在一起而产生较大的胶体，胶体逐渐增加，最后沉淀，从而引起葡萄酒出现浑浊现象。剔除蛋白质变性沉淀，可以通过添加一定量的蛋白酶将酒样中的大分子蛋白质分解为小分子多肽和氨基酸，从而提高葡萄酒中胶体稳定性，大幅度增加葡萄酒的非生物稳定性，改善葡萄酒的风味，提高葡萄酒的营养价值。

同样，液态发酵非蒸馏酒，如猕猴桃酒、蓝莓酒、树莓酒等发酵酒，都对酒体的外观和稳定性有要求。从果实组织中溶出的蛋白质，与酒体中的其他大分子物质、盐类等相互作用，极易发生沉淀。由于不同果实中的蛋白质有差异，所以通过添加蛋白酶降解易沉淀的蛋白质是增加酒体稳定性的方法之一。

本书讨论的蛋白酶主要为胞外蛋白酶，实际上微生物的胞内蛋白酶对酒质和酒率也有影响，本书不做深入论述。

（二）蛋白酶的种类

蛋白酶根据其降解蛋白质的方式，以及在蛋白质肽链上的切割位点，可分为以下几类。

1. 木瓜蛋白酶

木瓜蛋白酶是一种水解蛋白质的酶，此类酶的底物专一性相对较低，活性中心含有半胱氨酸，属于巯基蛋白酶。木瓜蛋白酶为一种含巯基（—SH）的肽链内切酶，具有广泛的底物，能把L-赖氨酸、精氨酸、甘氨酸、L-瓜氨酸残基的羧基参与形成的肽键切开。木瓜蛋白酶不仅具有蛋白酶活性，还具有酯酶活性，对动植物蛋白质、多肽、酯、酰胺等有很强的水解能力；同时，还具有一定的合成能力，能把蛋白质水解物合成为类蛋白质。

2. 胃蛋白酶

胃蛋白酶是一种肽链内切酶，作用于酸性氨基酸和芳香族氨基酸所形成的肽链，从而把蛋白质分解成蛋白胨。胃蛋白酶能水解多种蛋白质，但是其对黏蛋白、贝壳硬蛋白、海绵硬蛋白、角蛋白或分子量小肽类等不能降解。

3. 中性蛋白酶

中性蛋白酶是由枯草芽孢杆菌经发酵提取而得的蛋白酶，该酶属于内切酶，可降解多种蛋白质。

4. 胰凝乳蛋白酶

胰凝乳蛋白酶也叫糜蛋白酶，是一种丝氨酸蛋白酶。胰凝乳蛋白酶为内切酶，主要从多肽链中的芳香族氨基酸残基的羧基一侧切割肽链。

5. 胰蛋白酶

胰蛋白酶是肽链内切酶，它能把多肽链中赖氨酸和精氨酸残基中的羧基侧切断。它不仅起消化酶的作用，而且还能活化糜蛋白酶原、羧肽酶原、磷脂酶原等其他酶原。

6. 羧肽酶

羧肽酶为一类肽链端解酶，切割肽链的游离羧基末端从而释放单个氨基酸。羧肽酶是催化水解多肽链含羧基末端氨基酸的酶。酶活性与锌有关。羧肽酶 A 水解由芳香族和中性脂肪族氨基酸形成的羧基末端，比如酪氨酸、苯丙氨酸、丙氨酸等。羧肽酶 B 主要水解碱性氨基酸形成的羧基末端。羧肽酶 A 可以切割 C 端除了 Lys、Arg、Pro 的氨基酸，羧肽酶 B 可以切割 C 端的 Lys 或 Arg，羧肽酶 Y 能切割氨基酸羧基端。

7. 菠萝蛋白酶

菠萝蛋白酶为巯基蛋白酶，底物广泛。

8. 胶原酶

胶原酶为金属蛋白酶，切割肽链的位点为 P-X-G-P 肽链中 X 之后。

9. 内肽酶

内肽酶分为四类，内肽酶 Arg-C 切割位点在 R 之后；内肽酶 Asp-N，切割位点在 D 和半胱氨酸之前；内肽酶 Glu-C，切割位点在 E 或 D 之后；内肽酶 Lys-C，切割位点在 K 之后。

10. 肠激酶

肠激酶属于丝氨酸蛋白酶，切割位点在 D-D-D-D-K-肽链中 K 之后。

以上罗列的是常见或常用的蛋白酶，在研究中还发现许多具有特异催化性质的蛋白酶，比如耐盐的蛋白酶、适冷蛋白酶、中温蛋白酶、高温蛋白酶等。

（三）蛋白酶结构

1. 木瓜蛋白酶

木瓜蛋白酶的切割部位是蛋白质和多肽中赖氨酸和精氨酸的羧基端。木瓜蛋白酶优先水解肽键的 N 末端有两个羧基的氨基酸和芳香 L-氨基酸的多肽。

木瓜蛋白酶的水解特性是由其空间结构决定的。木瓜蛋白酶的多肽链折叠成后，形成大小相等，但是空间结构完全不同的两个结构域。木瓜蛋白酶活性中心由 Cys25、His158 和 Asn175 组成。其中，Asn175 对木瓜蛋白酶结构的稳定性起到非常重要的作用，Cys25 位于 L 结构域的起始 α 螺旋上。L 结构域是由 10～111 和 208～212 位点的多个氨基酸组成的 α 螺旋结构，R 结构域是由 1～9 和 112～207 位点的多个氨基酸组成的反向平行 β 折叠结构（图 1-9）。

2. 胃蛋白酶

胃蛋白酶是一种单体酶，具有两个结构域，二级结构是 β 折叠，具有很高的酸性残基片段。胃蛋白酶的催化位点由天冬氨酸 Asp32 和 Asp215 构成。胃蛋白酶具有的两个结构域，

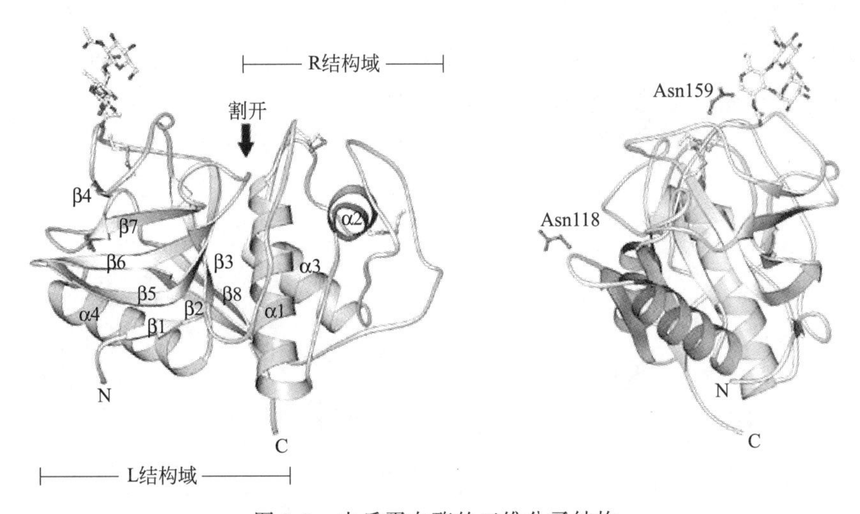

图 1-9 木瓜蛋白酶的三维分子结构

Figure 1-9 3-Dimension structure of papain

一个在N端，一个在C端，这两个结构域几乎全部由β折叠组成，β折叠是维持胃蛋白酶结构的骨架。N端β折叠一般相互堆叠三层，C端折叠有两个折叠正交，另外一个相离得较远。如图1-10所示，这两个结构域在分子模型左右两端。这两个区域由短肽链形成一个交互作用域。

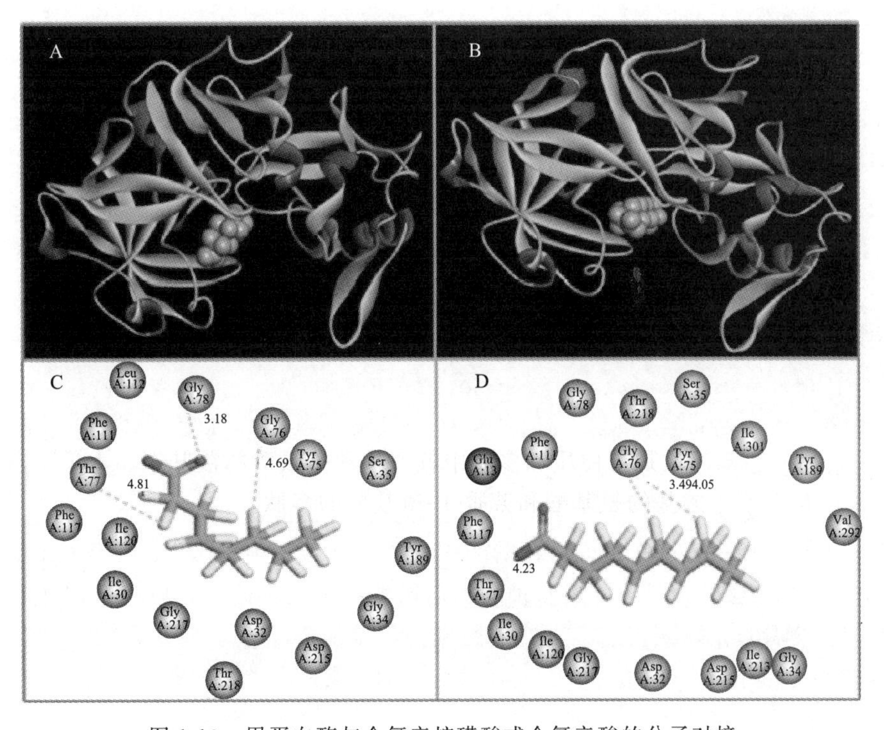

图 1-10 胃蛋白酶与全氟辛烷磺酸或全氟辛酸的分子对接

Figure 1-10 Molecular docking of pepsin to perfluorooctane sulfonate or perfluorooctanoic acid

3. 胰凝乳蛋白酶

胰凝乳蛋白酶由三段肽链组成，通过5个二硫键相连，通过折叠以后，形成橄榄球状的三级结构。胰凝乳蛋白酶的活性位点主要包括 Ser195、His57 和 Asp102。这三个关键氨基酸残基构成三联体（图 1-11）。胰凝乳蛋白酶的三维结构见图 1-12。胰凝乳蛋白酶的催化机制包括：His57 的碱催化作用，Ser195 的亲核催化作用。

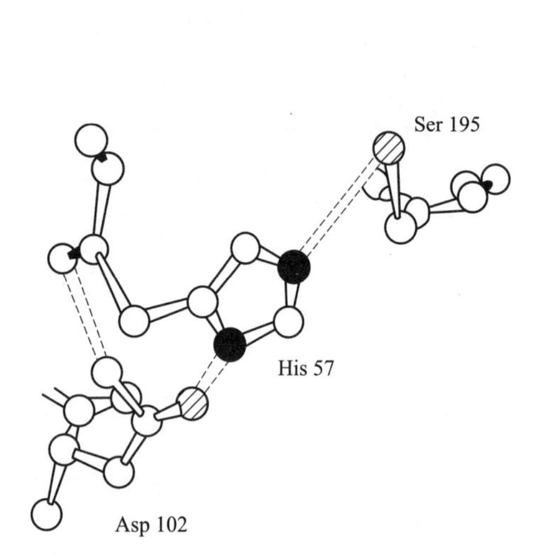

图 1-11 胰凝乳蛋白酶的催化三联体构象

Figure 1-11 Molecular conformation of 3 amino acids in critical catalysis sites of chymotrypsin

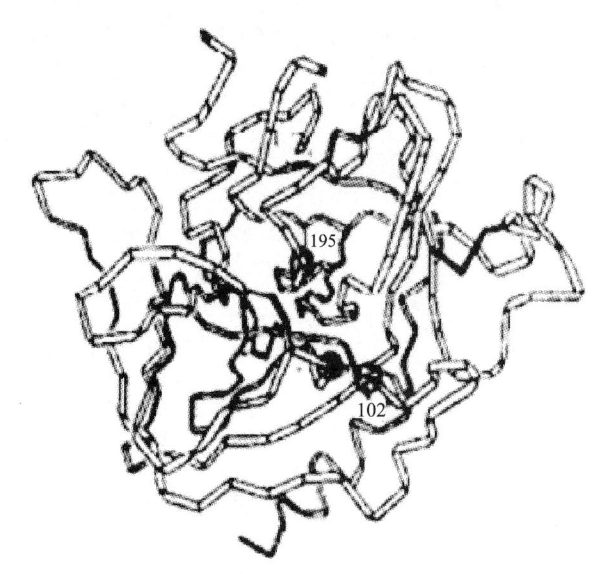

图 1-12 胰凝乳蛋白酶的三维结构

Figure 1-12 3-Dimension structure of chymotrypsin

底物和胰凝乳蛋白酶的结合部位作用，形成复合体。His57 与底物之间发生质子转移，从而断裂 C—N 键（图 1-13）。

4. 胰蛋白酶

胰蛋白酶立体结构是口袋形的结构。该结构是胰蛋白酶降解蛋白质的主要功能区域。通过此口袋区域来结合降解的蛋白质。一些新的胰蛋白酶，其口袋形区域被 F190 和 S210 的侧链完全闭合，该蛋白酶具有一个新的沟形区域，F190 和 S210 位于沟形区域的底部（图 1-14）。

5. 羧肽酶

如图 1-15，来自 *Pseudomonas* sp. strain RS-16 羧肽酶是一个二聚体蛋白酶，是锌离子依赖的外切酶。*Pseudomonas* sp. strain RS-16 羧肽酶氨基酸序列与已经报道的羧肽酶没有同源性，是新型羧肽酶。*Pseudomonas* sp. strain RS-16 羧肽酶包括两个区域：一个是有锌离子结合的催化区域；另一个区域是多个亚基通过疏水键相互结合的区域。

从 *Pyrococcus furiosus* 分离得到新型的羧肽酶，构成这种羧肽酶的二级结构几乎都是 α 螺旋，除了一个三层的 β 折叠外，这种酶的结构类似于二聚体，很像一个蝴蝶的翅膀。二聚体主要通过 N 端的 α 螺旋相连接，连接区域的氨基酸都是疏水性氨基酸。三个 α 螺旋几乎形成了底物结合部位——沟槽的一半，随后的一个 α 螺旋形成了沟槽的帽状结构（图 1-16）。

（四）新型的蛋白酶

大量新型的蛋白酶已被发现，某些新型蛋白酶具有与典型蛋白酶不同的一级结构和二级结构，表现出不同的催化特性。研究关注较多的新型蛋白酶是耐盐蛋白酶和适冷蛋白酶。适冷蛋白酶在发酵具有广阔的应用前景。比如，液态酒后酵的温度都相对较低，适冷蛋白酶加

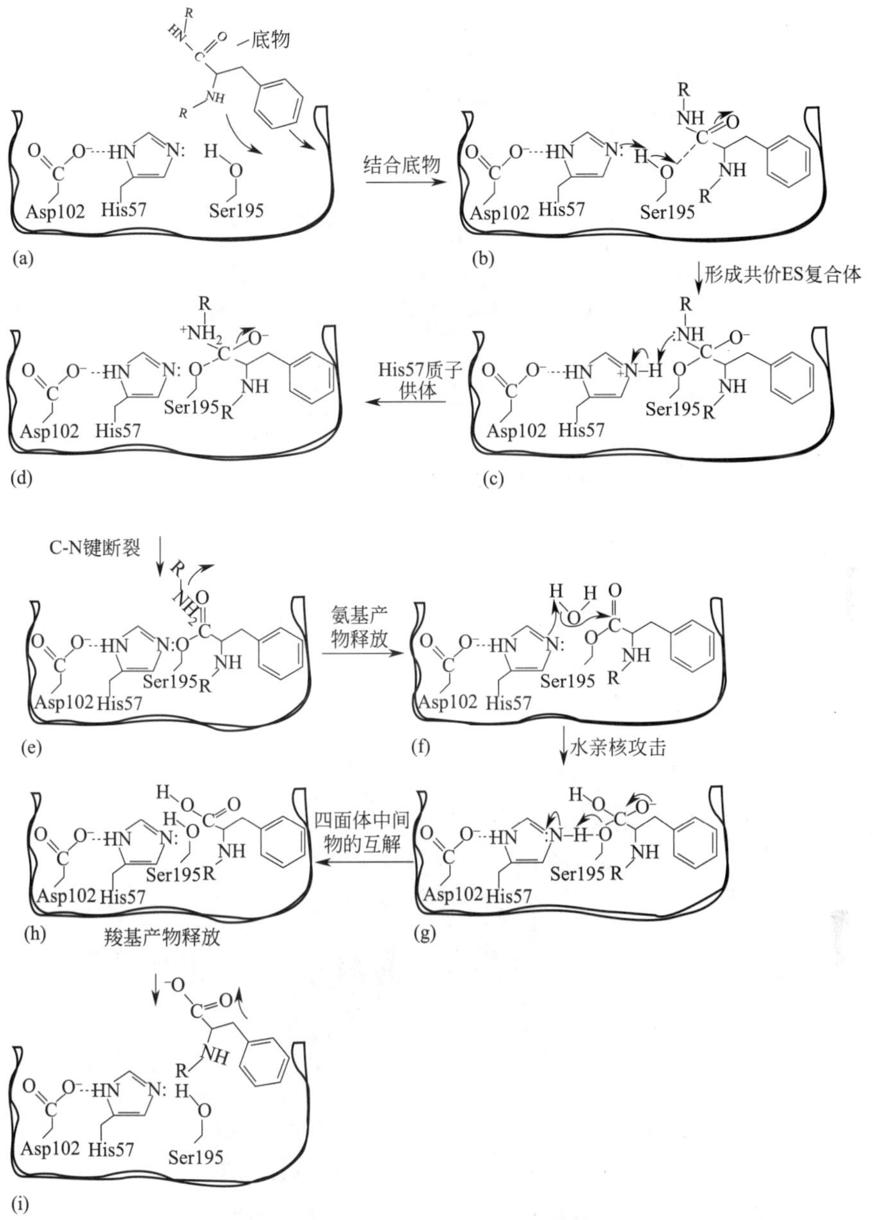

图 1-13　胰凝乳蛋白酶催化的分子机制

Figure 1-13　Molecular mechanism for chymotrypsin catalysis

入到后酵体系中，能在低温下高效降解蛋白质，从而增加酒体的稳定性。

适冷蛋白酶活性部位参与催化的氨基酸侧链大多数指向中心，催化机理和反应方式与普通蛋白酶一样。适冷蛋白酶催化腔相对变大，底物更易进入，从而使酶的特异性减弱或者酶对底物的结合变松。

对南极虾产生的适冷蛋白酶分析表明，在适冷蛋白酶中所有维持蛋白质分子稳定的因素都减少或减弱（图 1-17），比如，芳香族相互作用和氢键数量分子。疏水性氨基酸数量增加导致蛋白质内部的紧密性降低；结构环中脯氨酸残基减少，增强了二级结构中肽链的柔性。以上因素的改变，都使酶分子的稳定性大幅度降低。

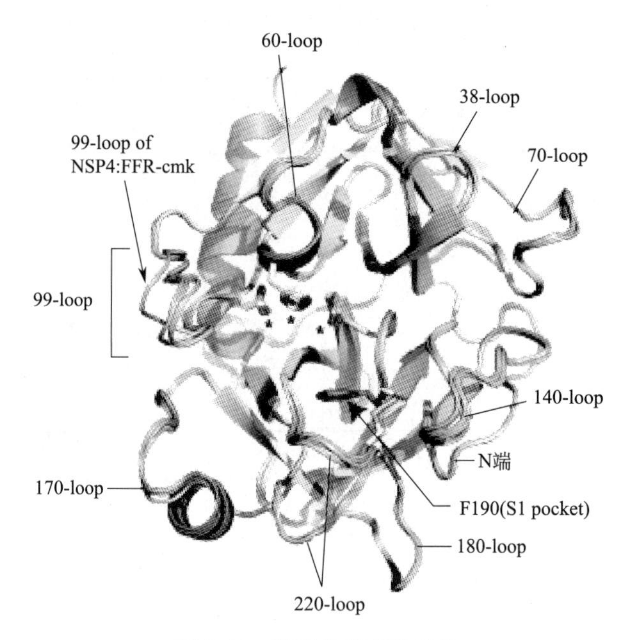

图 1-14　胰蛋白酶三维结构

Figure 1-14　3-Dimension of trypsin

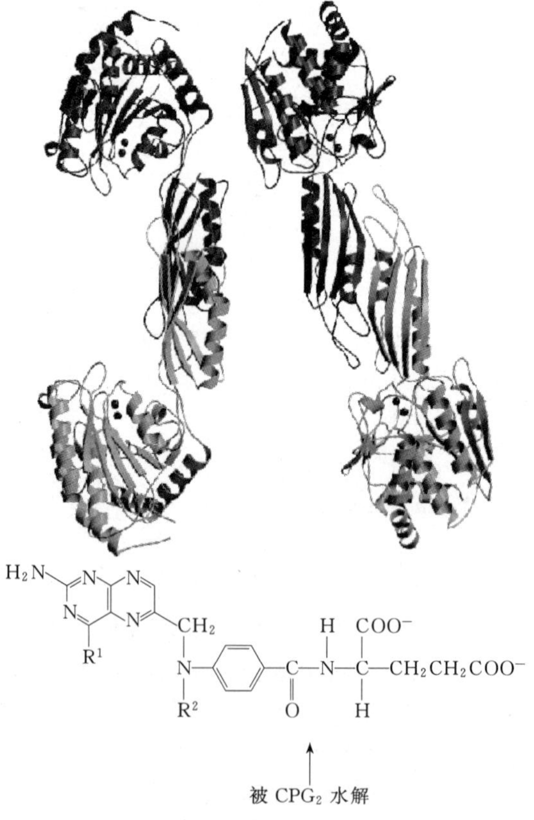

图 1-15　羧肽酶三维分子结构和切割位点

Figure 1-15　3-Dimension structure of trypsin from *Pseudomonas* sp. strain RS-16 and hydrolysis site

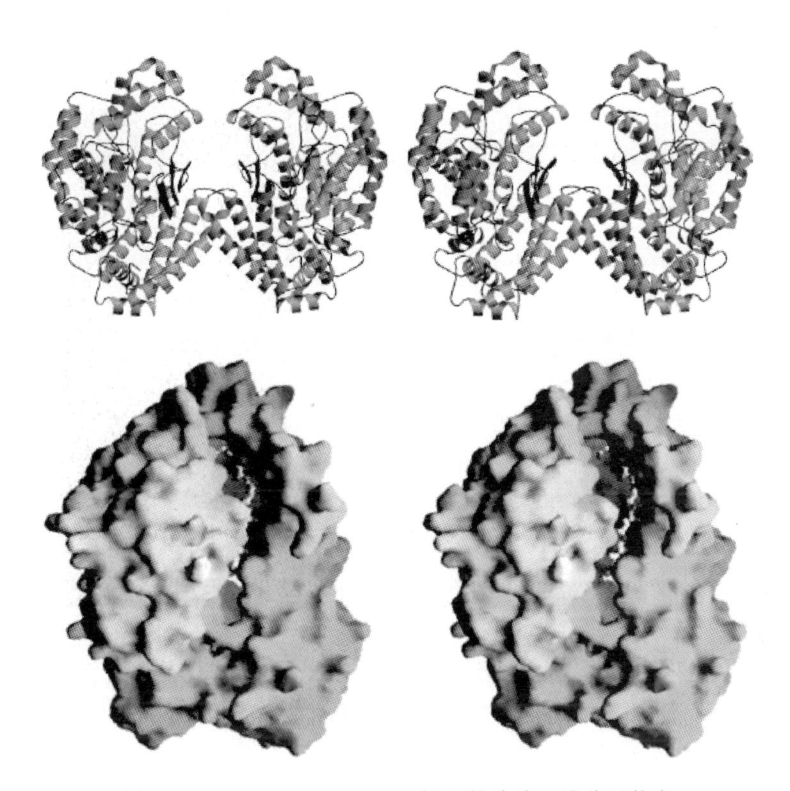

图 1-16 *Pyrococcus furiosus* 新型羧肽酶三维分子构象

Figure 1-16 3-Dimension structure of a novel trypsin from *Pyrococcus furiosus*

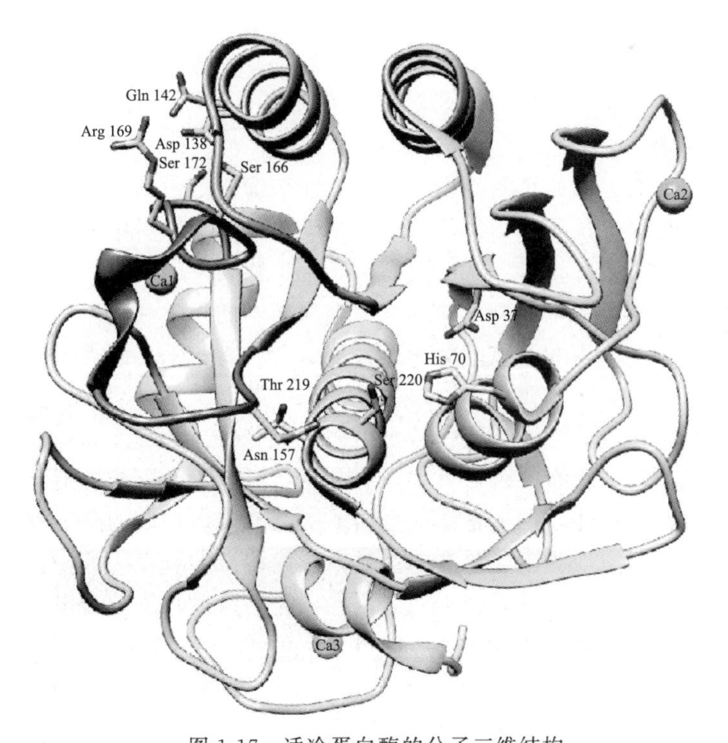

图 1-17 适冷蛋白酶的分子三维结构

Figure 1-17 3-Dimension structure of a cold adapt proteinase

四、纤维素酶

（一）纤维素酶在酿酒中的作用

纤维素酶是指能将纤维素降解为葡萄糖的复合酶。酿酒原料，例如高粱、谷壳等都含有一定量的纤维素。小麦粒、大麦、玉米、荞麦面、薏米面、高粱米、黑米的纤维素含量在4%～10%之间；马铃薯和白薯的纤维素含量在3%左右；黄豆、青豆、蚕豆、芸豆、豌豆、黑豆、红小豆、绿豆等纤维素的含量在6%～15%。水果中也含有一定量的纤维素，山楂纤维素的含量在50%左右。

酿酒原料中的纤维素不能直接被酿造微生物利用，因而不能产生乙醇等物质。纤维素酶降解酿酒原料中的纤维素产生葡萄糖，葡萄糖被酵母代谢生成乙醇，从而提高出酒率。已有研究证实，在液态酿酒中加入纤维素酶能提高出酒率。

纤维素酶能提高淀粉酶的降解效率。酿酒原料中的淀粉和纤维素并存，纤维素的存在对淀粉酶降解淀粉产生一定空间位阻作用，降低淀粉酶与淀粉分子的结合效率，从而降低淀粉酶降解淀粉的效率。例如，在清香型小曲白酒酿造过程中，蒸煮和摊凉后的高粱仍然是一个整体颗粒，高粱壳主要由纤维素组成。高粱壳的存在，阻碍了淀粉酶与淀粉的有效接触，以致淀粉不能被完全降解。纤维素酶能逐渐降解纤维素，能为淀粉酶进入高粱壳内部打开通道，从而提高淀粉酶的降解效率。

纤维素酶影响氮源的供应。同淀粉一样，酿酒原料中的蛋白质与淀粉、纤维素等交织在一起。淀粉的降解程度和降解速率会影响蛋白质溶出的速度和被蛋白酶酶解的速度。同样，纤维素的降解程度和降解速度也会影响蛋白质溶出的速度和被蛋白酶酶解的速度。原料中的蛋白质供应微生物生长和代谢所需要的氮源。酿造过程中氮源的种类和氮源的浓度等都会对酿造微生物的代谢产生影响。所以，纤维素酶影响氮源的供应，从而对酒体的风味、酒质、酒体的口感等产生影响。

纤维素酶对液态非蒸馏酒的色泽有影响。液态非蒸馏酒的色泽一般来自酿酒原料中的色素。比如，葡萄酒的色泽来源于葡萄组织中的色素物质。酿酒原料中的色素物质一般被纤维素包裹着，纤维素酶能降解纤维素，从而更有利于色素物质溶出。

纤维素酶影响酿造体系中金属离子的浓度。金属离子的种类和浓度，也会显著影响酿造微生物的代谢，进而影响酒率和酒质。酿造过程中，金属离子来自两类物质：酿造水和酿造固态原料。酿造固态原料含有金属离子，这些金属离子被纤维素、淀粉、蛋白质等大分子吸附或包裹。金属离子溶出受纤维素、淀粉、蛋白质等大分子疏松程度和降解程度的影响。纤维素酶降解纤维素能增加纤维素的疏松程度，有利于被纤维素吸附或被纤维素包裹的金属离子的释放。同样，纤维素酶能增加淀粉酶或蛋白酶对淀粉或蛋白质的降解程度，从而有利于被淀粉吸附或包裹、被蛋白质吸附或包裹的金属离子的溶出。

从以上的分析可以看出，纤维素酶影响氮源的种类和浓度，影响金属离子的浓度，这些都对微生物的代谢有影响，进而对风味物质的浓度和种类产生影响，从而在一定程度上影响酒体的口感。

纤维素酶对酿酒酒糟的利用具有重要意义。酿酒的酒糟纤维素含量高，适口性差。利用纤维素酶降解纤维素，降解的纤维素能作为增香菌的碳源，增加酒糟饲料的香味。同时，纤维素被降解后，酒糟的适口性增加，从而提高了酒糟的应用价值。

（二）纤维素酶的催化机制

纤维素酶是一个复合酶。组成纤维素酶的三类酶是：外切酶、内切酶和 β-葡糖苷酶。纤维素酶降解天然晶体纤维素的时候，纤维素外切酶首先通过纤维素外切酶的结合部位吸附在纤维素上，然后纤维素外切酶的催化部位把纤维素大分子降解为小片段的纤维素分子。小片段的纤维素是可溶性的小分子。可溶的纤维素小片段被纤维素内切酶酶解，变为纤维二糖。纤维二糖是葡萄糖的二聚体，其被 β-葡糖苷酶降解为葡萄糖。纤维素酶降解纤维素的过程是一个协同过程，其中纤维素外切酶降解晶体纤维素为限速步骤，这一步骤降解速率的高低，直接决定了降解纤维素的效率高低。纤维素外切酶降解晶体纤维素的过程中，最重要的步骤是纤维素外切酶吸附于纤维素晶体。纤维素外切酶有效的吸附效率决定了纤维素外切酶降解晶体纤维素的效率。三种酶的协同效率对纤维素酶的降解效率也有影响，三种酶的活性比有一个最适的值。

一些微生物还产生纤维小体。纤维小体是几种纤维素酶聚合在一起形成的复合体。纤维小体降解纤维素的效率高。纤维小体催化机制复杂，有别于复合纤维素酶系。

迄今发现降解纤维素效率最高的纤维素酶是从热泉中分离得到的耐热菌产生的纤维素酶，该纤维素酶具有多个吸附区和催化区域。

（三）纤维素酶的结构

典型的纤维素外切酶的结构分为两个区域：结合部位和催化部位（图 1-18）。结合部位是吸附于纤维素晶体结构的部位，催化部位是降解纤维素的部位。结合部位和催化部位通过一个柔性的肽链连接。当一小段纤维素被降解后，纤维素外切酶会继续向前滑动，继续降解纤维素，继续释放出小片段的纤维素。

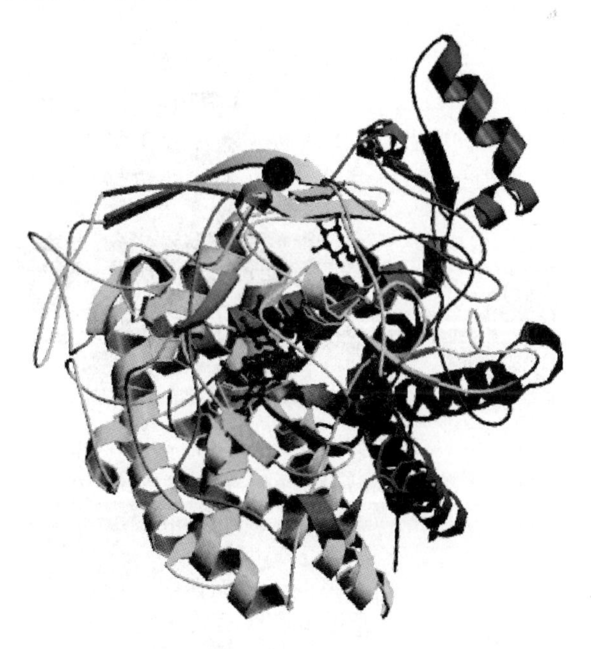

图 1-18　*Clostridium cellulovorans* 纤维素外切酶与底物结合的三维结构

Figure 1-18　3-Dimension structure of *Clostridium cellulovorans* exoglucanase- substrate complex

典型的纤维素内切酶有一个肠腔形的结构，这个肠腔形的结构是纤维素小分子片段的结合部位和催化部位（图 1-19）。可溶性的小片段纤维素结合到肠腔形部位后，被降解为纤维二糖。

β-葡糖苷酶也有一个明显的腔状结构，纤维二糖结合部位和催化部位都在腔状结构里面（图 1-20）。当 C—C 键被打开以后，释放的单糖从腔状结构游离出来，纤维二糖再次与 β-葡糖苷酶结合，形成复合物，进入下一个降解过程。

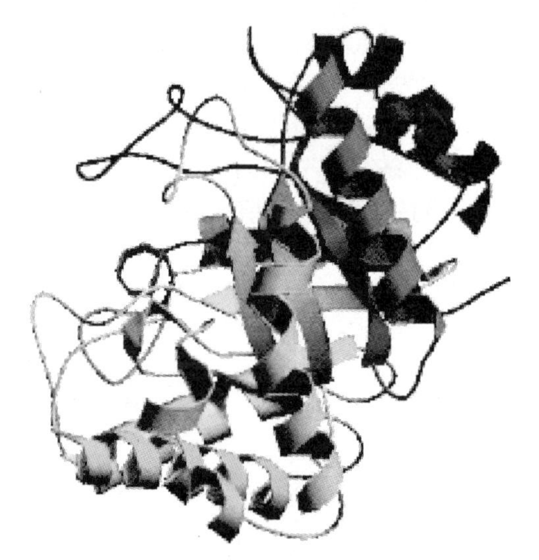

图 1-19 *Thermoascus aurantiacus* 纤维素内切酶三维分子结构

Figure 1-19 3-Dimension structure of endoglucanase from *Thermoascus aurantiacus* family

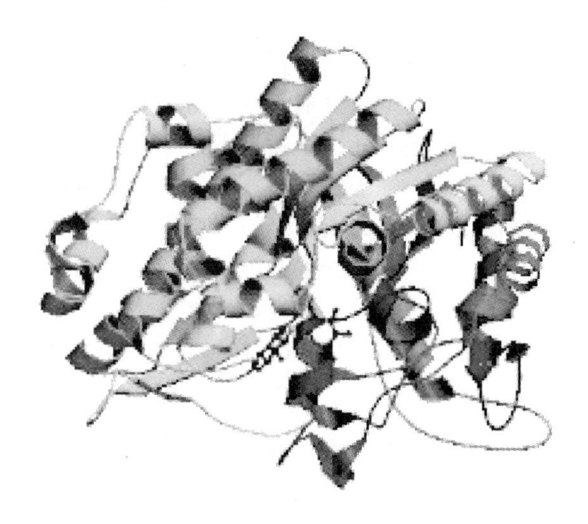

图 1-20 β-葡糖苷酶的三维分子结构

Figure 1-20 3-Dimension structure of β-glucosidase

纤维小体是多个蛋白质结合在一起的复合物，来自热梭菌的纤维小体含有 31 种基因，其含有 11 种内切酶，内切酶的结合位点是一种管状结构。管状结构由 6 个内螺旋与 6 个相反方向的外螺旋组成。纤维小体中最大的蛋白质亚基含有 6 个结构域，依次为 S 层同源结构域、UD-1 结构域、UD-2 结构域、两个内切酶催化域、锚定域（图 1-21）。

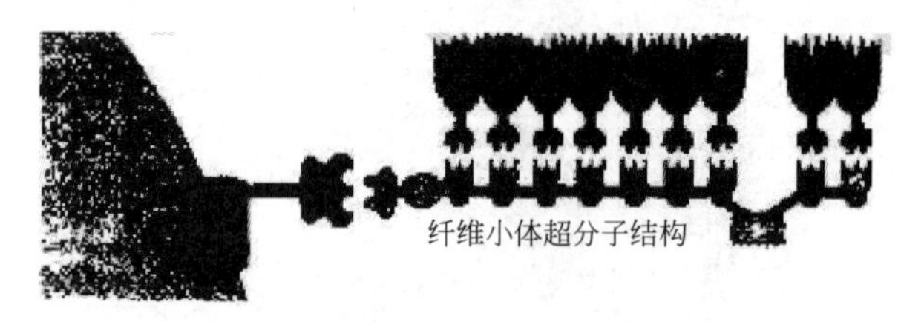

图 1-21 纤维素酶形成纤维小体的超分子结构

Figure 1-21 3-Dimension structure of cellulosome macromolecule composed of cellulases

五、半纤维素酶

（一）半纤维素酶在酿酒中的作用

在特香型大曲中已经检测到半纤维素酶，半纤维素酶的酶活在制曲 3～4 个月达到最大。

半纤维素酶对酒质和酒率、酒的风味和口感有影响。

半纤维素酶是能将半纤维素降解为葡萄糖的酶。发酵原料中，例如高粱、谷壳等都含有一定量的半纤维素，半纤维素酶降解发酵原料中的半纤维素，产生的葡萄糖能被特定的酵母代谢转变为乙醇，从而提高出酒率。已有研究表明，在液态酿酒中加入半纤维素酶能提高出酒率。

半纤维素酶能提高淀粉酶的降解效率。酿酒原料中的淀粉、纤维素、半纤维素相互交织在一起。半纤维素的存在同纤维素一样，对淀粉酶降解淀粉产生一定的空间位阻作用。半纤维素空间位阻阻碍淀粉酶与淀粉分子的结合，从而降低淀粉酶的降解效率。纤维素酶和半纤维素酶能逐渐降解纤维素和半纤维素，能为淀粉酶进入酿酒原料内部提供更便捷的通道，从而提高淀粉酶的降解效率，增加淀粉的利用程度。

在植物组织中，纤维素和半纤维素相互交织在一起，半纤维素对纤维素酶降解纤维素有空间位阻效应。半纤维素酶不仅能解除半纤维素对淀粉酶的空间阻隔，而且也能解除半纤维素对纤维素酶的空间阻隔，提高纤维素酶的降解效率和对纤维素的降解程度。反之一样，纤维素酶能提高半纤维素酶对半纤维素的降解效率。

半纤维素酶影响氮源的供应。同淀粉一样，酿酒原料中的蛋白质与淀粉、纤维素、半纤维素等交织在一起。淀粉的降解程度和降解速率会影响蛋白质溶出的速度和被蛋白酶酶解的速度。同样，半纤维素的降解程度和降解速度也会影响蛋白质溶出的速度和被蛋白酶酶解的速度。原料中的蛋白质是酿造过程中微生物氮源的重要来源之一。酿造过程中氮源的种类、氮源的浓度等都会对酿造微生物的代谢产生影响。

半纤维素酶影响液态非蒸馏酒的色泽。同纤维素酶增加液体发酵非蒸馏酒的色泽一样，半纤维素酶的存在能促进色素类物质的溶出，从而使酒体的颜色加深。

半纤维素酶影响酿造体系中金属离子的浓度。半纤维素酶降解半纤维素后，有利于被半纤维素吸附或被半纤维素包裹的金属离子的释放。同样，半纤维素酶能增加淀粉酶或蛋白酶对淀粉或蛋白质的降解程度，从而有利于被淀粉吸附或包裹、被蛋白质吸附或包裹的金属离子的释放。半纤维素酶和纤维素酶的协同作用，能促进半纤维素酶和纤维素酶更彻底降解半纤维素和纤维素，从而有利于被半纤维素和纤维素吸附或包裹的金属离子的溶出。

从以上的分析可以看出，半纤维素酶影响氮源的种类和浓度，影响金属离子的浓度，这些都对微生物的代谢有影响，进而对发酵过程中的风味物质的浓度和种类产生影响，从而在一定程度上影响酒体的口感。

（二）半纤维素的组成

半纤维素是由几种不同类型的单糖连接在一起构成的大分子异质多聚体。组成半纤维素的糖单体是五碳糖或六碳糖，包括木糖、阿拉伯糖、甘露糖和半乳糖等。半纤维素木聚糖在木质组织中占总量的50%左右，它结合在纤维素的表面，并且相互连接，半纤维素和纤维素构成了坚硬的细胞相互连接的网络。

半纤维素主要有聚木糖类半纤维素和聚葡萄甘露糖类半纤维素。聚木糖类半纤维素是以1,4-β-D-吡喃型木糖构成主链，以4-氧甲基-吡喃型葡萄糖醛酸为支链的多糖。

聚葡萄甘露糖类是由D-吡喃型葡萄糖基和吡喃型甘露糖基以1,4-β型连接成主链。另一类聚半乳糖葡萄甘露糖类则还有以1,6-α型连接到此主链上的若干D-吡喃型甘露糖基和D-吡喃型葡萄糖基。

（三）半纤维素酶的催化机制

半纤维素酶是能降解半纤维素的酶。半纤维素组成的单体不同，降解不同类型半纤维素的半纤维素酶也有差别。半纤维素酶是木聚糖酶、甘露聚糖酶、阿拉伯半乳糖酶和木葡聚糖酶的总称。产生半纤维素酶的微生物较多，细菌、真菌、酵母等都能产生半纤维素酶。

1. 木聚糖酶

木聚糖酶是一类能够水解木聚糖主链 β-1,4-D-木糖糖苷键的水解酶类。木聚糖酶的分类号为 EC3.2.1.8，正式名称为内切 β-1,4-木聚糖酶，绝大部分木聚糖酶属于第 10 和 11 家族的酶。

木聚糖酶的催化机制是广义的酸碱催化机制。通常是两个酸性氨基酸参与的，这两个酸性氨基酸中的一个作为质子供体，另一个作为亲核基团。只有两个氨基酸共同作用，才能降解木聚糖。

木聚糖酶降解木聚糖主要包括两种机制：保留机制和反转机制。第 5、7、10、11 家族的木聚糖酶催化机制是保留机制。

保留机制的催化过程为：当酶与底物结合后，由质子供体提供的质子攻击并结合到糖苷键上的氧原子，打开碳氧键，而亲核基团以共价键的形式与糖苷键上的碳正离子形成酶与底物结合的中间产物，形成中间产物保证断开的碳正离子的稳定性。然后离子化的质子通过攻击水分子而使水分子解离，与解离的氢离子结合。解离的氢氧根离子与碳正离子结合，从而释放亲核基团。

第 8 和 43 家族的木聚糖酶通过反转机制降解木聚糖。当酶与底物结合后，由质子供体提供的质子攻击并结合到糖苷键上的氧原子，打开碳氧键。同时，亲核基团攻击水分子，使其解离。同样解离产生的氢氧根离子与碳正离子结合。解离产生的氢离子则与亲核基团结合形成下一个降解轮次的质子供体。

木聚糖酶在降解木聚糖时，采用何种机制，取决于两个催化残基的空间位置。当两个催化残基的距离较大时，采用反转机制降解木聚糖；当两个催化残基的距离较小时，采用保留机制降解木聚糖。

木聚糖酶一般为单体酶，木聚糖酶具有一个催化域。有一些木聚糖酶具有多个催化域结构。不同家族的木聚糖酶其结构差异较大。对第 5 家族的木聚糖酶晶体结构分析表明，其具有椭圆形的折叠桶，折叠桶有 8 个（β/α）结构，在酶分子表面的一个 β 折叠结构的 C 端有一个缝隙，催化位点位于该缝隙上。第 8 家族的木聚糖酶有一个由 6 个（α/α）构成的桶状结构。在该酶的 N 端有一个额外的 α 螺旋，酶分子中心为扭曲的球形结构，一条裂缝贯穿其中，两个催化氨基酸位于裂缝的中心。第 10 家族的木聚糖酶由 8 个 α 螺旋和 8 个 β 折叠形成一个碗形结构。第 11 家族的木聚糖酶 β 折叠扭曲成一个层状结构，催化位点包裹在两个层状结构当中（图 1-22）。

大多数木聚糖酶都有一个木聚糖结合区域。木聚糖结合区域的结构有三明治结构、三叶草结构、橡胶蛋白结构等。

2. 甘露聚糖酶

植物细胞壁的主要成分是纤维素、半纤维素及木质素等。甘露聚糖为构成半纤维素的重要组分，是由 β-1,4-D-甘露糖连接而成的线状多聚体。甘露聚糖的侧链上主要有葡萄糖基、乙酰基和半乳糖基等的取代基团。甘露聚糖的完全酶解需要 β-甘露聚糖酶（EC3.2.1.78）、

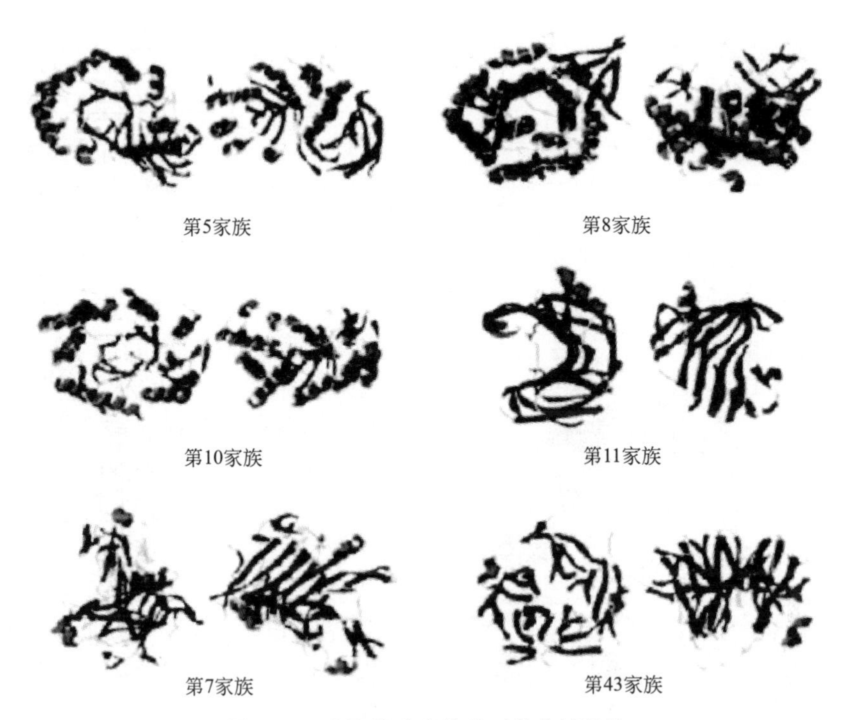

图 1-22　木聚糖酶家族的三维分子结构

Figure 1-22　3-Dimension structures of xylanase families

β-甘露糖苷酶（EC3.2.1.25）、*β*-葡糖苷酶（EC3.2.1.21）、*β*-半乳糖苷酶（EC3.2.1.22）和脱乙酰酶（EC3.1.1.6）的协同作用。微生物产生的甘露聚糖酶的催化模块主要集中于CD5 和 CD26 两个模块（表 1-4）。

表 1-4　微生物源的甘露聚糖酶的模块分布

Table 1-4　Module arrangement of mannanases from microorganism

微生物种类	蛋白质	模块分布
硫色曲霉	ManN	CD5
环状芽孢杆菌 CGMCC1416	ManB48	CD5
环状芽孢杆菌 CGMCC1554	Man5A	CD5
芽孢杆菌 JAMB-602	Man5A	CD5
枯草芽孢杆菌 Z-2	BCman	CD26
芽孢杆菌 JAMB-750	Man26A	CD26/CBM23/MBM/CTIX/MA
嗜热脂肪芽孢杆菌	ManF	CD5/CBM27
芽孢杆菌 MEY-1	Man5A	CD5
梭纤维热芽孢杆菌	ManA	OFF1/CBM3B/CD5/CBM3
解糖热纤维菌 Rt8B.4	ManA	CD26
粪碱纤维单胞菌	Man26A	CD26/LP/CBM23
纤维弧菌	Man5A	CD5/CBM2a
纤维弧菌	Man5B	CD5/CBM5
纤维弧菌	Man5C	CD5/CBM10
纤维弧菌	Man26B	CD26
纤维弧菌	Man26C	CD26
解纤维素梭菌	Man5K	LP/DM/CD5
热纤梭菌	Man26B	CD26/LP/DM
南极隐蜱	CaMan	CD5

续表

微生物种类	蛋白质	模块分布
多黏芽孢杆菌	Man26A	CD44/FN3/CD26/CBM3
瘤胃壶菌	ManA	CD/DM
荧光假单胞菌	ManA	CD26
海洋红嗜热盐菌	ManA	CD26
多糖嗜热厌氧菌	ManA	LP/CD/CBM16/SLH
里氏木霉	Man5A	CD5/LP/CBM1
弧菌	ManA	CD5

图 1-23　β-甘露聚糖酶的三维结构

Figure 1-23　3-Dimension structure of β-mannanases

β-甘露聚糖酶是水解酶，是水解 1,4-β-D-吡喃甘露糖主链的内切酶，作用底物主要是半乳葡萄甘露聚糖、甘露聚糖、半乳葡萄甘露聚糖及甘露聚糖。β-甘露聚糖酶水解底物的程度受 β-半乳糖残基和葡萄糖残基在主链中的位置、含量、酯酰化的程度等因素影响。甘露聚糖经 β-甘露聚糖酶作用后，主要产物是寡聚糖（2～10 个单糖残基）。产物聚合度的大小与酶的结构有关。结构不同的酶，产物聚合度一般不一样。

β-甘露聚糖酶一般都有结合域和催化域。目前发现的 β-甘露聚糖酶都属于糖苷水解酶的 5、26 和 113 家族。β-甘露聚糖酶的催化域都是一个 TIM 的桶状结构。八个 β 折叠和八个 α 螺旋交替排列形成一个桶状结构（图 1-23）。

活性部位的两个谷氨酸是 β-甘露聚糖酶的活性位点，分别为酸碱催化位点和亲核催化位点，位于第 4 个和第 7 个 β 折叠的 C 末端。

β-甘露聚糖酶的结合域根据其序列和结构，被分为 53 个家族，不同的 β-甘露聚糖酶结合域的结构差异较大。有一些 β-甘露聚糖酶具有锚定结构，可以将酶固定在微生物的表面（图 1-24）。

图 1-24　β-甘露聚糖酶的典型结合域的三维结构

Figure 1-24　Classic 3-dimension structure of β-mannanases binding domain

3. 木葡聚糖酶

木葡聚糖酶是能降解木葡聚糖的酶。木葡聚糖的主链是由 D-呋喃葡萄糖残基以 β-1,4-糖苷键相连构成，葡萄糖残基在 0～6 被 α-D-吡喃木糖所取代。木葡聚糖主要含有葡萄糖、木糖、半乳糖等残基。

木葡聚糖酶降解木葡聚糖为木寡糖。现在发现的多数木葡聚糖酶为糖苷水解酶 74 家族。木葡聚糖酶水解木葡聚糖的催化过程为：先降解为 16～18 聚合度的多糖，再逐步水解为聚合度 7～9 的多糖。木葡聚糖酶的水解位置一般在－1 位未取代的葡萄糖残基和＋1 位由木糖取代的葡萄糖残基之间。木葡聚糖酶的活性要求在＋2 位置上有木糖取代支。木葡聚糖酶裂解木葡聚糖的 β-1,4-糖苷键，其由多个底物结合位点结合于没有分支的葡萄糖残基上。木糖分支对木葡聚糖酶的活性是必需的，要求在水解端和非水解端至少有两个葡萄糖残基的存在。木葡聚糖酶至少有四个结合位点识别分支木糖残基。内切木葡聚糖酶水解不分支的葡萄糖链。

图 1-25　外切木葡聚糖酶与底物结合的三维结构

Figure 1-25　3-Dimension structure of xyloglucanase-substrate complex

外切木葡聚糖酶的两个亚基相互作用形成活性中心，有两个 7 面螺旋的随机重复单元（图 1-25）。家族 5 和家族 7 的木葡聚糖酶具有三级结构形成的凹槽，凹槽是木糖侧链的结合部位。内切木葡聚糖酶从内部酶切糖苷键，74 家族的内切木葡聚糖酶－1 位点的 Tyr457 对内切断裂糖苷键的位置有显著影响。74 家族的木葡聚糖末端二糖水解酶在＋2 位点有一个环形结构存在，环形部位包裹末端断裂的糖苷键。

来自 *Clostridium* 的木葡聚糖酶活性部位由两个亚基构成，其作用位点也是分支木糖残基。

六、木质素酶

（一）木质素酶在酿酒中的作用

由于木质素、纤维素、半纤维素在植物组织中往往是交织在一起的，木质素的降解能促进纤维素酶和半纤维素酶对纤维素和半纤维素的降解，同样也会间接促进淀粉酶降解淀粉。木质素酶能间接提升淀粉的利用效率，能间接提高出酒率，影响酒体的口感和风味。同样，木质素的降解也有利于吸附或包裹在植物组织中金属离子的溶出。木质素酶对液体发酵酒体的色泽和稳定性有影响。

豆类和麦麸是酿造制曲的原料，木质素存在于豆类、麦麸当中。酿造原料的高粱壳、稻壳中也含有木质素。木质素是由对香豆醇、松柏醇、芥子醇等单体形成的一种复杂酚类聚合物，单体结构见图 1-26。木质素是构成植物细胞壁的成分之一，具有使细胞连接在一起的作用。根据木质素单体不同，可将木质素分为 3 种类型：紫丁香基丙烷结构单体聚合成紫丁香基木质素（syringyl lignin，S-木质素），愈创木基丙烷结构单体聚合成愈创木基木质素（guajacyl lignin，G-木质素），对羟基苯基丙烷结构单体聚合成对羟基苯基木质素（hydroxy-phenyl lignin，H-木质素）。木质素是天然芳香族化合物，其降解后的产物中有天然芳香族化合物单体的存在，对酒体的风味和口感产生影响。

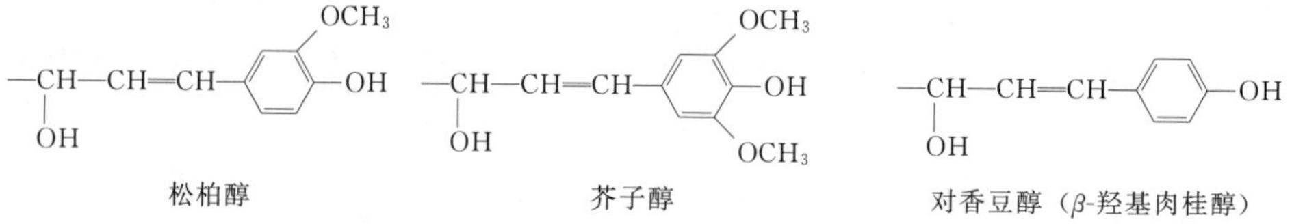

松柏醇　　芥子醇　　对香豆醇（β-羟基肉桂醇）

图 1-26　木质素单体的分子结构

Figure 1-26　Molecular structures of lignin monomers

（二）木质素酶的催化机制

木质素酶是一个非常复杂的体系，在木质素氧化过程中，有三类酶起主要作用：木质素过氧化物酶、锰过氧化物酶、漆酶。芳香醇氧化酶、乙二醛氧化酶、葡萄糖氧化酶等对木质素的降解有一定影响。木质素的降解是多种酶协同作用的一个过程，这些酶总称为木质素酶。

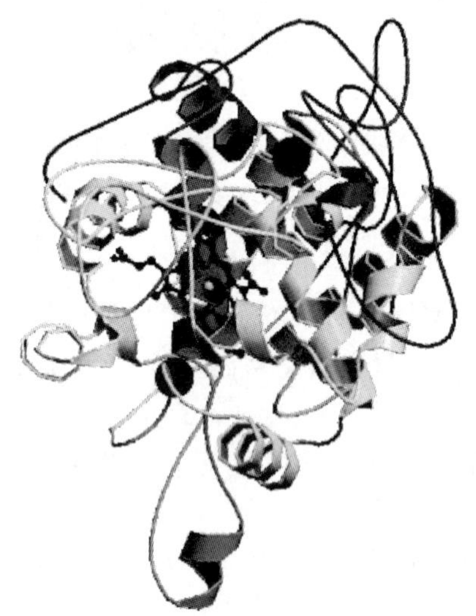

图 1-27　木质素过氧化物酶与底物结合的三维结构

Figure 1-27　3-Dimension structure of lignin peroxidase-substrate complex

1. 木质素过氧化物酶

木质素过氧化物酶的催化机制可以视为“乒乓”催化机理。木质素过氧化物酶的蛋白质含 Fe^{3+}、卟啉环和血红素辅基的过氧化物。

木质素过氧化物酶有一个活性中心区域，结合位点在活性中心。结合位点包括：接近活性中心通道表面裂缝中的 His82，活性中心通道表面裂缝开口处的 Trp170（图 1-27）。在酶蛋白表面的电子传递可能经历两个完全不同的途径：底物-His82-Ala83-Asn84-His47-Heme；底物-Trp170-Leu171- Heme。由催化循环中形成的木质素过氧化物酶的氧化还原电位非常高，高电位使木质素中富含电子的酚型或非酚型芳香化合物的芳环发生氧化，从而使木质素形成阳离子活性基团，然后发生一系列的非酶促裂解反应，最终生成各类终产物。因此木质素过氧化物酶的催化过程可看作是由 H_2O_2 启动的一系列自由基链反应实现对底物的部分或彻底的氧化。

2. 锰过氧化物酶

锰过氧化物酶是一种糖蛋白，这与传统的酶是蛋白质和核酸显著不同，分子量约 46000。锰过氧化物酶由一个血红素基和一个 Mn^{2+} 构成活性中心，另外还有两个 Ca^{2+}，Ca^{2+} 起稳定结构作用（图 1-28）。锰过氧化物酶为二肽酶，其分子中有一条长的蛋白质单链，一条短的链。锰过氧化物酶的活性部位是一个近侧的组氨酸配位基 His，它通过氢键与 Asp 结合；由催化性 His 和 Arg 组成远侧的锰过氧化物酶结合区，由 5 个二硫键和 2 个

Mn^{2+}维持锰过氧化物酶的催化活性中心的构象。该活性中心依赖Mn^{2+}：H_2O_2触发锰过氧化物酶，将Mn^{2+}氧化成Mn^{3+}，Mn^{3+}被有机酸螯合剂（如草酸盐、乙醇酸盐）固定，促使Mn^{3+}从酶活性位点中释放，转而充当一种低分子量的可扩散的氧化剂，或直接将酚类物质催化氧化成自由基或在共氧化剂的协助下将非酚类芳香族物质催化氧化成自由基，进而引发一系列的自由基链反应降解木质素。

白腐菌中存在一种不依赖Mn^{2+}的锰过氧化物酶，能直接催化氧化酚类及非酚类芳香族化合物，该酶被视为处于 MnP 和 LiP 的混合过渡状态。

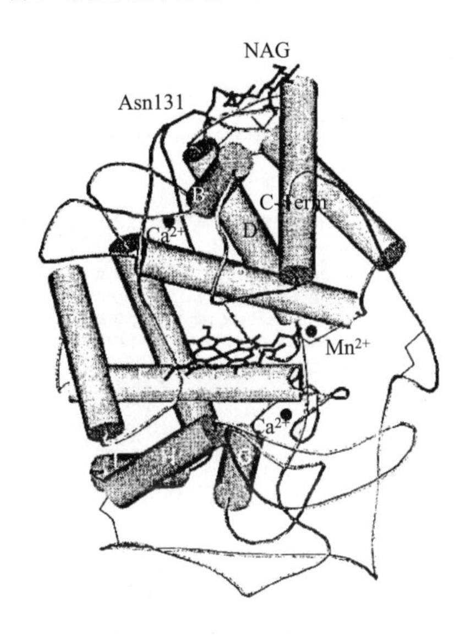

图 1-28　锰过氧化物酶的三维结构

Figure 1-28　3-Dimension structure of manganese peroxidase

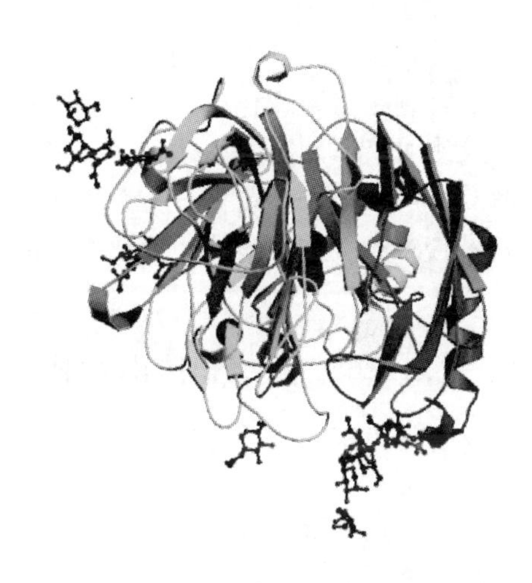

图 1-29　*Coriolus hirsutus* 漆酶与底物结合的三维结构

Figure 1-29　3-Dimension structure of *Coriolus hirsutus* laccase-substrate complex

3. 漆酶

漆酶是一种含有铜原子的胞外糖蛋白。根据结构特征可分为 3 类型：Ⅰ型和Ⅱ型各含一个Cu^{2+}，Ⅲ型是反磁性偶合体。漆酶结构中 α 螺旋含量相对较少，β 折叠含量相对较多（图 1-29）。

Ⅰ型 Cu、Ⅱ型 Cu 和Ⅲ型 Cu 相结合起到了三核铜簇的作用，包括和氧气反应在内的外源配位体的相互作用。Ⅲ型 Cu 中的每个 Cu 都是 4 配位数性质，Ⅲ型 Cu 具有 3 个 His 配位体和 1 个桥式氢氧化物。Ⅱ型 Cu 和Ⅲ型 Cu 之间的桥式结构对过氧化物中间物起到稳定作用，所以氧的还原需要Ⅱ型 Cu 的参与。在氧的作用下，漆酶攻击木质素中的苯酚结构单元，使苯酚的核失去 1 个电子而被氧化成含苯氧基的自由活性基团，通过 Cys-His 途径将电子传递给三核铜簇位点，该位点再把电子传递给氧，氧作为电子受体，发生四电子还原从而生成两分子的H_2O，同时伴随着碳键氧化、碳键裂解和烷基-芳香基裂解等一系列裂解反应。由于漆酶的氧化还原电位较低，木质素结构中占大多数的非酚型结构单元不能直接被氧化降解，因此需添加一些低氧化还原位的化合物。低氧化还原位作为氧化还原调节剂，在酶的作用下形成高活性的稳定中间体，再从氧分子中获得电子，传递给木质素分子从而降解木质素。

漆酶和锰过氧化物酶单独降解木质素的效率较低，而两种酶同时存在时，降解木质素的效率较高。木质素酶具有协同作用，但当体系中一些条件发生变化时，这几种木质素降解酶会发生相互抑制现象，如液体培养条件下 Mn^{2+} 浓度升高导致 LiP 活力大幅度下降，而锰过氧化物酶和漆酶的活力却相应增加，原因是不同木质素酶活性中心的结构不一样。

七、果胶酶

（一）果胶酶在酿酒中的作用

同木质素酶、纤维素酶、半纤维素酶对酿酒的作用一样，果胶酶通过促进植物组织成分的降解，间接提升淀粉的利用效率，从而提高出酒率。果胶酶影响酒体的口感和风味。果胶的降解也有利于吸附或包裹在植物组织中金属离子的溶出。

果胶酶对液体发酵的酒体色泽和稳定性有影响。在葡萄酒的酿制过程中，果胶酶能促进葡萄酒的澄清；果胶酶能提升葡萄酒的香气；果胶酶可以加深葡萄酒的色泽，增加颜色的稳定性。果胶酶的种类会影响葡萄酒中甲醇的含量，酒精发酵前添加果胶酶能够降低杂醇油的生成量。

（二）果胶酶的种类和催化机制

果胶酶分为两大类：A 型原果胶酶和 B 型原果胶酶。A 型原果胶酶主要作用于多聚半乳糖醛酸的区域，B 型原果胶酶作用于多聚半乳糖醛酸链和细胞壁多糖的连接链。果胶酶根据其作用的底物，可以分为以下几种：聚半乳糖醛酸酶、果胶酯酶、聚半乳糖醛酸甲酯水解酶、聚鼠李半乳糖醛酸酶、阿拉伯聚糖酶、半乳聚糖酶、木糖基半乳糖醛酸酶等。聚半乳糖醛酸酶是应用最广泛的酶类。

1. 聚半乳糖醛酸酶

聚半乳糖醛酸酶（PG）（E C 3. 2. 1. 15）将聚半乳糖醛酸降解为半乳糖醛酸，酶解部位为主链平滑的区域。该酶属于 28 家族，催化机制为反转催化机制。该类酶的催化主要是通过单一键的取代进行的。在催化位点有一个成对羧酸群，一个羧酸群类似于酸基，另一个类似于碱基。在催化区域有四个氨基酸：Asp159、Asp162、Asp180、Asp181。聚半乳糖醛酸酶的分子构象为一个大的右手螺旋，分子中共有对称的 42 个 β 条带，这些 β 条带形成了 4 个 β 折叠。

聚半乳糖醛酸酶的中部有一个凹槽，在与果胶作用时，果胶紧密地结合在这个凹槽之内。果胶结合的凹槽是由 7 个氨基酸条带形成的（图 1-30）。

2. 果胶酯酶

果胶酯酶亦称为果胶酶、果胶甲酯酶、果胶氧化酶，为催化果胶的甲氧酯水解产生果胶酸和甲醇反应的酶，酶的编号为 EC3. 1. 1. 11。高等植物中都含有果胶酯酶，一些霉菌、细菌也产生果胶酯酶。对脱酯反应的底物专一性还不十分清楚，但是酶在高等植物中仅作用于甲酯，所以又对此酶命名为果胶甲酯酶。

果胶甲酯酶也是一个右手 β 螺旋蛋白质，较为典型的结构见图 1-31。果胶甲酯酶分子上大的沟壑是果胶的结合位点，在沟壑中有两个活性位点。催化部位带负电荷的氨基酸作为质子供体，从而可以使甲醇得以释放，活性位点通过从活化的水分子中获得一个质子从而使活性位点得以保存，通过分子上环形结构的相互作用而去除甲基。

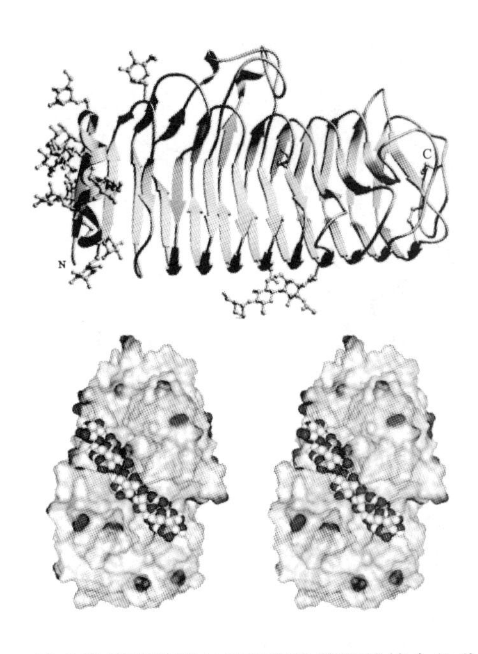

图 1-30 聚半乳糖醛酸酶与甲基半乳糖醛酸结合的分子构象

Figure 1-30 Modeled structure of the polygalacturonase-octagalacturonate complex

3. 阿拉伯聚糖酶

阿拉伯聚糖酶水解是从底物的非还原端开始的。阿拉伯聚糖酶分为两大类：A 型阿拉伯聚糖酶和 B 型阿拉伯聚糖酶。A 型阿拉伯聚糖酶主要是水解阿拉伯木糖侧链，B 型阿拉伯聚糖酶还能降解阿拉伯糖的多糖侧链。阿拉伯聚糖酶能切割 α-1,2-或 α-1,3-糖苷键。阿拉伯聚糖酶属于水解酶的 62 家族。阿拉伯聚糖酶的催化机制是一个单取代机制。

大多数阿拉伯聚糖酶都有一个由 5 个类似于刀片结构形成的推进桨的结构（图 1-32），推进桨结构是阿拉伯聚糖酶的催化区域。每一个刀片状的结构由两个反向平行的 β 带组成。整个分子呈现一个向中心缠绕的结构，向中心缠绕的结构和二硫键共同维持整个分子的稳定。在分子中有一个长条形的沟壑区域，这个区域为底物的结合区域。不同阿拉伯聚糖酶蛋白质分子之间最显著的差异是沟壑附近环长度的差异。环长度的差异是不同阿拉伯聚糖酶的底物特异性的原因所在。

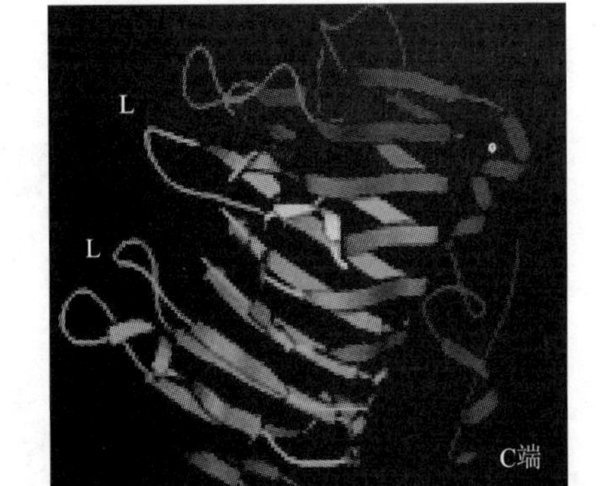

图 1-31 果胶甲酯酶的三维分子结构

Figure 1-31 3-Dimension structure of pectinesterase

4. 聚鼠李半乳糖醛酸酶

聚鼠李半乳糖醛酸酶属于 28 家族的水解酶，该酶的整个分子呈现 β 螺旋结构，由三个平行的 β 折叠构成，见图 1-33。酶分子的中心是由 β 折叠构成的，在分子 N 端有一个疏水基团构成的腔状结构。腔状结构被疏水性残基包围。腔状结构的功能还不是十分清楚，但是腔状结构被填满后，酶分子的稳定性增加。β 折叠形成一个沟壑，这个沟壑就是催化的活性

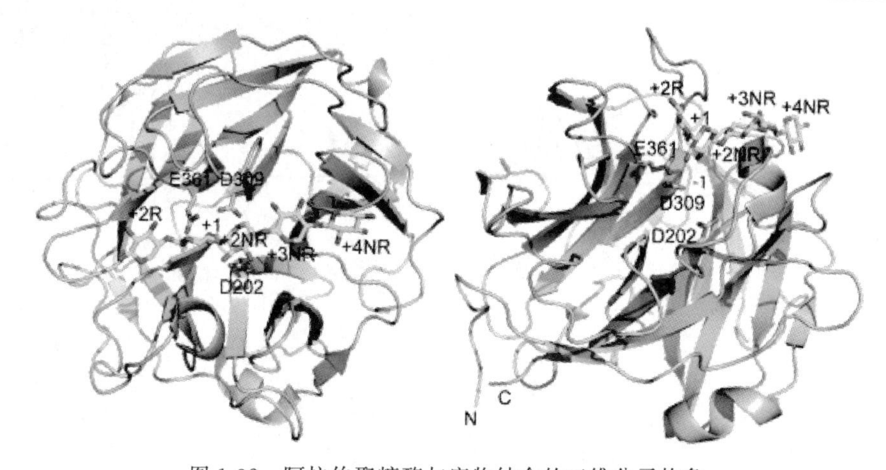

图 1-32 阿拉伯聚糖酶与底物结合的三维分子构象

Figure 1-32 3-Dimension structure of arabinofuranosidases-araban complex

区域，这个沟壑区域能容纳 1～2 单位的鼠李糖或半乳糖。

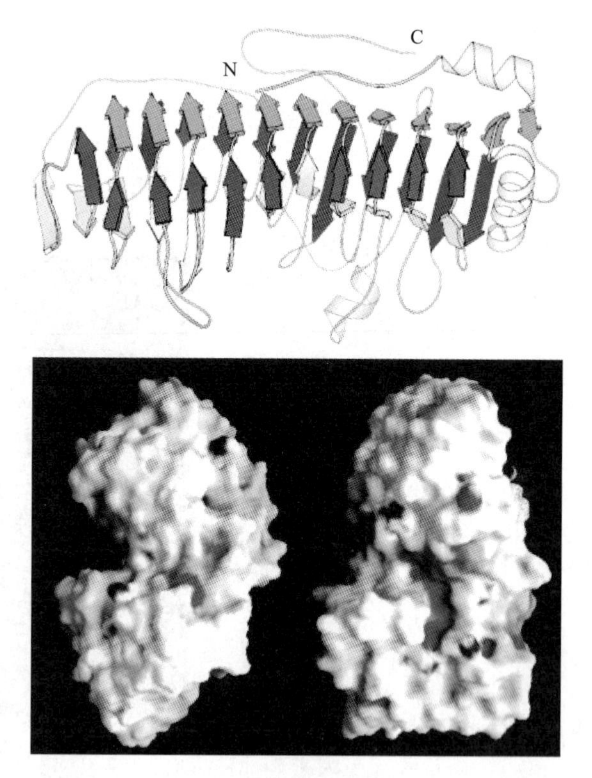

图 1-33 聚鼠李半乳糖醛酸酶的三维分子结构

Figure 1-33 3-Dimension structure of rhamnogalacturonase

八、脂肪酶

（一）脂肪酶在酿酒中的作用

在白酒生产的储存过程中，一般需要 3 年以上的贮存期才能得到优质白酒。一般白酒贮存期最少也要一年左右，这使得生产企业在库房和贮存容器资金投入巨大，从而影响了资金的周转，生产成本增加。

白酒在贮存过程中，酒体中的化学变化主要有氧化还原、酯化水解反应等。在贮存期间，醛氧化为酸，酸与醇发生酯化反应生成酯，一些酯类化合物水解又生成相应的酸和醇，使酒中的醇、醛、酯、酸等风味成分达到新的平衡。根据这个平衡机理，多种人工催陈的方法：热处理法、微波处理法、冷冻法等都能促进酒体风味成分的平衡。但凡经催陈技术处理后的白酒都存在“回生”现象，其风味和口感、香气往往会异于自然陈酿的白酒。灌瓶包装后，酒体重新呈现出燥辣感，同一批次勾兑调味的产品彼此之间风味和口感质量相差很大，且白酒产品的货架期稳定性差，以及产品的均一性不高等缺点。

在贮存过程中，白酒酒体中的氧化还原、分子氢键缔合及酯、酸、醇的平衡等变化，促进酒体的老熟、酒体柔和、成分平衡谐调、稳定。其中，酯、酸、醇的平衡本质是一种热力学平衡关系，传统的自然贮存方法中，酯、酸、醇的平衡是一种缓慢的化学过程，达到平衡的时间很长，这就是白酒需要很长时间贮存的根本原因。热处理法、微波处理法、冷冻法等催化的方法，不能达到自然状态下的平衡，酒体在自然环境下不柔和、成分平衡不谐调、稳定差。脂肪酶具有只改变反应动力学平衡而不改变热力学平衡及催化作用特点，恰好能够在短时间内促使酒体中酯、酸、醇达到相对的自然平衡，从而酒体柔和、成分平衡谐调、稳定。

（二）脂肪酶的分子结构和催化机制

脂肪酶，又叫三酰基甘油酰基水解酶，该酶催化天然底物油脂水解，生成脂肪酸、甘油和甘油单酯或甘油二酯。脂肪酶通常只有一条多肽链，为单体酶。

不同类型的脂肪酶具有非常相似的立体结构。脂肪酶的氨基酸序列可能有较大的差别，但却具有相似的折叠方式和活性中心。脂肪酶的多肽链折叠成两个结构域，即N末端和C末端结构域。N末端的活性部位有一条可结合长链脂肪酸的疏水性通道，该通道从催化部位直到分子的表面。几乎所有的脂肪酶的活性部位都由组氨酸（His)、色氨酸（Ser)、天冬氨酸（Asp）组成。

脂肪酶在底物浓度很低时，没有活性。脂肪酶具有界面催化的活性。脂肪酶的活性中心是丝氨酸、天冬氨酸、组氨酸组成的催化中心。该催化中心埋在一个或数个盖子的区域下面。当脂肪酶在界面中时，盖子打开，活性位点暴露出来。关于脂肪酶在油/水界面的酯交换反应的机理有多种模型，其中以乒乓机制被大多数人接受。脂肪酶不仅可以催化酯的水解反应，而且在一定的反应体系中，控制适当的反应条件，也可以催化酯合成反应。

脂肪酶分子结构变化较大，然而在其催化部位都有相似的结构——α/β折叠，这种结构在许多水解酶中都存在。来自 *Penicillium expansum* 脂肪酶的分子中最大的区域由6个平行的β条带组成，在一端各有一个α螺旋，在另外一端有4个α螺旋，见图1-34。相对于大多数水解酶，脂肪酶的中心多了一条β条带。三个α螺旋组成了分子中第二个主要区域。催化位点位于中心β条带的C端。在分子中有一个盖子形状的区域，这个区域是脂肪的结合位点。脂肪酶分子的催化部位有一个深口袋，口袋周围的活性位点都是疏水性的氨基酸。

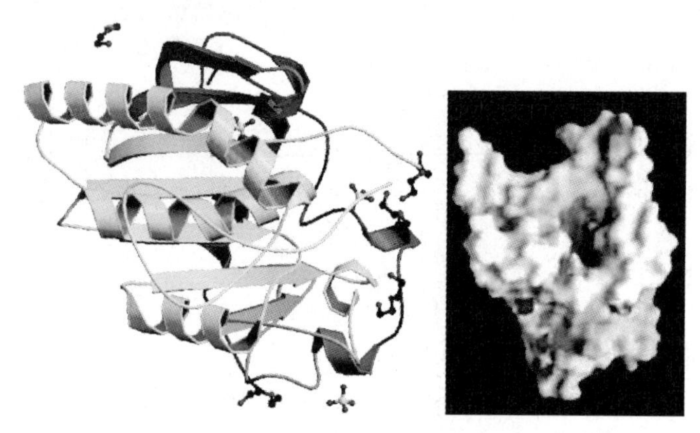

图 1-34 *Penicillium expansum* 脂肪酶三维分子结构

Figure 1-34 3-Dimension structure of lipase from *Penicillium expansum*

九、其他酶类

1. 葡萄糖氧化酶

低醇或中等醇含量的葡萄酒是部分消费者的需求。葡萄品质受气候环境的影响，在特定的气候环境下，生产的葡萄含有的糖分含量高，高糖化葡萄生产的葡萄酒的乙醇含量高。

在发酵之前加入葡萄糖氧化酶是降低葡萄糖含量的一个有效方法。葡萄糖氧化酶能氧化葡萄糖变成 D-葡糖酸-δ-内酯。氧化催化的第一步产生过氧化氢。产生的过氧化氢把葡萄糖氧化成葡糖酸。

来自黑曲霉的葡萄糖氧化酶，催化部位依靠 12 个氢键，以及与邻近芳香族氨基酸的疏水键维持结构的稳定。葡萄糖与葡萄糖氧化酶作用的方式见图 1-35。

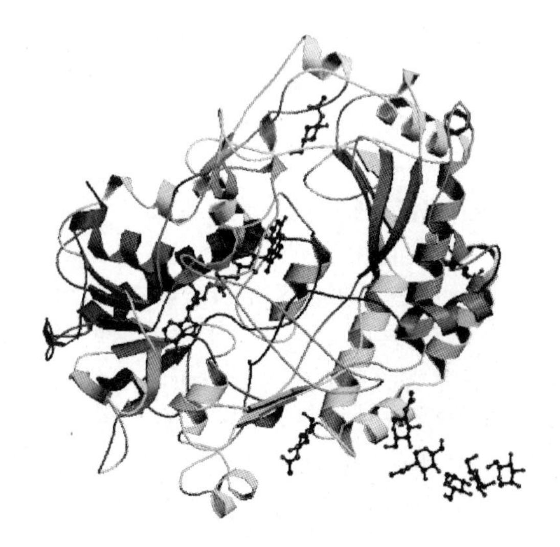

图 1-35 黑曲霉的葡萄糖氧化酶与底物作用的三维分子结构

Figure 1-35 3-Dimension structure of *Aspergillus niger* glucose oxidases as a basis for modelling substrate complexes

2. 半乳糖苷酶

半乳糖苷酶（EC 3.2.1.22）能专一地催化半乳糖苷键的水解，对蜜二糖和水苏糖等进行降解。酒糟中存在着一些未被酵母消耗的糖，最常见的含量较高的如纤维二糖、蜜二糖。而半乳糖苷酶能降解蜜二糖，因此对酒糟的利用具有一定的意义。

β-半乳糖苷酶的催化采用的是保持型水解机制。底物分子需要与酶分子对接。β-半乳糖苷酶具有高度底物专一性，要求底物的半乳糖基必须与多糖部分以 β-糖苷键连接，但对糖苷配基的要求不是很严格。

当底物对接到酶活性位点后，即与酶分子以共价键结合，随即半乳糖基再被转移到亲核受体上。在这步反应中，反应会根据受体的不同而发生分歧。当半乳糖基受体为水分子，反应释放出半乳糖，在这种情况下，乳糖或低聚果糖所发生的就是水解反应，二糖或多糖被降解；当受体为另一个多糖时，反应就会朝向低聚果糖合成的方向进行，这种情况下发生的就是转糖苷反应。

3. 柚苷酶

柚苷酶又叫脱苦酶，在酿酒中可用来去除酒中的苦涩味。由于柚子酒苦味重，许多消费者难以接受。常用柚苷酶脱苦柚子酒。同样，在橘子酒的酿造过程中，也具有苦涩味，橘子酒的脱苦也可用柚苷酶。

柚皮苷是柚子酒或橘子酒等苦味呈现的物质。柚皮苷水解的中间产物为普鲁宁，普鲁宁的苦味只有柚皮苷的三分之一。柚皮素为柚皮苷水解的终产物之一，是基本无苦味的物质。

柚苷酶是由 α-L-鼠李糖苷酶（EC 3.2.1.40）和 β-D-葡萄糖苷酶（EC 3.2.1.21）组成的复合酶。在酶解柚皮苷过程中，首先 α-L-鼠李糖苷酶将柚皮苷（4,5,7-三羟基二氢黄酮-7-鼠李葡萄苷）水解为 L-鼠李糖和普鲁宁，然后 β-D-葡萄糖苷酶将普鲁宁水解为葡萄糖和柚皮素（4,5,7-三羟基二氢黄酮）。α-L-鼠李糖苷酶是降解柚皮苷的关键酶。

α-鼠李糖苷酶、β-葡萄糖苷酶和阿拉伯糖苷酶共同作用有利于酒中单萜类物质含量增加，有助于提高酒的香味。鼠李糖苷酶基和 β-葡萄糖苷酶相互作用，使得酒中的芳香化合物香叶醇、芳樟醇和 α-松油醇含量大幅度增加，风味提升效果明显。

来源于 *Bacillus* sp. GL1 的 α-L-鼠李糖苷酶的晶体结构为一个二聚体。α-L-鼠李糖苷酶含 1908 个氨基酸、43 个甘油分子、4 个 Ca^{2+}、1755 个水分子。整个分子结构包含 5 个区域（图 1-36），其中 4 个区域是 β 折叠结构，分别是 N 域、D1 域、D2 域和 C 域。N 域（第 3～141 位和第 157～192 位氨基酸残基）由 13 个 β 折叠构成。D1 域（第 219～403 位氨基酸残基）由 6 个 α 螺旋和 15 个 β 折叠构成。D2 域（第 406～528 位、第 153～155 位和第 201～215 位氨基酸残基）为一个 β 三明治夹心结构，该三明治结构由 13 个 β 折叠和 2 个短的 α 螺旋构成。A 域（第 543～875 位氨基酸残基）由一个（α/α）6-桶形结构和 4 个 β 折叠组成，A 域是 5 个结构域中最大的，超过 90％的 α 螺旋在 A 域。A 域的桶装结构含有 15 个 α 螺旋。C 域在 C 末端含有 7 个 β 折叠，同时这 7 个 β 折叠与（α/α）6-桶装结构前面的 1 个 β 折叠相连接。Asp567、Glu572、Asp579 和 Glu841 等带阴离子的氨基酸残基与鼠李糖相互作用。

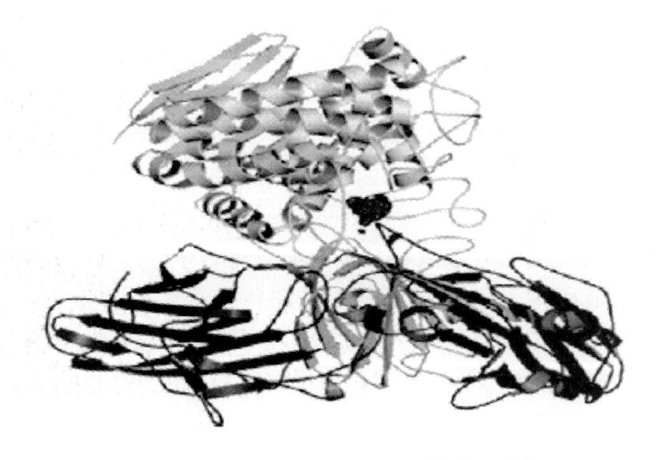

图 1-36　α-L-鼠李糖苷酶的三维分子结构

Figure 1-36　3-Dimension structure of rhamnosidase

4. 酸性脲酶

脲酶（urea amido hydrolase ，EC3.5.1.5）又叫氨基水解酶，可降解尿素为 CO_2 和 NH_3。与一般的脲酶相比，酸性脲酶具有更好的耐酸性，并且在大部分的低乙醇环境中仍具有很高的活性。在葡萄酒、日本产的清酒中都通过添加酸性脲酶来降解酒中含有的尿素。国际葡萄酒组织、欧盟、美国 FDA 都规定脲酶可以作为食品添加剂。

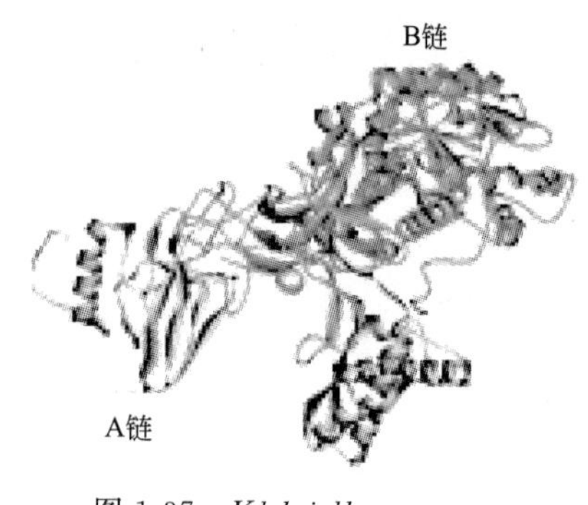

图 1-37 *Klebsiella aerogenes* 脲酶的三维分子构象

Figure 1-37 3-Dimension structure of ureases from *Klebsiella aerogenes*

来源于植物的脲酶具有三个亚基，来源于微生物的脲酶也具有三个亚基，三个亚基通过肽链连接起来。*Klebsiella aerogenes* 和 *Bacillus pasteurii* 产生的脲酶具有相同的骨架结构。在三个亚基上的活性位点相距的距离远，并且三个亚基单独作用于底物。脲酶结构见图 1-37。活性位点的氨基酸具有高度的保守性，*Klebsiella aerogenes* 脲酶的活性位点包括：His134、His136、His246、His272、Lys217、Asp360。这些活性位点的氨基酸残基和一个水分子与镍离子相连。His134、His136、Asp360 和另外一个水分子与第二个镍离子相连。His219 稳定蛋白质残基与镍离子的作用，在水分子的攻击下，His320 提供一个质子，从而导致尿素的分解。*Klebsiella aerogenes* 脲酶的残基形成一个飘动的旗子结构。

5. 凝乳酶

米酒奶，也叫扣碗酪、干酪，是传统的乳制品之一。它是由鲜牛奶和江米酒按比例混合，通过米酒中的凝乳酶使牛奶凝固而成。米酒的凝乳能力主要是来自酒曲中的霉菌产生的凝乳酶。不同来源的酒曲由于其中微生物的种类和比例不同，产生的凝乳酶活力有很大的差别。凝乳酶主要通过剪切 κ-酪蛋白的 Phe105-Met106 键导致牛奶凝结。

凝乳酶属于酸性天冬氨酸蛋白酶，凝乳酶主要有 A、B、C 三种形式，以 B 形式为主。A 型与 B 型之间仅仅有一个氨基酸位点的差异，A 型的 243 氨基酸位点为 Asp，而 B 型为 Gly。凝乳酶 C 是 A 的自切割产物，由 A 自行切除 3 个残基得到。有些资料，将凝乳酶（包括前凝乳酶原）分为 A、B、C、D 四种形式。小牛凝乳酶的一级结构含有 323 个氨基酸残基，有丰富的二羧基氨基酸和 *β*-羟氨基酸。其二级结构主要由大量的 β 折叠和少量的 α 螺旋构成。凝乳酶三级结构是由 N 端区域和 C 端区域以双叶折叠形式形成带有两个活性位点 Asp32 和 Asp215 的分裂沟状结构。凝乳酶中含有 3 个二硫键，分别位于 45～50、206～210 和 249～282，对酶的活性和稳定性有重要的影响。

酪蛋白胶束是由许多直径为 80～300nm 的酪蛋白粒子相互聚合而成，酪蛋白相互聚集扩大形成微胶粒，由 κ-酪蛋白附着于微胶粒表面来保持整体稳定性。凝乳酶的凝乳作用分为两个步骤：第一步是凝乳酶专一性地降解乳中 κ-酪蛋白多肽链的 Phe105-Met106 之间的肽键，形成稳定的副 κ-酪蛋白及亲水性糖巨肽；第二步是 κ-酪蛋白被凝乳酶水解掉约 80%时，α-酪蛋白、β-酪蛋白在钙离子作用下，通过在酪蛋白胶粒间的化学键凝结成固状。

6. 蔗糖酶

蔗糖酶（EC3.2.1.26）在酿造中的作用为降解蔗糖为葡萄糖和果糖。在液态非蒸馏酒的酿造中，蔗糖酶降解蔗糖，对酒体的甜味和风格有影响。

大多数植物都产生 2 种液胞型蔗糖酶，这两种蔗糖酶都是可溶性蛋白质。细胞壁型蔗糖酶则以离子键的形式与细胞壁紧密结合。降解蔗糖时，从果糖残基攻击蔗糖，因此这类酸性蔗糖酶被称作 β-呋喃果糖苷酶。酸性蔗糖酶可催化其他含有 β-果糖的多糖，例如水苏糖、棉子糖的水解。

Arabidopsis thaliana 细胞壁型蔗糖酶属于 32 家族，在 N 端有 5 个平行的 β-类似推进桨的结构，在 C 端有两个 β 折叠，见图 1-38。酶催化的活性位点在推进桨结构的区域。该酶的催化机制是酸碱催化机制，以及酶和底物复合物的亲核攻击，共同降解蔗糖。

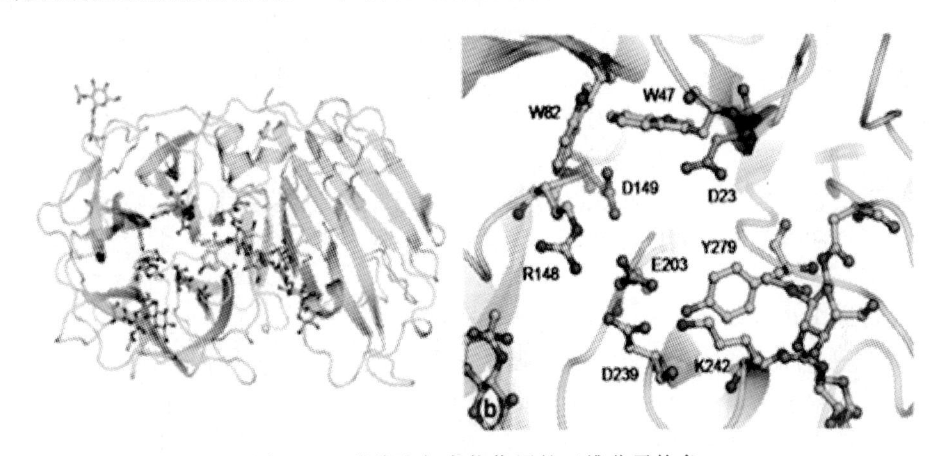

图 1-38　蔗糖酶与底物作用的三维分子构象

Figure 1-38　3-Dimension structure of invertase- sucrose complex

7. 多酚氧化酶

多酚氧化酶影响液态酿造酒的色泽，特别是对含有多酚类酒体的色泽褐变有影响。例如，通过对苹果、苹果酒中的酚类物质、多酚氧化酶分析表明，氧化褐变贯穿苹果酒生产的始终。酶促氧化在苹果酒生产加工前期是主要的氧化方式，非酶促氧化则一直存在。以表儿茶素褐变为例，酶促氧化反应速率是非酶促氧化的约 800 倍，酶促褐变的程度远远高于非酶促褐变的程度。

多酚氧化酶是一种含有 Cu^{2+} 的蛋白酶，可以催化酚类物质的羟基转化为醌，或者催化多酚类变为氧化醌。因为醌类具有较强的活性，会发生自动氧化、蛋白质的亲核聚合反应等其他的二级反应，以上这些反应都会导致酶促褐变反应。植物中的多酚氧化酶属于多个基因的家族。

番茄中的多酚氧化酶从结构上可分为三组。马铃薯中的多酚氧化酶的 4 个基因都显示了独特的空间结构。扁豆中被克隆的多酚氧化酶基因有三条。多酚氧化酶基因都由两个区域组成，一是与 Cu^{2+} 有关的编码区；另一个是引导肽，引导肽能引导酶进入质体。多酚氧化酶的前体 60～75kDa，而成熟的多酚氧化酶 45～69kDa。

多酚氧化酶能和许多金属离子络合，Cu^{2+} 形成的配位物中的配位数为两类：4 或 6。一般都从配位体的配位键来阐明多酚氧化酶的催化机制。多酚氧化酶的多肽链通过自身的折叠或卷曲，形成具有一定构象的三级结构。Cu^{2+} 与多肽链上的氨基酸残基通过配位键相互连接，主要有 His-His 和 Cys-His 残基作为铜的连接配位键。铜离子的配基，形成具有特定立体结构的活性区域。当邻苯二酚基和底物存在时，由于底物“靠近”及“定向”效应，使多肽链和底物的空间构象都发生一定改变，进而相互契合，使底物进入活性中心。邻苯二酚基上的二个羟基与多肽链上的氨基酸残基以氢键相连，形成酶与底物的复合物。复合物不稳定，多肽链构象发生变化，氢键断裂，质子被附着在多肽链上，酶与底物不再相互契合，两者同时发生构象变化，这种变化使产物脱离了活性部位，成为邻醌。邻醌随后发生一系列次生氧化作用，形成了多种氧化产物。酶通过脱氢作用，构象恢复到催化前的天然构象，重新成为具有催化能力的蛋白酶。

8. 氨基甲酸乙酯降解酶

氨基甲酸乙酯的动物实验证明其具有潜在的致癌性。氨基甲酸乙酯在黄酒、清酒及蒸馏酒如白兰地、威士忌等中都存在。加拿大的卫生与福利组织（Canadian Department of Health and Welfare）首先规定各类酒中的氨基甲酸乙酯含量，日本酒行业也表示加强食品安全的检测，并把清酒和我国生产的黄酒加入限制的行列。酒精饮料中 90%以上的氨基甲酸乙酯是来源于酒中的尿素和乙醇的化学反应。降解发酵体系中的尿素，或直接降解酒体中的氨基甲酸乙酯是控制黄酒中氨基甲酸乙酯含量的两个重要途径。

国外报道的来自小鼠粪便的柠檬酸杆菌、小鼠肠胃的地衣芽孢杆菌、筛选自海洋微生物的球状细菌所产的氨基甲酸乙酯降解酶，在酸性和中性条件下都具有一定的降解氨基甲酸乙酯的活性。

白酒酿造的生化过程是一个以酶催化为核心的过程。酶的催化分为两个空间：胞内催化和胞外催化。胞内和胞外的催化存在一定偶联关系。胞内催化是一个复杂的新陈代谢过程。胞外催化主要包括酿酒原料的高分子物质的降解、微生物代谢产物的酯化等。

在实际酿造中，酿造的过程是一个细菌、酵母、霉菌等多菌体系生化转化的过程。胞外酶对多菌体系的影响是复杂的，对酒质和酒率等的影响也是复杂的，非直线关联的。白酒的固态酿造与液态酿造中酶的组成截然不同，酶对酒质和酒率等的影响程度也有所差别。

非蒸馏酒具有保健功能好的优势，但是其面临的食品安全挑战更大，脲酶等的使用对非蒸馏酒食用安全性具有重要的意义。

酿酒过程中，主要的酶是淀粉酶和酯化酶，淀粉酶和酯化酶以外的酶的存在或添加对菌体的代谢会产生影响，尽管这种影响很小，但是对酒体风味和口感的影响可能是非常大的。

白酒未来的发展方向是提升保健功能和优化口感和风味。利用酶制剂或产酶的微生物提高酒的保健功能是一个值得深入研究的课题。新型白酒或新风味白酒的生产需要新的工艺、新的设备、新的酶。工艺、设备、酿造微生物和酶的四者的紧密耦合是开发新型白酒的基础。

白酒的发展，除了机械化、信息化、智能化等大的趋势外，还需打破已有的观念束缚。行业观念的革新和酿造工艺的创新是推进白酒健康化的必由之路。酿造工艺的创新。应包括“料”、“曲”、“艺”、“器”、“酶”等五个方面。新型酿酒酶的开发和酿酒酶的创新型应用是提升酒质和开发新品白酒的一个重要方向。

第二章
酿酒新工艺适配的酶

酿酒工艺的创新和发展，是与酒曲和设备的创新和开发紧密相关的。酿酒行业主要的创新和发展方向为提升酒体的保健功能，进一步提升白酒的品质及降低原料和能源的消耗，推进清洁生产等。

提升酒体的品质、提高原料出酒率、降低废水排放等需要改进生产工艺，或开发新的酿酒工艺。新型酶制剂应用于酿酒生产，是生产工艺的改进或创新的一个重要途径。筛选或构建能提升酒体保健功能、提高出酒率、降低环境污染等的新型酶制剂对酿酒工艺的创新发展具有重要意义。

在大力推进机械化和智能化的浪潮下，酿酒行业的机械化程度得到很大提高。机械化生产所需要的理想酿酒酶，与传统酿造的酶制剂有很大差异，开发机械化和智能化生产所需的酶对促进白酒行业发展具有重要的意义。

第一节　酿酒工艺的传承与创新

一、传统酿酒

（一）传统小曲清香型白酒酿酒工艺

较早的小曲白酒的酒曲为用大米或米糠制作的酒曲，后来分离出糖化能力强的根霉，用根霉生产的散曲具有较好的实际应用效果。传统的小曲白酒的生产工艺为人工浸泡，人工蒸煮，人工摊凉加曲，糖化后配糟，入池发酵，起酵池蒸馏。

传统酿酒工艺或土法酿酒工艺不能最大限度地凸显小曲白酒的清香纯正风味品质。传统的窖池发酵使黄泥与发酵糟的接触，使酒体含有令人不愉悦的泥味。同时黄泥土容易滋生丁酸菌、已酸菌，而且黄泥干裂的缝隙是空气及各类杂菌的侵入通道，这些都会带来酒体的邪杂味。

传统的土甑，在蒸粮的时候，土灶底锅水烧干后会产生焦煳味，而且能耗高、劳动强度大，存在安全隐患。传统的竹制通风晾床容易造成杂菌污染以及物料的散漏。较多的糠壳用量使基酒中的糠杂味增加。传统的甑桶、泡缸、冰缸和发酵窖池内壁和晾堂等也非常容易导致杂菌的污染。

小曲白酒的传统生产工艺人工劳动强度大，生产环境的卫生状况差。由于发酵温度等是不可控的，因此发酵酒的品质是不可控制的。为减少外界环境，特别是夏季高温对生产的影响，大多数酒企在秋季和冬季生产。

小曲白酒传统的品质检测，一般是靠人工品鉴的方式。传统的人工品鉴方式对酒体的风格和风味的评定具有一定优势，但是不能对有害或微量的有毒或致癌成分进行有效监测。

小曲白酒的杂醇油含量相对较高，而杂醇油的含量受水质、培菌、糖化、发酵温度等影响。发酵温度过高，使淀粉酶很快丧失酶活，从而降低小曲白酒的酒质和酒率。发酵温度过低，淀粉酶活性低，同样会容易造成酒率低，酒质下降。同样，酸度过高或过低，不仅会影响酿造微生物的生长繁殖，而且影响酶的活性。酿造微生物的非正常生长，或酶催化功能下降等都会影响酒率和酒的口感。传统的酿造工艺不能对温度、酸度、湿度、杂菌污染等进行有效控制，不利于生产精品小曲白酒。

（二）传统浓香型白酒酿酒工艺

传统浓香型白酒酿造工艺主要以人工操作为主。步骤如下。

1. 原料处理

浓香型白酒生产所使用的粮食主要是糯高粱。糯高粱的要求是：粒饱满、熟透、干净、淀粉含量高。原料高粱先进行粉碎，颗粒中的淀粉被暴露出来，增加淀粉的表面积，从而增加淀粉颗粒的吸水膨胀、蒸煮糊化吸热，以及糖化时酶接触的面积，更利于糖化发酵。

淀粉粉碎的传统设备是石磨或碾磨。每次粉碎量小，粉碎效率低。浓香型白酒酿造采用高温曲或中温曲。大曲粉碎为芝麻大小的颗粒。同样，传统的人工锤打粉碎技术，劳动环境差，粉碎效率低。

传统的稻壳蒸馏在木桶甑里面，生产能力低，能耗高，存在安全风险。清洁卫生程度差，易染菌。

2. 出窖

酒醅及酒糟在浓香型白酒酿造中统称为糟。浓香型酒厂均采用多次循环发酵的酒醅（母糟、老糟）进行配糟。

浓香型酒发酵生产时，每个窖中一般有六甑物料，最上面一甑回糟称为面糟，下面为五甑粮糟。有些浓香型酒厂采用五甑发酵工艺。窖内存放四甑物料，起糟出窖时先除去窖皮泥，起出面糟再起粮糟（母糟）。

在起母糟时，要避免母糟受到污染。面糟单独蒸馏，蒸后丢糟，蒸得的丢糟酒回醅发酵。然后起出五甑粮糟，加入适量高粱粉，做成五甑粮糟和一甑红糟分别蒸酒，蒸馏完后再入窖池发酵。

当出窖起糟到一定的深度会出现黄水，这时可在窖内母糟中央挖一个直径0.7m、深至窖底的坑滴出黄水。也可以在建窖时预先在窖底埋入一黄水缸，在发酵过程中黄水自动流入缸内。一般工厂常把它集中后蒸得黄水与酒尾一起回酒发酵。滴窖目的在于降低母糟酸度和酒醅含水量，避免造成稻壳用量过大，从而影响酒的口感和风味。

配料在固态白酒生产中是一个重要工艺。配料时控制粮醅比和粮糠比，蒸料后要控制粮曲比。配料首先要以甑和窖容积为依据，同时要根据季节变化适当进行调整。配料时要加母糟（酒醅），其作用是调节酸度和淀粉浓度，为糖化发酵创造适宜的条件。同时，增加母糟的发酵轮次，使残余淀粉得到利用，并使酒醅与窖泥接触，产生更多的香味物质。

稻壳可疏松酒醅，稀释淀粉，冲淡酸度，吸收酒分，保持浆水，有利于发酵和蒸馏。稻壳用量过多，反而会影响酒质。稻壳用量常为投料量的20%～22%。

为了提高酒味的纯净度，粉碎成4～6瓣的高粱渣首先清蒸处理，在配料前泼入原料量18%～20%、40℃热水润料，也可用适量的冷水拌匀上甑，待圆汽后再蒸10min左右，扬冷后再配料。

为了达到以窖养醅和以醅养窖的目的，可以采用“原出原入”的操作。某个窖的酒醅经过配料蒸粮后仍返回原窖发酵。将蒸馏设备洗刷干净，黄水倒入底锅与面糟一起蒸馏。蒸得的黄水丢糟酒稀释到20%（体积分数）左右，泼回窖内重新发酵。这样做的目的是抑制酒醅内生酸细菌的生长，促进己酸菌的生长和繁殖，达到以酒养窖的目的，并促进醇酸酯化，加强产香。

3. 蒸粮糟

蒸完面糟后再进行蒸粮糟。均匀进汽，缓火蒸馏，低温流酒使酒醅中5%（体积分数）左右的酒精成分浓缩到65%（体积分数）左右。

馏酒15～20min时应截取酒尾。待油花满面时则断尾，时间30～35min。断尾后要加大火力蒸粮，以促进淀粉糊化并达到冲酸之目的。蒸粮总时间在70min左右，要求原料柔熟不腻，内无生心，外无粘连。

4. 蒸红糟

红糟即回糟，指母糟蒸酒后，只加大曲不加原料再次入窖发酵成为下一批次的面糟。用来蒸红糟的酒醅在上甑时提前20min左右拌入稻壳以疏松酒醅，并根据酒醅湿度大小调整加糠数量。红糟蒸酒后扬冷加曲拌匀入窖，作为面糟使用。

5. 打量水、摊凉、撒曲

糊化以后的淀粉物质，在充分吸水以后才能被淀粉酶转化为可发酵性糖，再由糖转化生成酒精。因此粮糟蒸馏后，需立即加入85℃以上的热水，这一操作称为“打量水”。

6. 入窖

粮糟入窖前，先在窖底撒上一薄层大曲粉，以促进生香。第一甑料入窖温度可以略高，入完一甑料踩紧踩平。粮糟入窖完毕，撒上一层稻壳，再入面糟扒平踩紧，封窖发酵。

7. 封窖发酵

粮糟、面糟入窖踩紧后可在面糟表面覆盖4～6cm的封窖泥。封窖使酒醅与外界空气隔绝，造成一定厌氧条件，也可防止有害微生物的侵入，避免了酵母菌在氧气充足时大量消耗可发酵性糖，保证发酵正常进行。

浓香型白酒的酿造工艺，相对于清香型而言，工艺更为复杂。例如，多次的配糟工艺，复杂的酿造工艺大大增加了人工劳动强度，而且多次人工配糟也造成生产车间的卫生程度差。

同清香型小曲白酒一样，传统的酿造工艺和设备不能对温度、湿度等进行检测，对生产白酒的品质稳定性不能很好控制。提高浓香型白酒的质量主要在两个方向：减少高级醇含量；增加己酸乙酯含量。传统的酿造工艺很难在这两个方向上有所作为，必须在传统酿造工艺的基础之上，通过酿造设备的更新，酿造工艺的改进，以及新型酶制剂的添加等减少高级醇的含量，增加己酸乙酯的含量。简单地说就是通过浓香型白酒工艺改进或新酶的应用，提升浓香型白酒的品质。

同其他白酒一样，浓香型白酒一个未来的发展方向为：优质、低度、低耗、品种多样化。随着经济社会的发展，消费者消费水平的提高，消费者对白酒消费观念也发生了变化，口感好的低度白酒已逐步被消费者接受和喜爱。优质低度白酒不仅要口感柔和，而且甲醇、杂醇油等有害物质含量也应相对较低。低度浓香型白酒生产最大的挑战是：在低度下要呈现典型的浓香风味，而且口感要协调饱满。达到这样的产品要求，必须要通过工艺的改进，使浓香型白酒中的风味物质含量相对更高。

（三）传统酱香型白酒酿造工艺

酱香型白酒的酿造周期在中国白酒的所有酒种中最长，工艺也相对更复杂。以下对酱香型白酒的传统工艺进行简述。

1. 原料粉碎

酱香型白酒生产把高粱原料俗称为沙。一年一个大生产周期，两次投料。第一次投料称为“下沙”，第二次投料称为“糙沙”。投料经过八个轮次发酵，每次发酵的周期大约一个月，一批次的生产时间约 10 个月。原料要经过多次发酵，粉碎时原料粒度大，一般整粒与碎粒之比：下沙为 80%比 20%，糙沙为 70%比 30%。下沙和糙沙的投料量分别占投料总量的 50%。为了保证酒质的纯净，酱香型白酒在生产过程中基本上不加辅料，主要靠高粱原料粉碎的粗细来调节发酵醅的疏松程度。

2. 大曲粉碎

酱香型白酒的酒曲是高温大曲。高温大曲的糖化发酵力较低，原料粉碎较粗，故大曲粉碎越细，越有利糖化发酵。

3. 下沙

酱香型白酒生产的第一次投料称为下沙。具体工艺如下。

（1）泼水堆积　下沙时先在粉碎的高粱上泼高粱总量 51%～52%的 90℃以上的热水，泼水时边泼边拌，以使原料吸水均匀。然后加入 5%～7%的母糟翻拌均匀。母糟为上年最后一轮发酵出窖后不蒸酒的酒醅，泼水后堆积润料 10h。

（2）蒸粮（蒸生沙）　蒸粮时，先在甑箅上撒一层稻壳，见汽撒料，在 1h 内完成上甑。圆汽后蒸料 2～3h，约 70%的原料被蒸熟。出甑后泼上 85℃的热水，量水为原料量的 12%。发粮水和量水的总量为投料量的 56%～60%。出甑的生沙含水量为 44%～45%，淀粉含量为 38%～39%，酸度为 0.34～0.36。

（3）摊凉　泼水后的生沙，摊凉，散冷，适量补充水分。当品温降低到 32℃左右时，加入酒度为 30%（体积分数）的尾酒 7.5kg，翻拌均匀。所加尾酒由上一年生产的丢糟酒和每甑蒸的酒头适当稀释而成。

（4）堆集　当生沙料的品温降到 32℃左右时，加大曲粉，加曲量为投料量的 10%左右。加曲粉时应低撒扬匀。拌和后收堆，品温为 30℃左右，堆要圆、匀，冬季高，夏季矮，堆集时间为 4～5 天，品温上升到 45～50℃时，堆内的酒醅具有香甜酒味时入窖发酵。

（5）入窖发酵　堆集后的生沙酒醅经拌匀，并在翻拌时加入 2.6%左右的次品酒。然后入窖，待发酵窖满后，用木板轻压，并撒上一薄层稻壳，然后用泥封窖 4cm 左右，发酵

30～33天。

4. 糙沙

酱香型白酒生产的第二次投料称为糙沙。

(1) 开窖配料 发酵成熟生沙酒醅分次取出，每次挖出半甑左右（约300kg）的酒醅，与粉碎、发粮水后的高粱粉拌均匀，高粱粉原料为175～187.5kg。

(2) 蒸酒蒸粮 将生沙酒醅与糙沙粮粉混匀，装甑。首次蒸得的酒称生沙酒，生沙酒经适当稀释后泼回糙沙的酒醅，重新发酵。混蒸时间4～5h，保证糊化柔熟。

(3) 下窖发酵 蒸熟的料醅扬凉，加曲拌匀，堆集，工艺操作与生沙酒相同，随后下窖发酵。

(4) 蒸糙沙酒 糙沙酒醅发酵时要密切关注品温、酸度、酒度的变化。发酵一个月后，即可开窖蒸酒。因为窖容较大，要多次蒸馏才能把窖内酒醅全部蒸完。为了减少酒分和香味物质的损失，随起随蒸，当起到窖内最后一甑酒醅出窖后，立即将堆集酒醅入窖发酵。

蒸酒操作为：应轻撒匀上，见汽上甑，缓汽蒸，量质摘酒，分等存。酱香型白酒的馏酒温度控制在40℃以上。糙沙酒头应单独贮存留作勾兑，酒尾可泼回酒醅重新发酵产香，这叫“回沙”。

糙沙酒蒸馏完后，酒醅出甑后，经摊凉，加尾酒和大曲粉，拌匀堆集，入窖发酵一个月，起窖蒸酒，得到第二轮酒，为“回沙酒”。以后的几个轮次均同“回沙”操作。分别接取三、四、五次原酒，都称为“大回酒”。第六轮次发酵蒸得的酒称为“小回酒”。第七次蒸得的酒称为“枯糟酒”，又称追糟酒。第八次发酵蒸得的酒为丢糟酒，稍带枯糟的焦苦味，有煳香，一般作尾酒，经稀释后回窖发酵。

酱香型白酒发酵，大曲用量很高，用曲总量与投料总量比例高达1∶1左右。各轮次发酵时的加曲量应视气温变化、淀粉含量以及酒质情况而调整。气温低，适当多用，气温高，适当少用，基本上控制在投料量的10%左右，其中第三、四、五轮次可适当多加些，而第六、七、八轮次可适当减少用曲。

生产中每次蒸完酒后的酒醅经过扬凉、加曲后堆集发酵4～5天，堆集品温到达45～50℃时，停止堆集。

发酵时，糟醅遵循原出原入的原则，达到以醅养窖和以窖养醅的作用。每轮次堆积发酵完后，入窖前用尾酒泼窖。尾酒用量由开始时每窖15kg左右逐渐随发酵轮次增加而减少为每窖5kg左右。每轮酒醅都泼入尾酒，回沙发酵。

生产用窖一般是方块石与黏土砌成，约$14m^3$或$25m^3$。每年投产前用木柴烧窖。每个窖用木柴50～100kg。烧完后的酒窖，待温度稍降，扫除灰烬，于窖底撒小量丢糟，然后喷洒次品酒约7.5kg，撒大曲粉15kg左右。经以上处理后，投料发酵。

为了勾兑调味使用，也可生产一定量的“双轮底”酒。每次取出发酵成熟的双轮底醅时，一半添加新醅、尾酒、曲粉，拌匀堆集，回醅再发酵；另一半双轮底醅可直接蒸酒，单独存放，供调香用。

5. 入库贮存

蒸馏所得的各种类型的原酒，分开贮存容器中，三年陈化使酒味醇和，绵柔。

6. 精心勾兑

贮存三年的原酒，勾兑小样，后放大，再贮存一年，经理化检测和品评合格后包装出厂。

从传统酱香型白酒的酿造工艺可以看出，工艺复杂，劳动强度大。酱香型白酒的生产周期长，出酒率低，这造成酱香型白酒的生产成本高。改进生产工艺，降低酱香型白酒的生产成本是酱香型白酒的发展方向之一。

酱香型白酒的未来发展应该是通过科学的检测分析，揭示酱香型白酒的保健价值，或者通过工艺改进提升其保健价值，或者改进发酵工艺降低成本。

（四）传统米香型白酒酿造工艺

中国白酒四大香型之一的米香型白酒，在风格上具有“蜜香清雅、入口绵甜、落口爽净、回味怡畅”的典型特征，深受南方部分地区消费者钟爱。传统的米香型白酒生产工艺是以部分去壳的大米和糙米为原料，添加小曲经固态培菌糖化，液态发酵和液态蒸馏得到蒸馏酒。

采用液态酿造的米香型白酒，拥有生产周期短而出酒率高的优势，其中最具有代表性的为广西桂林三花酒。对米香型白酒的工艺简介如下。

1. 精选原料

酿酒原料不同，则酿造的酒质、风味、出酒率也会不同。原料品质要严格精选。山区生长的新鲜、无虫蛀、无异杂物、无药味的糙米为酿造米香型白酒的上好原料。原料要求颗粒饱满均匀、新鲜，淀粉含量高，水分含量少，适宜酿酒功能微生物的生长，有利于糖化和发酵过程中形成复杂的风味物质，从而使酒体丰满，回味绵长。

2. 蒸饭

传统的蒸饭工具为木桶甑。蒸饭的目的为：利用高温使淀粉颗粒快速充分吸收水分、膨胀、破裂，使淀粉变为溶解，有利于快速糖化。原料糊化的程度与酒体品质和出酒率有密切的关系。蒸煮还能起到杀菌、蒸除不良气味、增加料香的功能。

传统的蒸煮的方法有四种，每一种蒸煮方法有各自的优势。

第一种蒸煮方法为焖饭法。首先将大米用清水淘洗干净。水煮沸后，将淘洗干净的大米加入到沸水，通常大米与水的比例为 1∶1.2 左右。大米加入到水中后，再进行慢火焖饭，等到水蒸发完，焗饭 20min。此后将锅中间的饭与锅内周边的饭互换位置。在米倒换后，再添加少量水，用焖火焗 20min，然后将蒸熟的米取出，放在木板上摊凉。

第二种蒸煮的方法为焖蒸法。首先将大米用清水淘洗干净。等到水煮沸后，将大米加入到煮沸的水中进行慢火焖饭，一般大米与水的比例为 1∶1.2 左右。等到水焖政府完后，马上将饭转移到木甑中再蒸 60min。然后从木甑中将饭摊放在凉饭台上凉饭，凉至接种需要的温度。

第三种蒸饭方法为转甑法。首先大米用清水浸泡 16～20h 后捞出，再用清水将大米冲洗干净。冲洗干净的大米在木甑蒸 30min 后加水，加水量为大米原料 40%左右，然后继续蒸 30min，再次加水，加水量与第一次相同。将加完水的饭全部取出分筐分装，分装后检查饭质，如果饭质偏硬，需要再次加入少量水，再次倒入木甑蒸 60min 后，米饭全部取出，进行摊凉处理。

第四种方法为利用新型蒸煮设备进行蒸饭法。首先将大米倒入蒸米机内，用清水冲净，排干水分，然后再将水倒入机内，把米倒平，此时大米∶水位为 100∶(110～115)。等到蒸汽煮干后将饭倒出，将面饭先倒进底部，原底部的饭翻至面上，继续重蒸 30min。然后把饭倒在凉饭台进行风冷。

以上四种方法的共同特点：熟透均匀，蒸煮的米黄而不焦，米质香而松散。

3. 培菌糖化

传统的糖化、发酵容器为陶缸，糖化缸体积约为200L，发酵缸体积约为500L。熟饭进入糖化缸经固态糖化后，然后转入发酵缸加水发酵。发酵完以后，进行液体蒸馏。下面对米香型白酒的工艺控制要点进行概述。

由于不同的地区、不同的酒曲的影响，具体的工艺参数可能波动。首先传统酿造中培菌糖化的工艺控制要点。

接种好的米饭放入到醅房培菌糖化。米饭装入糖化缸内，将缸内中间的米饭在中心掏空，称之为打井（其目的是为了防止集热，有利菌种吸氧）。糖化时间一般为16～20h。夏天的糖化温度不能超过36℃，冬天要进行保温，温度控制在32℃。需要从时间、温度、感官等方面来进行严格控制糖化进度及效果。在糖化到高峰时，在糖化饭醅里能够听到“渣渣、沙沙”时，此时糖化菌旺盛生长，即可加水。

当糖化到一定程度，需要进行加水，让发酵进入发酵产酒期。加水时饭醅的温度和加水时间是传统酿酒成败的关键。加水的水温和加水量是酿酒环节的关键指标。一般加水（接水）饭醅品温为28～30℃。夏天加水量为饭醅质量的125%，冬天加水量为饭醅质量的135%，寒冷天气应加温水，水温控制为20℃。

米香型白酒的发酵温度与时间也是工艺控制的关键参数。夏天发酵温度一般控制在28℃以下，冬天控制发酵主体温度在30～31℃。糖化发酵前5天应严格控制发酵温度。自加水起96h后，发酵基本结束，醪液中的酒分一般可达10%（体积分数）。整个发酵周期夏天一般控制在13天，冬天控制发酵时间在15天，冬天低温下可以适当延长酒醅的存放的时间，提高酯化物的含量，提升醛的氧化程度，从而减少辛辣味，增加酒的醇绵度，对加快酒的老熟及增强酒的米香风格具有重要意义。

传统米香型白酒的酿造工艺，由于人工操作，缺乏现代化的检测设备和生产工艺条件控制设备，因而对酒体品质的检测和酒体品质稳定性等的控制较差。其次，传统的酿造设备生产效率低。

液态酒相对于固态白酒一个重要的不足为：杂醇油的含量相对较高，风味物质的含量相对较低。传统酿造由于无法对酒体中的杂醇油和风味物质的组分或含量进行科学分析，因而也就不能通过工艺的改进有效降低酒体中杂醇油的含量。杂醇油的含量高，风味物质的含量低是液态白酒的共性问题，是整个行业的瓶颈问题。降低杂醇油含量，增加风味物质的含量是提升米香型白酒健康功能和口感的重要途径。

其次，米香型白酒酿造的食品安全性要重点监测。米香型白酒的食品安全型应从原料、水质、器具、酒体等全程监控，同时要结合已有的成果，对有害的或潜在有害的成分进行检测。白酒的酿造食品安全性，要从原料生产的源头做起，控制原料产地的生态，防止环境污染，确保土质的优质等是生产健康酒的关键基础。

液态酿造，相对于固态酿造的耗水量较多，对生产废水的有效利用也是米香型白酒企业应该重视的问题。通过工艺的改进或污水处理方式的改进，是实现绿色生产的关键。

（五）传统黄酒酿造工艺

中国生产黄酒的地区很多，而且不同地区的产品具有自己的风格。基本的工序和工艺有相同之处。以加饭酒为例，介绍黄酒的传统工艺。

1. 选择酒曲

好的酒曲特征：香味纯正、无霉变、风味独特。生麦曲质量：麦曲表面菌丝分布均匀，糖化力强，折断整齐，坚硬融手而疏松，酒曲无生麦气味。

2. 选米和蒸煮

选米工艺：米有一定量的精白度，米粒饱满，米光泽度好，颗粒均匀，没有霉烂，米无霉味。

浸米工艺：浸米罐先用石灰水和沸水两次消毒杀菌，然后再在罐中放半罐水，加入过筛洁净的糯米。黄酒生产的浸米时间为硬米一般 45h；糯米为 40h。米浸好后在用清水冲去米浆，沥干后蒸煮。

蒸饭工艺：沥干后的米加入到甑或木桶内，米蒸煮的无生米气味，米粒柔软后淋水冷却。

3. 落缸、拌药、搭窝

淋冷的米饭，余水沥干，加入到缸中，米饭倾入缸中分批拌酒曲。将酒曲充分拌均匀后，进行搭窝，窝成 u 字形，窝口为喇叭状，然后用草盖盖住整个酒缸。保温 28～30℃，大约经过 45～50h 发酵，饭面上有白色的菌丝滋生，再经过 8～10h 饭温开始回降，此时通过加水，加水量应在每缸 120kg，大约经过 10～15h，再进行加饭，加饭的比例为总投料量的 35%，每缸投入 10%的生麦曲。

定时开耙。每隔 24h 开耙一次，3～5 天结束，然后将缸内的料装入小坛，封口，自然放置一个月。

4. 过滤压榨

布口袋先用冷水洗净，拧干，然后把发酵好的酒醪装入袋中，在压榨机上挤压去渣。挤压时，不断地用木棍在料浆中搅拌，以确保酒压榨干净。压榨液在低温下澄清 2～3 天，吸取上层清液，在 70～75℃保温 20min，待黄酒澄清后，便可将黄酒装入瓶中或坛中封存，在库中陈酿 1 年。

酒母制作工艺，俗称“酒娘”。制作工艺为：糯米过筛→入缸加水浸渍→入甑蒸煮→淋水冷却→入缸搭窝→冲缸→开耙发酵→灌坛后酵→淋饭酒（醅）。经 20 天左右的养醅发酵，得到酒娘。

摊饭酒，又称“大饭酒”，即是正式酿制的绍兴酒。大饭酒工艺流程为：糯米→过筛选米→浸渍→入甑蒸煮→摊冷（清水、浆水、麦曲、酒母）→落缸→灌坛前酵→发酵→压榨→澄清→煎酒→成品。

传统酿造除了劳动强度高、酒质均匀性差等传统酿造的共同缺点外还有以下缺点。

传统黄酒酿造的“冬浆冬水”的工艺限制了大规模生产的可能性。从酿造的基本原理分析，只要水经过处理达标，也就无所谓非要用冬水了。至于“冬浆”，原理在于利用浆水中的酸度，给酵母造成一个微酸的环境，以利于酵母的生长繁殖。相对的低酸环境对细菌等杂菌有抑制作用。但“冬浆”大量的糊粉层物质进入发酵液中，造成蛋白质水解生成过量的氨基酸。过量的氨基酸造成酒体粗糙的口感。尤其是在全球酒类追求“淡、干、爽”的大趋势下，这一弊端更显得非常突出。

黄酒，例如绍兴酒及仿绍酒的酿造过程中，浸米时间相当长，达 16 天以上。较长的浸米时间，对生产效率的提高非常不利。适当提高浸米的温度、缩短浸泡时间是黄酒技术改进的一个重要方向。

传统黄酒酿造中，酿制的酒母作为发酵剂，而酒母往往是一次制作好后用一个酿造季节。随着保存时间的延长，酵母衰老而活力越来越弱。传统操作生产量小，酒母一次制作，整个酿造季节使用的弊端不十分明显。当生产量大，生产时间延长时，这一弊端十分明显暴露了。改进措施为：一是可以分批制作酒母，做到每批所用的酒母都具有较好的稳定活力；二是可以将活性干酵母活化后使用。

黄酒传统工艺生产过程中，酿造容器一般为陶制的大缸、大瓮、酒坛等。这些器具虽然清洗容易、移动方便，但易破碎，环境状况差。这些酿造器具可以利用机械化设备取代，例如将陶缸等用食品安全级的不锈钢桶、罐代替，以满足日益增强的卫生要求；人工的舀、挑可用合适的料泵通过管道输送，以减轻劳动强度；酒药、麦曲中的微生物可采用筛选培养，有针对性的使用纯种培养。

黄酒酿造现在一个最大的挑战就是黄酒的食品安全性。黄酒采用液态酿造，过滤得到酒体。这种工艺对赋予酒体良好的保健价值具有优势，然而在安全性方面也存在一个很大的弊端：含有氨基甲酸乙酯。日本酒行业通过食品安全议案，日本参照加拿大的卫生与福利组织规定的各类酒中的氨基甲酸乙酯限量。清酒和中国的黄酒也被列入其中。中国黄酒中氨基甲酸乙酯含量应低于 100μg/L。氨基甲酸乙酯在通常条件下稳定性很好，在酒体中极为稳定，很难再被分解，中国黄酒中氨基甲酸乙酯含量部分超标的问题并没有得到很好的解决。即使黄酒中的氨基甲酸乙酯含量不超标，氨基甲酸乙酯的存在也会对消费者的心理产生影响。白酒行业未来工艺改进的方向是从料、器、艺等方面降低氨基甲酸乙酯的含量。

同时，通过酸性的脲酶，或者能在酒体中直接分解氨基甲酸乙酯的酶，是降低酒体中氨基甲酸乙酯含量的有效方法。不仅是黄酒，液态非蒸馏酒都或多或少有氨基甲酸乙酯的存在，利用高效的脲酶，或者高效降解氨基甲酸乙酯的酶降解液态发酵非蒸馏酒中的氨基甲酸乙酯，是提升液酵非蒸馏酒食品安全性的有效途径之一。

二、机械化酿酒

（一）机械化酿酒的驱动力

中国各个行业都在加大机械化或自动化的程度，酿酒行业也不例外。

机械化最主要的推动力是中国人口红利的消失。人口红利是指一个国家的劳动适龄人口占总人口比重较大，抚养率较低，能为经济发展创造有利的人口条件，整个国家呈高储蓄、高投资和高增长的有利态势。2013 年 1 月，根据国家统计局公布的数据，2012 年我国 15～59 岁的劳动年龄人口第一次出现了绝对下降，比 2011 年减少 345 万人，这意味着持续多年的中国人口红利趋于消失。

中国人口红利的消失，直接导致人工费用的上涨。传统的酿造工艺，是劳动密集型产业，大量劳动力的使用，导致成本的增加。另外一个主要原因为传统的酿造方法，劳动强度大，劳动环境差，已经很难招到青年劳动力。劳动力的相对短缺，使劳动力有了更多的就业选择，传统酿酒工厂劳动强度比其他行业大，劳动环境差。因此，传统酿酒行业繁重的体力劳动和相对恶劣的劳动环境已经很难吸引年轻人。很多传统的非知名酒企因为老工人的退休，而一度出现招工难的尴尬局面。因此，劳动力的相对短缺，以及劳动力成本的上升是酿酒行业进行机械化的主要推动力。

机械化生产是企业提高产品性价比的途径。传统酿造产品品质稳定性差。产品品质稳定对企业来说非常重要。酒的产品品质受酿造温度、酿造酸度、酿造溶氧等工艺条件的影响。

传统的人工酿造，由于受设备或人工操作的局限，不能全程对酿造温度、酸度、溶氧等工艺条件进行全程检测，以及及时调控，生产的产品品质在不同批次之间有波动。在气候比较反常的季节，例如长期高温，或者阴雨期特别长的年份等产品的品质下降。

其次，传统酿造不利于产品品质的进一步提升。传统酿造技艺经过不断的摸索和总结，其工艺已经成熟，产品品质已经触顶。传统酿造设备和酿造工艺的局限性决定了产品的品质已经不可能大幅度提升。因此，要进一步提升酒的品质，就必须利用新型的设备和与新型设备适配的酿造工艺提升产品的品质。

酿酒机械化的推动力也源自消费者消费观念的变化。在很长一个时期，天然手工酿造的酒成为消费者倾向于购买的产品。造成这种现象的原因很多，比如机械化生产的假冒伪劣产品的恶劣影响，以及对机械化负面的理解等。随着整体文化水平的提升，机械化生产的科学性逐渐被越来越多的消费者接受和认可。机械化生产在食品安全等方面的优势也被认可，因此，机械化生产在越来越多的企业铺展开来。

机械化生产是社会科技发展的必然结果。整个工业的发展历程就是手工、机械化、智能化三个阶段。随着智能控制技术的发展和完善，酿酒高效设备的开发和成熟应用等，机械化酿造的条件日益成熟，机械化酿造的阻力日益减少。不管酿酒行业是否愿意，整个社会的发展潮流是机械化、自动化和智能化。在这个整体潮流之中，任何一个行业要发展，必须融入机械化、自动化和智能化的大趋势当中。社会总的发展趋势的不可抗力，也是酿酒行业机械化的推动力。

当然，酿酒行业的机械化也有阻力。酿酒行业机械化的最大阻力，来自于企业实施机械化的风险。优质的酒是“料”“曲”“艺”“技”等高度契合的结果。酿酒工艺复杂，设备的更新，新型工艺的应用涉及的层面多，“料”“曲”“艺”“技”等高度契合面临的挑战比较大。这是一些知名大型企业不愿意进行机械化生产的原因之一。

酿酒行业的机械化的阻力之二为机械化设备研发的相对滞后。一些施行全程机械化的白酒行业，最开始只是对已有的设备进行优选和继承，以及小幅度的改造。虽然，相对于传统行业有比较优势，但是简单的非酿酒专用设备的组合导致机械化生产的优势不是非常明显。特别是在某些工段，设备不能很好地达到工艺操作要求。例如，小曲白酒的大规模糖化设备，浓香型白酒的拌糟和摊凉设备等。在酿酒机械化中，挑战最大的为窖泥泥封酿造技术。现在还没有很好的入窖设备、封泥设备、起窖设备。这些设备的欠缺，对酿酒机械化带来很大阻力。因为入窖、封泥、起窖等恰恰是劳动力最大的环节，而且还是对酒质和酒率影响较大的环节。繁重劳动的工艺不能机械化，直接导致企业对机械化的热情下降。

机械化提升产品品质和产量，还需要机械化酿造机制或传统酿造机制的系统研究。一些机械化生产过程中，产品品质的季节性下降，或者产量的周期性下降等原因还没有解析清楚。而且，机械化生产不能仅仅局限于对传统酿造工艺条件的实现，必须进行适度创新，发挥机械化生产的优势，进一步提高产品的产量和质量。

中国白酒企业非常多，数量达到18000多家，实际上实行机械化的企业很少。一个总要的原因是进行白酒机械化的改造，资金投入大。大量的资金投入，对中小型白酒企业而言，是一个非常沉重的负担。另外，由于机械化的最大优势在于高效工业化规模生产。机械化发挥优势必须有一定的产量，受现在白酒总体产能过剩的影响，进一步拓展市场挑战度高，难度大，直接导致白酒销售量的增速缓慢。所以，一些企业出于产量扩大后销售市场扩容难的考虑，不进行机械化改造。

总的来说，整个酿酒行业机械化和智能化的趋势是不可抗拒的，在国家积极倡导和支持下，酿酒行业的机械化、自动化和智能化会不断推进。受多方面原因的局限，机械化的阻力会总是存在。但是，随着新型酿酒智能设备的研发，酿酒机理的进一步科学系统解析，机械化的阻力越来越小。但是，酿酒行业不可能是机械化的一统天下，手工酿造经营灵活，适应性强的特点决定了其仍然会存在，或者其利用小型酿酒机械化设备后，仍然有一定发展空间。

（二）机械化酿酒设备

在液态酒的酿造中，实现全程机械化是容易的。啤酒从引入中国后，一直就走在酿酒机械化的前列。啤酒行业经过行业内的大规模收购兼并后，机械化进度大幅度加快。同时，啤酒行业一直执行薄利多销的原则，所以啤酒行业利于发挥机械化的优势，啤酒行业机械化程度较彻底。同样，啤酒行业的机械化生产的成功，在某种程度上对白酒酿造机械化具有一定启示或奠基作用。由于液态酿酒的工艺跟啤酒工艺相似，所以液态酿酒是机械化程度最高的，实现全程机械化最早的。在四大香型中，米香型由于后期采用液态酿造，所以其实现全程机械化的挑战较少，大部分米香型白酒企业都实现了全程机械化生产。

机械化酿造设备，例如水平输送机、蒸煮锅、摊凉机、搅拌机等都是借鉴的其他行业的设备。在固态白酒酿造实现机械化的过程中，最难的节点在窖池发酵机械化。现阶段小曲白酒全程机械化已经建立起来，例如劲牌枫林酒厂实现了全程机械化。

浓香型白酒在全程机械化的挑战有两个：槽的摊凉和窖泥发酵。由于浓香型的糟醅黏度大，高粱相对较柔软，所以用传统的摊凉机不能彻底摊凉。现在，武汉奋进集团开发的扬凉式摊凉机对浓香型白酒的摊凉具有较好的效果。

浓香型白酒发酵的窖池发酵是全程机械化最大的阻力。浓香型白酒无窖泥酿造技术研究还不成熟。窖池发酵的设备，例如封窖泥设备，入窖设备等还没有开发。所以，浓香型白酒都没实现全程机械化。

酱香型白酒工艺复杂，也采用窖池发酵，所以其采用全程机械化生产的难度较大。浓酱兼香型的白云边采用的部分机械化生产的方式。发酵仍然是人工封泥、人工起泥等传统方式。

在酿酒的蒸馏环节，对酒质和酒率的影响很大。上甑的好坏，直接决定了出酒的酒质和酒率。人工上甑，采用的是见汽上甑的方式，需要经验。不同的工人，上甑的酒质和酒率有差别。武汉奋进开发成功的智能化上甑机器人较好地解决了上甑机械化这一个重大挑战。智能上甑机器人利用超声波或红外探头等作为探测设备，比人工能更准确地探测出哪里铺料不均匀，那里存在漏汽等。根据清香型小曲白酒的生产结果看，自动上甑机器人能提高出酒率0.5%以上。

在酒曲生产中，圆盘制曲设备为关键的设备。现在中国国内使用的圆盘制曲机，能对温度、湿度等能相对精确控制。但是圆盘制曲机的成本相对较高，而且在作者看来圆盘制曲机利用风冷的制冷效果较差。常见的圆盘制曲机死角太多，不利于清洗。

在蒸馏设备的改进中，气封甑是使用较成功的设备。水封甑有密封不严，酒损失较多等缺点。气封甑酒损失较少，密封较严。而且利于机械化生产。

自动上甑设备、气封甑设备、扬式摊凉设备等的成功研发，促进了酿酒机械化生产。对于窖泥的封窖设备和起窖设备的研发，亟待突破。

不管是清香型小曲白酒的机械化，还是浓香白酒的机械化，都存在一些问题。这些问题一方面可以通过工艺改进或创新解决。另一方面，通过新型酶制剂的使用，提高机械化设备与工艺的契合度。

（三）机械化酿造远景

现阶段中国酿酒行业的机械化不断推进。企业推进机械化的主要目的是降低劳动成本，发挥机械化大规模生产的优势。机械化大规模生产具有规模优势是不容置疑的，但是依靠提高规模来强化企业竞争力，已经成为一种相对落后的观念。实际上，不管企业规模大小，产品的质量始终是核心，因此机械化的最终目标是提高产品质量。

在著者看来，中国的白酒生产政策在现阶段是不利于白酒行业自由竞争的。中国现在不增批固态白酒的生产许可证，而且对白酒生产许可证的迁移审查相对严格。这种政策对酿酒行业的自由竞争非常不利。对于白酒而言，其生产对环境的要求并不是很高，对操作要求也不是很苛刻，也就是说白酒生产技术的门槛很低。较低的技术门槛对白酒行业相互竞争，相互借鉴，促进新产品的开发，促进整个行业的进步是非常有益的。但是，生产许可的限制，在一定程度上强化了规模企业的竞争力。这种政策局限产生的一个结果就是，白酒生产倾向于量的扩大，倾向于大规模生产，倾向于研发大规模的生产设备。在著者看来，最优的白酒行业组合应该是这样的：有一些大规模的品牌企业，同时又有大量的特色中小型高科技企业。这样的好处是，既能强化竞争，又能促进行业进步。中小型酒企难以审批，成为酒行业发展的一个不利因素。促进中小型企业的发展，是未来酒行业或机械化设备行业一个重要的发展方向。

中小型酒企的发展，需要开发适宜于中小型酒企的小型高效酿酒设备。其实未来，白酒的发展模式应该是中小企业蓬勃发展的态势。正如，中国国产大型运输机的生产一样，最大规模的公司负责核心部件的生产，其他的小零件都是众多的小厂生产的 。同样，苹果手机也不是一个厂家总揽了所有部件的生产，是有近 6 千家的小厂生产零部件然后组装而成的。中小型酒企具有经营灵活，适应性强等特点。如果开发适宜中小型酒企的酿造设备，对酒行业的发展非常有宜。适宜中小型酒企的酿造设备，应该是性价比高，能提升酒的健康功能，增加食品安全性的设备。

白酒机械化设备的另外一个方向是智能化和个性化。人工智能在未来必将大规模利用，而且随着科技的发展，会越来越多的深入到生活的各个领域，酿酒行业也不例外。未来，消费者的消费时尚是个性化消费。大宗制造必将淡出市场，所以酿酒设备的发展要以个性化的产品发展为方向。研发个性白酒的速酿设备，个性时尚白酒的智能化沟调设备，个性白酒的绿色创意包装设备等在著者看来是一个具有广阔远景的产业。

白酒时尚和个性化产品的开发，利用新型酶制剂是一个较有新意的思路；同时白酒安全性的提升，也需要新型酶或酶制剂。因此开发利于新型酶制剂利用的设备是酿酒设备发展的一个方向。

综上所述，白酒的设备不仅仅向着机械化大规模生产的智能设备发展，便于中小型企业生产的高科技设备也是酿酒设备的一个发展方向。酿酒设备的开发，要以提高酒的品质、强化酒的安全性和保健功能为核心。

中国白酒的酿酒机械化设备的研发，既要立足于国内的生产工艺，又要借鉴国外先进的食品安全生产理念、保健理念、绿色生产理念、人本理念，尽可能地让中国白酒的生产工艺和生产设备占有一定国际地位，助推中国酒进一步打开国际市场。

中国智能化酿酒设备的研发，不仅要借助于国内先进的科研成果，更要追踪国际的先进理念，或者超越国外的理念。国外智能化设备的研发现在不仅仅局限于执行一定的生产功能，而且还注重利用前沿理念来设计智能化设备。中国酿酒设备的机械化生产，不能局限于制造智能设备，要注重智能生产理念的输入或传播，让智能酿酒设备与将来整个社会的生产理念契合。只有这样，才能达到双赢的局面，才能促进酿酒行业的持续发展。

(四) 机械化酿酒的创新方向

机械化酿酒的发展方向之一是酿造健康酒。国内外对健康产业的投入比重越来越大。随着中国经济的发展，在解决基本的温饱问题之后，国民对健康也越来越重视，特别是随着60年代消费者的老去，80和90消费者逐渐成为消费的主体，对酒的健康更加重视。在国家健康生活理念的倡导，或医学健康理念的引导之下，健康成为国民生活中最重要的议题。机械化酿酒必然要顺应这个大的趋势，酿造健康酒是酿酒行业的责任和义务，也是发展的必由之路。酿造健康酒要通过设备、工艺、原料等的创新来提高酒的保健功能。通过酶制剂的创新性应用，或新型酶制剂的开发是提高保健功能的途径之一。例如，已有文献报道，通过添加漆酶，可以提高酒中萜类物质的含量。

在前面已经提到，液体非蒸馏白酒，例如黄酒等，虽然含有大量的保健类物质，但是其也含有致癌的物质氨基甲酸乙酯。已有研究报道，利用脲酶降解酒体中的尿素，从而降低酒体中氨基甲酸乙酯的生产量。或向酒体中加入氨基甲酸乙酯降解酶，直接降解酒体中的氨基甲酸乙酯，从而大幅度提高酒体的食品安全性。

同样，对于果酒等的开发，也需要从料、曲、艺、器等方面提高果酒的保健功能。保健功能果酒的酿造可能要面临更多的挑战，例如，保健功能成分在酒体中稳定存在的技术攻关，有害成分的灵敏检测和控制等。开发机械化智能化的设备，通过工艺控制降低酒体中的有害成分或增加酒体中有益成分，是酿酒机械化发展的一个重点。

提升白酒的保健功能，还需要打破传统的酒质品评理念，要通过理念的革新，工艺的大胆创新，以保健功能提升为主要导向，剔除传统工艺中不利于保健功能的工艺，通过先进设备的应用，工艺的大胆创新，生产风格独特、保健功能效果显著的健康白酒。这应该是白酒未来发展的主要方向。

机械化酿酒的发展方向之二是酿造时尚酒。中国白酒的风格和口感始终没有保持多大变化。在酒量供过于求的情况下，一些酒厂开始勾兑新口感的白酒。但是，总体而言，白酒的种类和风格没有太大的变化。白酒的瓶子或包装一直在不断更新，但是酒的风格和口感一样，没有很大的实质改变。随着新一代消费者逐渐成为消费主力，消费的观念会发生显著的变化。新一代消费者更注重消费的时尚性。对时尚的追逐，成为消费重要目的之一。时尚的白酒风格和口感与传统不一样。白酒应该是各种思潮、理念、观念、前沿科技、艺术、文化等的抽象或具体的承载体。时尚消费者既具有一定的理性，又具有一定的非理性。一定的理性是消费最基本的要求：保健、安全；一定的非理性包括猎奇、追求新颖、追求改变等心理。

机械化酿酒的发展方向之三是酿造个性化酒。未来的白酒消费，是崇尚个性消费的时代。以前传统模式的生产经营理念是先生产产品，再推销产品。产品的风格、价值等在生产过程中已经基本定型。消费者在购买产品时，是在已有的几种产品里面选择自己相对较喜欢的大众化产品。尽管在产品的生产过程中，生产厂家也对未来消费者的需求做了预测，但是这种预测是对总体趋势的预测，是对未来消费共性的预测。随着机械化智能化生产进度逐渐推进，满足消费者的个性需求已经逐步成为可能。例如，利用3D打印技术生产的鞋子，就是一个典型消费者个性需求的例子。大规模生产的鞋子对每一个消费者而言，并不是最适合的。3D打印先对消费者的脚进行扫描，然后根据扫描的数据和消费者对外形和色彩等的个人喜好，设计出最适合每个消费者脚的鞋子，设计出外形色彩最令个人满意的样式，然后制造出对单个消费者最舒适最满意的鞋子。每个人在喝酒时，对酒的酒精度、酸度、甜度、色泽、风格等都有不一样的喜好，甚至同一个人在不同的时候或不同的环境下对酒的酒精度、酸度、甜度、色泽、风格等的偏好都不一样。满足消费者个性化需求的生产方式有点类似于酒吧的调酒。与酒吧单纯调配不同的是工厂的生产能为消费者提供更多的选择，工厂生产的主要优势在于提供更高品质个性化的白酒。所以，未来的酿酒工厂很可能与现在的单一流水线的生产方式完全不一样，未来的酿酒工厂可能是不同生产工艺模块的集合体，不同生产工艺模块可以像搭积木一样，组合出不同的生产工艺，从而生产出不同的产品。个性化的产品生产量必然不会很大，个性化产品的生产必须大幅度降低成本。智能化的生产是大幅度降低个性化产品生产成本的可行的和必然的途径。尽管个性化的智能化生产方式挑战很多，但必定是未来的生产方向。

基于个性化生产的考量，未来大型企业的优势不在于生产成本的优势，而在于能大规模的大范围的创新性集成，从而能生产出最大限度满足消费者个性化需求的产品。所以，未来大型酿酒企业，应该是生产模块大范围组合的企业。同时，一些产品一枝独秀的小型企业，应为能满足部分个性消费的需求，因而也有很好的发展空间。

随着机械化生产的推进，以及人工智能的应用，高科技对人类的生产和生活会带来各个方面的冲击。酿酒企业的生产理念，酿酒企业的生产方式，新兴消费者的消费需求，新兴消费者的消费心理都会发生显著变化。适应时代变化，通过机械化智能化提升品质，生产时代需要的产品是酿酒行业的机遇，也是一个重大的挑战。

第二节　酿酒工艺创新对新型酶的需求

在此节，作者根据自己在国内酒厂收集到的资料，根据自己对酿酒的理解，以及自己十多年的酶和酶制剂研究的经验，针对机械化酿造，或酿酒创新的不足，提出自己利用酶或酶制剂改进产品品质，提升产品的保健价值的见解。当然，提升产品的品质，或提升产品的保健价值的途径非常多。本书从酿酒过程中酶或酶制剂的作用这个角度，提出自己的见解或解决方案。

对于不同品种的白酒，生产的工艺和酒体的风味口感都不一样，因此产品品质提升和保健功能提升所需要的酶制剂不一样，酶或酶制剂的应用方式也不一样。

中国酒种繁多，酒的风格和品质更是数不胜数。著者结合自己的研究实际，提出在机械化生产或新型生产工艺下，几种有代表性酒基于酶的利用提高产量或品质的见解。

诚然，著者一向有这样的观点：酿酒品质是“料”、“曲”、“艺”、“器”综合的体现。基于此观点，单纯地利用酶或酶制剂对品质的提升有限。或者酶添加以后，应该从“料”、“曲”、“艺”、“器”四个方面综合改进，这才是科学的改进方式，本书仅仅从酶这一角度解决问题。

一、小曲清香新工艺所需新型酶制剂

（一）小曲清香新工艺生产实例

这里讲的新工艺，是针对传统的手工酿造工艺。虽然基本的工艺流程是一样的，但是由

于机械化生产的设备，以及机械化设备能对工艺条件进行控制，所以称为新工艺。

机械化小曲清香型白酒酿造工艺简介如下。

原料：高粱。不锈钢粮仓储存的高粱，经过铁丝网过滤除去大杂，风机鼓风除去粉尘，经不锈钢板链输送到泡粮桶。

浸泡：将水加热至70～75℃，加入高粱浸泡，夏季浸泡16～18h，冬季浸泡18～20h。泡粮桶的装料系数为70%～80%。

初蒸：初蒸前放出泡粮桶的泡粮水，再用清水洗漂2次，沥干水后，把高粱装入蒸粮桶内，待汽圆盖5min，蒸粮时间为30min。

焖粮：初蒸完成后，在焖粮桶进行焖水，水量高出粮面15cm，闷粮时间为40min，边焖水边加温，温度到70℃。

复蒸：先把煮粮水沥干，然后在焖粮桶内复蒸，复蒸时间40min。

摊凉、加曲：出甑后，用摊凉机降温。加曲量：夏季0.4%～0.5%，冬季0.5%～0.6%，待高粱品温降低30℃时加曲。

入箱糖化：夏季品温降到24℃时加入到糖化箱内，糖化醅厚度保持为12cm；在冬季当品温降到28℃加入到糖化箱，厚度保持在18cm，并四周扒平，保证厚度均匀，让糖化箱内温度基本一致。

出箱：夏季经过24h，糖化醅品温升至36℃，冬天经过30h，糖化醅品温升至34℃就可出箱。出箱最高温度不超过40℃，出箱感官要求：清淡蜜香，压粮柔软，有明显水解液。

发酵：出糖化箱后，用螺旋输送机拌入配糟，夏季配糟量为1∶(0.8～1)，冬季配糟量为1∶(0.9～1.1)，当温度至26℃时拌匀装入糟车，用薄膜密封，进行发酵，在整个发酵过程温度控制为23℃。发酵期为13～15d。

蒸馏：发酵期结束时进行蒸馏。用自动机器人上甑，每甑按投料量的0.1%～0.2%接取酒头，当酒接至要求时及时截尾，一般入库酒精度在55%～60%（体积分数）。

机械化生产清香型小曲白酒的品质相对于地窖发酵，更纯净清爽。然而在机械化小曲白酒的生产过程中也面临一些挑战。例如，在夏季的高温季节，从7月到10月份，生产的小曲白酒品质下降。有些酒厂7～8月份出酒率下降，9～10月份酒中杂醇油的含量上升。夏季和秋季小曲白酒的产量或品质的下降，已成为大多数白酒企业机械化生产的难题。

在作者看来，问题的解决还要回到酿酒的核心上来：酶催化是酿酒的核心。出酒率低最直接的原因之一是过高的温度导致淀粉酶的快速失活；或者是过高的温度加速了糖化，酵母在获得大量的碳源情况下，生长速度加快，释放的生物热增多，糖化醅内部的温度急剧升高，这样一部分产酒精能力强的酵母部分死亡，而产糖化酶的酒精产率低的酵母成为优势酵母，导致出酒率下降。

在9～10月份，酒率没有下降，高级醇含量增加的原因同样是淀粉酶催化速率的变化引起的，9～10月份，气温相对较低，糖化醅内的升温速率相对较慢，因而酒精酵母死亡的比率比7～9月份低，因而在发酵时又可快速增殖，产生酒精。但是，酵母的增殖数量的增加，直接导致高级醇含量的增加。

在小曲白酒发酵的酒糟中，仍然含有一定量的淀粉残余，残余的淀粉增加了废水处理的复合。利用酶降低酒糟中淀粉的含量，降低黄水中淀粉的含量是提高出酒率、降低废水排放的必然要求。

（二）适配小曲清香新工艺的淀粉酶催化性能

通过以上的论述，可以看到机械化小曲白酒在生产中确实有其优势，例如酒质好，生产效率高，大幅度降低了劳动强度等。正是由于为了提高生产效率，而采用大的糖化箱糖化导致了夏季产量的下降，秋季酒质的下降。

解决此问题的途径有两个：减小糖化箱的体积，增加散热的比表面积；利用新型的淀粉酶，新型的淀粉酶催化速率在不同温度下波动不大，从而抑制酵母菌的过快增殖。相对于利用小型的糖化箱，新型淀粉酶更具有优势，不需要对生产设备和工艺做大的调整。同时，如果新型淀粉酶能在整个发酵过程中保留一定的酶活性，从而充分降解发酵醅中的淀粉，这对提高出酒率、降低废水的排放量也具有重要的意义。

由于淀粉有支链淀粉或直链淀粉，所以高粱中淀粉的充分降解需要直链淀粉酶和支链淀粉酶。也就是说，最适宜小曲白酒机械化大规模糖化和发酵的淀粉酶是：在 20～42℃范围内，酶的催化活性变化不大，酶的稳定性非常好的直链淀粉酶和支链淀粉酶。

在第一章已经论述，淀粉的降解速率或降解程度还受发酵体系中纤维素酶、半纤维素酶等酶活性的影响。从原理上看，添加纤维素酶和半纤维素酶有利于淀粉的高效利用，同时纤维素酶和半纤维素酶降解产生的可发酵性糖能提高出酒率。

适宜添加到固态发酵物料中的纤维素酶和半纤维素酶要达到以下要求：纤维素酶和半纤维素酶为食品安全菌发酵产生的酶；纤维素酶和半纤维素酶是食品安全的；纤维素酶和半纤维素酶不携带对酒的风味和口感有影响的成分；纤维素酶和半纤维素酶在小曲白酒酿造的温度和酸度下具有较高的活性和稳定性。

小曲白酒的成分中，对其保健功能最不利的是过高的高级醇含量。如果能得到在发酵环境下降解杂醇油的酶或能把杂醇油衍生为沸点更高衍生物的酶对小曲白酒品质的提升非常有益。

已有降低杂醇油的思路是通过菌株优选、原料处理、工艺优化、改进蒸馏方法等降低杂醇油的含量，实际效果非常有限。以上方法失败的原因是利用常规的调控策略来调控含量微乎其微产物的产量。也就是说，已有的降低杂醇油的思路是用一个粗调控的方式期望达到一个高度精确的调控，这显而易见是不太可能的，或者说对生产整个工艺的要求是非常高的。

由于酶催化具有高效和高度专一性的特征，因此利用降解酶或者衍生酶高度专一地降解含量很低的杂醇油具有理论上的可行性。作者也开展了此方面的研究，筛选到能利用杂醇油为唯一碳源的海洋菌株。筛选到的菌株有海洋霉菌和海洋细菌。这说明在微生物中有代谢杂醇油的酶或酶系。利用基因工程技术，生产能高效降解杂醇油的酶或酶系，对提升小曲白酒的品质具有非常重要的意义。

随着蛋白质工程技术的发展，以及酶固定化技术的发展，生产适配小曲白酒机械化生产的淀粉酶、纤维素酶和半纤维素酶等具有广阔的前景。生产杂醇油降解酶或杂醇油衍生酶等具有巨大的商业价值，但是由于相关研究较少，面临的挑战较大。

二、适配大曲清香白酒机械化生产工艺的酶

（一）大曲清香白酒机械化生产工艺

同小曲清香型白酒的生产一样，传统的工艺与机械化生产工艺流程基本相同，但是所用的生产设备和工艺条件控制的精度不一样。

1. 高粱和大曲粉碎

大曲清香型白酒生产的原料主要是高粱和大曲。高粱质量要求为籽粒饱满，皮薄壳少。

高粱通过辊式粉碎机破碎成4～8瓣，整粒高粱小于0.3%，同时要冬季粉碎稍细，夏季粉碎稍粗，以利于发酵。

酿造所用的大曲包括清茬、红心、后火三种，一般清茬、红心各占30%，后火约占40%。

大曲用辊式粉碎机粉碎，大渣发酵用的曲，粉碎成如豌豆大小，能通过1.2mm筛孔的细粉少于55%；二渣发酵的大曲粉，粉碎后能通过1.2mm筛孔的细粉不超过70%～75%。大曲粉夏季应粗些，冬季可稍细。

2. 润糁

粉碎的高粱蒸用较高温的水润料，此工艺称作高温润糁。润糁的目的是让粉碎的高粱预先吸收部分水分，从而利于蒸煮糊化。原料的吸水量和吸水速度与原料的粉碎度和水温紧密相关。粉碎度一定时，原料的吸水能力随着水温的升高而增大，较高温度的水润料可以增加原料的吸水量；高温润料使水分渗透到淀粉颗粒内部，发酵时不淋浆，升温缓慢，酿造的白酒口味绵甜。高温润料能促进粉碎高粱所含的果胶质分解形成甲醇，从而有效降低成品酒中的甲醇含量。

高温润糁设备为螺旋搅拌输送机、淋水机、润料箱。润料水用淋水机均匀地淋到粉碎的高粱表面，螺旋搅拌输送机充分搅拌，然后输送到润料箱。

3. 蒸料

采用自动上甑机器人上甑，在机械化蒸料锅内蒸料。装匀上平。圆汽后，上甑机器人在料面上泼洒60℃的热水，泼水量为原料量的1.5%～3%，蒸煮80min，初期蒸料温度98℃，达到98℃加大蒸汽量，出甑为105℃。蒸料时，红糁顶部覆盖一层辅料，辅料清蒸时间35min。

4. 加水、扬冷、加曲

蒸后的红糁应趁热出甑，摊凉机摊凉，淋水机淋入原料量30%左右18～20℃水，搅拌机翻拌，降温到比入缸温度高20℃。此时加曲机加曲，加曲量一般为原料量的9%～12%。

5. 大渣入糟车发酵

糟车先用高温水清洗干净，加曲的高粱用螺旋输送机加入到糟车中。入缸温度常控制在18℃之间，比其他类型的曲酒要低，以保证酿出的酒清香纯正。大渣糟车水分以54%为好，最高不超过54.5%，发酵期为28天。

6. 出糟车、上甑蒸馏

发酵结束时，糟车中的发酵醅倾倒处，拌入18%～20%的填充料。馏出液为酒头75%（体积分数）以上单独容器存放，摘取量为每甑1～2kg。当馏分酒度低于48.5%（体积分数）时，截取酒尾，酒尾回入下轮复蒸，敞口排酸10min左右。蒸出的大渣酒，入库酒度控制在67%（体积分数）。

7. 二渣发酵

大渣酒醅需继续发酵一次，叫二渣发酵。其操作大与大渣发酵相似，是纯糟发酵。发酵后，再蒸酒，酒糟扔糟。

二渣发酵结束后，螺旋输送机拌入少量小米壳，上甑蒸得二渣酒，酒糟作扔糟。

（二）适配大曲清香型机械化酿造工艺的淀粉酶

大曲清香型小曲白酒的机械化酿造工艺的优势有两点：大规模的机械化生产提高了生产

效率；对酿造工艺条件进行人为调控，相比于传统工艺能更有效掌控产品质量。

大曲清香型酿造的特点是利用二渣发酵，发酵为低温发酵，发酵周期长。在发酵过程中，温度的控制对酿造酒的品质影响很大。

由于大曲清香型白酒是固态酿造，固态酿造传质和传热效率远远低于液态酿造传质和传热效率。同时机械化生产的优势是大规模酿造，大规模酿造的温度更不容易调控。大曲清香固态酿造的温度调控最难的是槽车发酵的酒醅温度。酒醅的温度除了受外界环境温度、加曲量等因素影响外，还受发酵醅中的酿造微生物产生的淀粉酶的量和淀粉酶的催化活性的影响。淀粉酶降解淀粉的速率，在一定程度上决定了大曲清香型白酒发酵醅中的酿造微生物的生长速率和代谢速率，从而影响生物热。过高的糖化效率，导致生物热快速增加，酒醅温度快速升高，对酒质不利；过低的糖化效率，酿造微生物生长繁殖速率低，造成酒率低和发酵周期过长等。机械化生产的工艺控制的欠缺之一是对发酵酒醅温度的调控。因此，与大曲机械化清香型白酒相适宜的淀粉酶是在低温发酵下，能保持一定的淀粉酶活力，而且淀粉酶的活力在发酵温度波动的范围内波动不大。这样，就能防止固态酒醅温度大幅度的变化。

此外，随着发酵时间的延长，发酵酒醅中的酒精度越来越高，高的酒精度会降低淀粉酶的活性和稳定性。在发酵一段时间后，酒醅中的淀粉酶会逐渐失去活性，造成大渣酒糟中的淀粉含量高。如果能得到在乙醇环境浓度下，仍然具有高催化活性和高度稳定的淀粉酶，能提高大渣酒的酒率。

（三）适配大曲清香型机械化酿造工艺的酯化酶

与大曲清香型白酒最适宜的酯化酶，是在酿造环境下，能产生协调酯类的酯化酶。正如第一章所述，酯化酶的催化具有双向性，水解和合成。酯化酶合成酯类的速率受到多种因素的影响。由于大曲清香机械化酿造的温度较低，因此，适宜大曲清香机械化生产的酯化酶应该是在低温下具有较高酯合成能力的酯化酶。由于大多数的酶最适温度在 30℃以上，因此适宜大曲清香的酯化酶应该属于低温酶。

酯化酶的酯化能力还受酸度的影响。大曲清香发酵醅 pH 为 4 左右，因此适宜于大曲清香酿造的酯化酶应该是在 pH 为 4 左右时具有最高的合成酯类的酯化酶。

在发酵酒醅中，乙醇的含量相对较高。因此，适宜于大曲清香型机械化酿造的酯化酶，应该是具有耐受乙醇的酯化酶。在大曲清香型的发酵醅中，具有高的酯合成活力和稳定性酯化酶是与大曲清香机械化生产适配的酶。

大曲清香型白酒虽然酯类的含量较多，但是典型风味呈现的主体酯类为乙酸乙酯和乳酸乙酯。乙酸乙酯与乳酸乙酯含量的比值在 2 左右是比较协调的。同样，由于大规模固态发酵，其酒醅温度分布不均匀，这很容易导致酒体中乙酸乙酯与乳酸乙酯含量的比值失调。基于这一点，适宜白酒机械化酿造的酯化酶应该是对乙酸乙酯和乳酸乙酯的合成能力远远高于其他酯类的合成能力，同时酯化酶对乙酸乙酯的合成能力比对乳酸乙酯的合成能力强，另外一个适宜于大规模机械化酿造的酯化酶，应该是合成酯类的能力随温度的变化不大，也就是说在 20～30℃酯化酶的酶活变化不大。

综上所述，适宜于大曲清香机械化酿造的酯化酶应该是：低温酯化酶，在 pH 4 左右时具有最高的合成酯类的性能；在大曲清香型含有乙醇的发酵醅中，具有高的酯合成的活力和稳定性，对乙酸乙酯和乳酸乙酯的合成能力远远高于其他酯类的合成能力；酯化酶对乙酸乙酯的合成能力比对乳酸乙酯的合成能力强，在 20～30℃酯化酶的合成酯类性质变化不大。

满足以上条件的酯化酶具有很好的开发前景。首先，大量的低温酶已经被发现，低温酶的低温催化机理已经被揭示。其次，发酵醅的酒精度不是很高，获得发酵醅酒精度环境下稳定的酯化酶的挑战不是很大。酯化酶对乙酸乙酯和乳酸乙酯的合成能力都强，具有挑战性的是获得20～30℃酯化酶活性变化不大的酶。定向进化技术和蛋白质融合技术为获得20～30℃温度段内酯化酶活性变化不大的酶提供了技术支撑。

为提高大曲清香丢糟的利用率，已经有报道利用纤维素酶、淀粉酶、蛋白酶等生产大曲清香型调味酒。这是对大曲清香型白酒酒糟的再次利用，提高了大曲清香型白酒酿造原料的利用价值。本书的论述的主要内容在于微生物代谢产生的酶或添加的酶制剂对新型酿酒工艺机械化生产或智能化生产的促进作用，或者对酒保健价值的提升作用。对利用酶制剂，提高酒糟利用效率，是酿酒产业提高原料利用率的一个非常重要的方向。

三、生产新型保健黄酒适配的酶制剂

传统黄酒以稻米、黍米等为酿造原料，经过浸米、蒸米、加曲、发酵、压榨、过滤、煎酒、贮存、勾兑等工艺酿造而成。新型黄酒就是在传统黄酒酿造工艺的基础之上，通过工艺创新酿造的换就。新型黄酒的定义尚不明确，一般把酒质、口感与传统黄酒不同，符合消费者需求以及新饮酒观，且营养价值较高的黄酒称为新型黄酒。

机械化酿造工艺中，浸米用的机械化设备为浸米罐；蒸米用的是蒸米机；加曲用的是自动加曲机；发酵是液体厌氧发酵罐；压榨用的是压榨机；过滤用的为板框式过滤机或气膜压滤机；煎酒机械设备是煎酒罐。

由于液态酿造非蒸馏黄酒的机械化生产相对于固态发酵更加容易，而且全程机械化的挑战也比固态酿造的挑战要小得多，因此不对机械化工艺做介绍。介绍新型设备或新型局部工艺的改进。

对谷物原料进行膨化法使黄酒酿制的新型工艺，谷物经高温高压（150℃，1MPa以上）和物理剪切作用，后急剧膨胀成型。该法发酵周期、发酵效率、出酒率和稳定性都相对提高；灭菌作用强，酸败率低。

全酶法生产黄酒是较为新型的生产工艺。α-淀粉酶、液化酶、糖化酶、蛋白酶等对原料进行液化、水解、糖化，加曲发酵得到酒质清亮、色泽微黄、味道清爽的新型黄酒。

在工业杀菌方面，煎酒工艺缺点的包括：耗能大、效率下、酒质差等难题。超滤法以机械筛分原理为基础，利用膜去除酿酒后期酒中的酶、细菌和浑浊物。相对于煎酒工艺，超滤法能去酶除菌、防止酸败和增加酒体稳定性。

黄酒新型工艺主要集中在提高酒体的口感和品质。著者认为，黄酒工艺改进的方向应该是首先提高黄酒的保健功能。提升黄酒的保健功能包括两个方面的内容：降低黄酒中高级醇的含量；大幅度降低黄酒中氨基甲酸乙酯的含量。

液态发酵酒的最大弊端之一就是高级醇的含量高，饮后容易上头。其次，黄酒酿造过程中，由于菌体的代谢会产生一定量的氨基甲酸乙酯，这对黄酒的保健价值的发挥非常不利。氨基甲酸乙酯具有很强的致癌性。氨基甲酸乙酯的含量即使不超标，其潜在的危害也很难完全去除。因此，黄酒工艺和科研攻关的重点应该放在两个方向上：降低黄酒中高级醇的含量；大幅度降低黄酒中氨基甲酸乙酯的含量。虽然有一些报道，通过工艺的调控、菌株的优先、原料的处理等降低了黄酒中高级醇和氨基甲酸乙酯的量，但是没有从根本上解决问题，其研究成果实际应用价值小。

提高黄酒的保健价值，是未来黄酒发展的必然趋势。利用酶或酶制剂来降低黄酒中的氨基甲酸乙酯是从根本上解决黄酒中氨基甲酸乙酯含量过高的途径。脲酶的添加能降低酒体中氨基甲酸乙酯的含量。适宜降低黄酒中氨基甲酸乙酯含量的脲酶应该具有以下特性：在酿造的工艺条件下，例如酿造的酸度和温度，具有很好的降解氨基甲酸乙酯含量的催化性能。其次，脲酶在乙醇存在的环境下具有高效的降解尿素的能力。适宜新型黄酒工艺的酶，最主要的性能要求就是在酿造的液态环境下具有高的酶活性。酶活性越高，就越能降低黄酒中氨基甲酸乙酯的含量。其次，能在酿造环境或成品黄酒的高乙醇环境下高效降解氨基甲酸乙酯酶。

降低黄酒中高级醇的含量，有效的途径包括：构建高级醇产量少的酵母菌株；构建降解高级醇的酶。构建高级醇产量少的菌株面临的难题是基因工程菌株在液态非蒸馏酒中应用本身的食品安全性还有待验证。因此，添加降解高级醇的酶是降低液态酒中高级醇含量的有效可行的方法。

固态发酵过程中，酶制剂的添加非常困难。酶制剂与酒醅混合会导致酒醅中含氧量的升高，这会对固态发酵不利。黄酒为液态发酵，这就为酶制剂的添加或酶制剂高效降解高级醇提供了一定的条件。

利用酶制剂直接降解酒体中的氨基甲酸乙酯或高级醇，固定化酶应该是一个较为可行的方式。游离的酶加入到酒体中，酶降解的产物可能对黄酒的风格或口感产生很大的影响。固定化酶在降解酒体中的高级醇或氨基甲酸乙酯后，便于回收，比如，固定化的颗粒酶，或者固定在膜上的酶，都能很好地回收。

作者一个增强黄酒保健价值新的思路，利用木聚糖降解酶降解木聚糖，生成低聚木糖，从而增强黄酒的保健价值。低聚木糖又被称为木寡糖，是由 2～7 个木糖分子以 β-1,4 糖苷键聚合而成的功能性寡聚合糖。与大豆低聚糖、低聚果糖、低聚异麦芽糖等相比具有非常独特的优势，它具有选择性地促进肠道双歧杆菌的增殖活性，低聚木糖的双歧因子功能是其他聚合糖类的 10～20 倍。因此，筛选降解酿造原料中的木聚糖成为低聚木糖的酶，对增加黄酒的保健价值是一个值得研究的方向。

综上所述，适宜黄酒新工艺酿造的酶包括：高级醇降解酶、氨基甲酸乙酯降解酶、脲酶、产生低聚木糖的木聚糖降解酶。这些酶对提升黄酒的保健价值具有重要的意义，是最适宜黄酒品质提升的酶。虽然开发这些酶和应用这些酶面临巨大挑战，但是黄酒品质的提升需要在这几类酶上有所突破。

四、米香型白酒机械化生产工艺适配酶制剂

（一）米香型白酒机械化生产工艺

米香型白酒是白酒中的埼玉，主要分布在南方的两广，云贵川等地区，米香型最具有代表性的酒是桂林三花酒。米香型白酒的特点：料单一，大米为原料酿造；小曲糖化发酵；半固态发酵；以乳酸乙酯、乙酸乙酯和 β-苯乙醇为主体复合香气。

米香型白酒传统生产以陶缸为主要糖化发酵设备，劳动强度大、生产效率低。机械化酿造工艺具有劳动强度低、生产效率高、生产规模大等优点。

用斗式提升机代替人工拉米，用不锈钢管道连接发酵罐、蒸酒锅、清酒罐等设备，代替原来醅缸加板车。

蒸饭用连续自动蒸饭机，将蒸饭、晾饭、加曲工序简并为一道工序。自动蒸饭机具有生

产安全、生产周期短、温度调控方便、添加小曲拌料均匀、蒸饭质量稳定的优点。

采用U形糖化槽进行固态培菌糖化，容量大，占地面积小，操控性强。发酵用碳钢或不锈钢发酵罐。

在物料输送方面，长乐烧酒业股份有限公司利用蠕动泵将熟化原料加水混合物料输入发酵罐，解决了管道阻塞，便于连续生产。

（二）米香型白酒适配的酶

添加酯化酶是提高米香型白酒中酯类物质浓度的可行方法。已经有利用酯化酶提高米香型白酒中酯类物质含量的报道。

米香型白酒加入酯化酶提高酯类物质的含量相对于全固态酿造具有应用优势。后期的固态酿造便于酯化酶的加入。有些研究在固态酿造中的加曲工艺中加入酯化酶菌株。菌株的加入除了产生酯化酶以外，还会带来其他许多因素的变化，例如其代谢产物对酒体风味等的影响。在固态发酵中加入酯化酶，酶与醅的混拌工艺对发酵无氧的环境不利。米香型白酒后期液态发酵有利于酯化酶的加入和混均，也有利于酯化酶的酯化。

与米香型白酒适配的酯化酶，应该是对主体香味成分乳酸乙酯和乙酸乙酯等具有高效合成能力的酶，并且在液态酿造的温度、酸度、乙醇浓度等环境下，具有较高酯化力的酶。

米香型白酒的高级醇含量较高，是其品质最不利的因素之一。米香型白酒的健康化、安全化、时尚化等最大的瓶颈之一就是其较高的高级醇含量。通过工艺优化，原料精选等固然可以降低高级醇的含量，但是效果具有很大的局限性。利用降解高级醇的酶或酶系降解高级醇，应该是一个较有意义的方法。高级醇降解酶或酶系在前面已有较多论述，此处就不再赘述。

米香型白酒的另外一个不利因素是其较多的苦味。米香型白酒苦味比较突出，新型消费者倾向于没有苦味或低苦味的白酒，这给米香型白酒带来了巨大的挑战，降低其苦味成为米香型白酒最大的挑战。酒的苦味源于有害的副产物，如醛类物糠醛、乙醛、丙烯醛、醇类硫醚、硫醇、正丙醇、异丁醇、异戊醇，酸类有乳酸、乙酸、酪酸等，过量的酪酸又苦又涩。异丁醇苦味极重，正丙醇较苦，正丁醇苦味小，异戊醇微带甜苦味。糠醛含量高时有焦苦味，丙烯醛、二乙基羟醛、丁烯醛等均苦且苦味极重。

上述副产物的生成与发酵温度有直接关系。发酵温度达到38℃以上，酵母自溶产生亮氨酸，亮氨酸是戊醇的前体，而戊醇既苦又上头。发酵过程中加入适当的糖化酶可以降低酒中杂醇油的含量，对降低米酒的苦味有一定效果。通过掐头去尾工艺，也能减轻米酒中的苦味。利用遮蔽的方法，通过调酒，降低酒体的苦味是目前较为有效的方法。但是，遮蔽的方法不能完全掩盖酒体中的苦味，尽管有减弱，但是其影响仍然在。降低苦味的方法是直接降低苦味物质的含量或者降低苦味物质的生成前体。

亮氨酸是生成无醇的前体，利用转氨酶消除亮氨酸应该是一个较为有效的方法。氨基酸转氨酶已经有发酵成功生产的报道，而且对亮氨酸具有很高的转氨活性。对氨基酸转氨酶通过基因工程技术和蛋白质工程技术，获得在米香型白酒酿造环境下催化活性高，热稳定性好，对亮氨酸转氨活性强的酶，是降低米香型白酒中戊醇含量有效的方法。

米香型白酒中苦味物质包括醛类物质。醛类物质的含量也可以通过酶催化的办法降低。针对醛类都具有一定的还原性，在液体发酵的过程中，加入脱氢酶可以把米香型白酒发酵体系中的醛类氧化，生成羧酸。

米香型白酒苦味的另外一个成分是异丁醇。异丁醇苦味非常重，因此有效去除异丁醇是降低米香型白酒苦味非常重要的方法。关于异丁醇降解酶的报道还没有，但是异丁醇在自然界非常容易降解。这说明微生物含有大量的酶系能够降解异丁醇。筛选能够降解异丁醇的菌株，解析异丁醇降解的关键酶，利用基因工程技术构建降解异丁醇酶的表达体系，对降低米香型白酒的苦味具有重要意义。

正丙醇、异丁醇、异戊醇和乳酸、乙酸、酪酸等是米香型白酒苦味的来源物质。针对苦味物质是醇和酸的特性，降低此两类物质含量的一个理想的方法是通过酯化酶的酯化作用，把正丙醇、异丁醇、异戊醇和乳酸、乙酸、酪酸等酯合成为酯类，从而达到能同时除去正丙醇、异丁醇、异戊醇和乳酸、乙酸、酪酸等目的。已经有相关报道，在发酵体系中加入酯化酶，使酿造的白酒中的正丙醇、异丁醇、异戊醇产量有所下降。利用酯化酶酯化苦味的酸和醇生成酯类，面临的挑战主要有：发酵体系中苦味的酸和醇的含量非常低，要达到较为理想的效果，需要有高活性的酯化酶和对正丙醇、异丁醇、异戊醇或乳酸、乙酸、酪酸等底物特异性非常强的酯化酶。

蛋白酶的添加可以改善米香型白酒的品质。米香型白酒乙酸乙酯在酸性蛋白酶添加量为2U/g原料时最高；乳酸乙酯在酸性蛋白酶添加量为6U/g原料时下降明显；乙酸异戊酯在酸性蛋白酶添加量为2U/g原料时最高；乙酸异丁酯在酸性蛋白酶添加量为0～4U/g原料时有少量生成；总酯含量在酸性蛋白酶添加量为2U/g原料时达到最大。

综上所述，适宜米香型白酒机械化大规模生产的酶包括：降低杂醇油含量的酶、脱苦酶、酯化酶、蛋白酶等。这些酶的相关报道较少，研发和生产相关酶制剂面临的挑战较大，但是在基因工程技术，蛋白质工程技术，计算机模拟技术等前沿技术，为应对这些挑战打下了坚实的基础。

五、浓香型白酒酿造工艺适配的酶制剂

（一）浓香型白酒的半机械化生产工艺

浓香型，又叫泸香型，泸州老窖为代表酒种。浓香型酒具有芳香浓郁、香味协调、入口甜、落口绵、尾净余长等特点。

浓香型白酒生产的原料主要是糯高粱。原料高粱用辊式粉碎机先进行粉碎，粉碎度为4～6瓣，过40目筛。用高温曲或中温曲作为糖化发酵剂。大曲用锤式粉碎机粗碎，再用钢磨磨成曲粉，粒度如芝麻大小为宜。

先把稻壳清蒸30～40min，直到蒸汽中无怪味为止，然后出甑晾干，使含水量在13%以下，备用。

浓香型酒正常生产时，每个窖中一般有六甑物料，最上面一甑回糟（面糟），下面五甑粮糟。不少浓香型酒厂也常采用老五甑操作法，窖内存放四甑物料。

起糟出窖时先去窖泥，先起面糟，再起母糟。面糟自动机器人上甑，单独蒸馏，蒸后作丢糟处理。蒸得的丢糟酒，再回醅发酵。然后起出五甑粮糟，配入高粱粉，五甑粮糟和一甑红糟分别蒸酒，重新入窖池发酵。

当起糟到一定的深度会出现黄水。将粮糟移到窖底较高的一端，让黄水滴入较低部，滴出黄水，滴窖12h，用泵抽出黄水。

配料在固态白酒生产中是一个重要的操作环节。每甑投入原料120～130kg，粮醅比为1∶(4～5)，稻壳量为原料量17%～22%，冬少夏多。要随着季节调整粮糟配比。为了提高

酒纯净度，粉碎成4～6瓣的高粱渣先进行清蒸，在配料前泼入原料量18%～20%的40℃热水润料，待圆汽后再蒸10min，立即出甑摊凉，再配料。出窖后用螺旋输送机配料后进行润料。原料和酒醅拌匀并堆积在润料箱内1h，在表面撒上一层稻壳，防止酒精的挥发损失。

蒸面糟将蒸馏设备洗干净，黄水倒入底锅与面糟一起蒸馏。蒸得的黄水丢糟酒，稀释到20%（体积分数）左右，泼回窖内再次发酵。

蒸完面糟后蒸粮糟。酒甑均匀进汽、缓火蒸馏、低温流酒，使酒醅中5%（体积分数）左右的酒精成分浓缩到65%（体积分数）左右。

蒸馏时要控制馏酒温度在25℃左右。馏酒时间15～20min截取酒尾。蒸粮总时间在70min左右。

用来蒸红糟的酒醅在上甑时，要提前20min左右拌入稻壳，扬冷加曲，拌匀入窖，成为下排的面糟。

粮糟蒸馏后立即加入85℃热水，达到54%左右的适宜入窖水分。同时要根据季节、醅次等不同略加调整，夏季可多，冬季可少。堆积20min，然后用摊凉机摊凉。摊凉的粮糟应加入原料量18%～20%大曲粉，同时要根据季节而调整用量，一般夏季少而冬季多。

粮糟入窖前，在窖底撒1.5kg大曲粉，每入完一甑料，踩紧踩平。入窖完毕，撒上一层稻壳，再入面糟，扒平踩紧，封窖发酵。

（二）适配浓香型白酒新工艺的酶

从浓香型白酒的酿造过程可以看出，酿造工艺复杂。目前除了粉碎、蒸料、摊凉、加曲等工艺可以机械化外，封窖、起窖、踩窖等都还没有实现机械化，这恰恰是劳动强度最大的环节。因此，浓香型白酒的机械酿造面临最大的难题是入窖发酵。

适宜浓香型白酒机械化酿造的酶，应该是适宜浓香型白酒全程机械化的酶。浓香型白酒典型的主体风味成分是已酸乙酯，利用无窖泥生产浓香型白酒的酶应该是催化形成已酸乙酯的高效酯化酶。

在作者尝试无窖泥糟车酿造浓香型白酒的过程中，发现最大的挑战是无窖泥糟车发酵几乎没有已酸乙酯的生成。起初，认为没有已酸乙酯的原因是已酸菌在糟车内不能很好地生长繁殖。通过大量的试验，作者发现已酸菌完全能在糟车内生长无已酸乙酯形成的原因是已酸和乙醇不能被酯化成已酸乙酯。在糟车发酵体系下，几乎没有检测到酯化酶的活性。

适配机械化浓香型白酒无窖泥酿造的酯化酶应该具有以下性质。首先，在浓香型白酒的酿造温度、酸度、乙醇浓度下具有较高的催化活性。其次，酯化酶应该具有很好的热稳定性，因为浓香型白酒的酿造周期长，如果酯化酶的热稳定性差，酶失活以后，酯化形成的已酸乙酯会发生水解，这样会大大降低浓香型白酒的优级率。

酯化酶可以在加入糟车时添加，也可以建立芽孢杆菌的表达体系。芽孢杆菌为食品安全菌，具有很好的食品安全性。其次，芽孢杆菌为厌氧菌，能在后期发酵的过程中表达酯化酶，提高其表达效力和酯化能力。芽孢杆菌的耐热性能较好，在浓香型白酒酿造过程中能有效存活。构建芽孢杆菌的酯化酶表达体系，需要用食品安全性的筛选标记。

浓香型白酒酿造产生的酒糟含有较多的淀粉，这对酒糟的开发利用奠定了很好的基础。综合利用纤维素酶、半纤维素酶、蛋白酶、淀粉酶等生产精品饲料具有很好的利用前景。由于稻谷壳和高粱壳的纤维素较难降解，因此需要纤维素外切酶活力很高的纤维素酶。纤维素酶、半纤维素酶、蛋白酶、淀粉酶最好是食品安全级的酶类。

现在也有一些研究，利用液态法生产浓香风味白酒。液态发酵一个最显著的特征是风味物质种类少，含量低。因此，生产液态浓香风味白酒面临的一个技术难题同样是提高发酵体系中己酸乙酯的含量，同样需要具有很高的己酸乙酯酯化能力的酯化酶，并且具有很好的酯化专一性。

六、酱香型白酒酿造新工艺适配的酶制剂

（一）酱香型白酒生产工艺

酱香型白酒生产分两次投料，第一次投料称下沙，第二次投料称糙沙，八次发酵，每次发酵一个月左右。原料粉碎得比较粗，要求整粒与碎粒之比，下沙为80%比20%，糙沙为70%比30%，下沙和糙沙的投料量分别占投料总量的50%。

酱香型白酒是采用高温大曲产酒生香，大曲粉碎较细有利糖化发酵。

（1）泼水堆积　下沙时先将粉碎的高粱泼上原料量51%～52% 90℃以上的热水，泼水时边泼边拌，使原料吸水均匀。然后加入5%～7%的母糟拌匀。

（2）蒸粮　在甑箅上均匀撒一层稻壳，上甑圆汽后蒸料3h后出甑。出甑后再泼上85℃的热水，水量为原料量12%。

（3）摊凉　泼水后的生沙经摊凉、散冷。当品温降低到32℃，加入酒度为30%（体积分数）的尾酒，尾酒量约为下沙投料量的2%，拌匀。

（4）堆集　生沙的品温降到32℃，加入大曲粉，加曲量为10%。堆集时间为4～5天，待品温上升到45℃时即可入窖发酵。

（5）入窖发酵　堆集后的生沙酒醅先翻拌均匀，在翻拌时加入次品酒，加入量为堆集生沙量2.6%左右。窖加满后轻压平醅面，撒上一薄层稻壳，用泥封窖4cm左右，发酵30天。

糙沙包括以下步骤：

（1）开窖配料　发酵成熟的生沙酒醅分次取出，每次挖出半甑，与粉碎、发粮水后的高粱粉混合均匀。发水操作与生沙相同。

（2）蒸酒蒸粮　将生沙酒醅与糙沙粮粉混合均匀，装甑，混蒸。首次蒸得的酒经稀释后全部泼回糙沙的酒醅，混蒸时间5h。

（3）下窖发酵　蒸熟的料醅摊凉，加曲拌匀，堆集发酵，工艺操作与生沙酒相同，然后下窖发酵。

（4）蒸糙沙酒　糙沙酒醅发酵时要注意品温、酸度、酒度的变化情况。发酵一个月后，即可开窖蒸酒。

蒸酒时应轻撒匀上，见汽上甑，缓汽蒸馏，量质摘酒，分等存放。酱香型白酒的馏酒温度控制在40℃以上。糙沙酒蒸馏完毕，酒醅出甑后不添加新料，摊凉后加尾酒和大曲粉，拌匀堆集，入窖发酵30天，取出蒸酒。各轮次发酵时的加曲量应视外界气温变化和淀粉含量以及酒质情况而调整。气温低，适当多加曲；气温高，适当少加曲，曲量为投料量的10%左右。

尽管酱香型白酒具有一定保健价值，但是其很难实现全程机械化。酱香型白酒酿造的一些厂家，通过利用自动上甑机器人、汽封甑、摊凉机等部分实现了机械化，但是其复杂的起窖和入窖操作，成为酱香型白酒全程机械化最大的挑战。

（二）酱香型白酒适配的酶制剂

白酒的保健价值和食品安全性逐渐成为消费者最看重的因素，首先从提升酱香型白酒食

品安全性的角度分析适宜酱香型白酒品质提升的酶制剂。

酱香型白酒中的吡嗪类化合物具有增加脑血管血流量的功能，萜烯类化合物具有抗癌和抗炎症的功能。亚油酸和亚麻酸具有降血脂的功能。柠檬烯具有抗癌等功能。酱香型白酒保健功能好。但是酱香型白酒中同样可能含有氨基甲酸乙酯。黄卫红等从市售的200个品种的酱香型白酒中都检测出氨基甲酸乙酯。

氨基甲酸乙酯的去除可以尝试用脲酶去除酒体中尿素，从而大幅度降低发酵酒醅中氨基甲酸乙酯的含量。也可以用氨基甲酸乙酯降解酶降解发酵酒醅中的氨基甲酸乙酯。因此降解发酵醅中尿素的脲酶和降解氨基甲酸乙酯的酶是适配酱香型白酒最重要的酶。

酱香型白酒中杂醇油含量的降低对酱香型白酒品质的提高也具有重要意义。已有研究报道，添加糖化酶和蛋白酶，能降低酒体中杂醇油的含量。糖化酶降解淀粉产生葡萄糖，蛋白酶降解蛋白质形成肽或氨基酸。糖化酶和蛋白酶对酱香型白酒发酵过程中的碳氮比有影响，碳氮比是影响微生物生长和代谢的重要因素。糖化酶和蛋白酶的酶活高，并不一定对降低酱香型白酒中的杂醇油越有利。适宜的淀粉降解速率和蛋白质的降解速率是降低酱香型白酒酿造过程中杂醇油含量的关键因素之一。因此，著者认为，真正适宜酱香型白酒酿造的糖化酶和蛋白酶，首要关注的不应该是酶比活力，而应该是酶的稳定性。酶的稳定性与发酵过程中酿造微生物的数量，酿造过程中微生物的代谢强度，酿造过程中外界环境微量生长因子浓度等的变化趋势相互匹配，这才是适宜降低酱香型白酒杂醇油的糖化酶和蛋白酶。

酱香型白酒的酒糟中含有一定量的淀粉，因此利用酱香型的酒糟发酵生产精品饲料具有一定的开发意义。酒糟生产饲料需要纤维素酶、半纤维素酶、蛋白酶、淀粉酶等。

综上所述，提升酱香型白酒的品质，首要的是降低酱香型白酒中的氨基甲酸乙酯和杂醇油的含量。降解尿素的脲酶或氨基甲酸乙酯降解酶等是酱香型白酒品质提升的必需酶。糖化酶和蛋白酶添加，可能是降低酱香型白酒中杂醇油含量的一个有效方法。为提高酱香型白酒酒糟的利用价值，纤维素酶、半纤维素酶、蛋白酶、淀粉酶等也是必需的酶类。

七、果酒发酵适配的酶

（一）果酒酿造中酶的应用

果酒是利用新鲜的水果或者果汁为原料，发酵制作而成的酒精浓度在7%～18%的低度酒精饮料。果酒种类多，按照工艺主要分为酿造酒、蒸馏酒和配制酒3类。

利用复合酶制剂可以提高出汁率。制汁是果酒生产的关键工艺之一。制汁要尽可能地提高出汁率和缩短制汁时间。出汁率的高低与原料的破碎程度高度相关。水果的细胞壁的主要构成物质是纤维素、半纤维素和果胶物质。细胞壁结构较致密，单单依靠机械或化学方法很难充分破碎。添加果胶酶、纤维素酶和半纤维素酶等水解酶，能破坏细胞壁的结构，提高破碎程度。在压榨时达到提高出汁效率并缩短压榨时间。酶对大分子的降解也有助于提高澄清和过滤效率。果胶酶是提高果实出汁率和缩短压榨时间最具有代表性的酶。

果酒澄清在两个工段进行：果汁的澄清；原酒的澄清。果汁澄清是在发酵前将果汁中的固形物减少到最低，避免果汁中的杂质参与发酵而给酒带来异味。原酒澄清目的是为了避免果汁在贮存过程中沉淀出现蛋白质浑浊、微生物浑浊等现象。酶主要用于果汁的澄清，所用到的酶主要有果胶酶、淀粉酶、蛋白酶。果胶酶的主要作用是降解果胶物质，使果汁中可溶性物质得到彻底分解，降低果汁黏度。果胶分解能使浑浊颗粒失去胶体保护而相互絮凝，从而提高澄清效果。

对于一些淀粉含量较高的水果，在压榨后淀粉会从果浆和细胞块进入果汁中，并在加热时溶解，然后通过凝沉析出浑浊物的形式出现在果汁中。淀粉是一种强水合性亲水胶体，能够形成浑浊物颗粒，为了获得满意的澄清度和澄清稳定性，用淀粉酶将果汁中的淀粉水解是一个有效方法。

水果的压榨汁中还含有少量蛋白质和酚类物质。由细胞原生质中渗透出来的蛋白质很容易与酚类物质反应，形成浑浊物和沉淀物。有些带正电荷的蛋白质而能够与带负电荷的果胶或与有强水合能力的含果胶浑浊物颗粒相互聚合，形成悬浮的浑浊物。为了获得较好的澄清效果和澄清稳定性，可采用蛋白酶将果汁中的蛋白质水解。

透明度是果酒的一项重要指标，要获得清亮透明的果酒，必须进行过滤。用多孔隔膜进行固相物质与液相物质分离的过滤操作，过滤效率受过滤物料的物理性质，如液体黏度、固体颗粒直径等因素影响。过滤液黏度过大或者其中的固体颗粒过大，容易堵塞过滤层，使过滤能力下降。果汁液黏度较大的主要原因是残留的果胶物质、淀粉及一些中性低聚糖等的作用。在过滤前的操作中利用果胶酶、淀粉酶等能降低汁液的黏度，提高过滤能力和过滤的速度。

果酒的风味是果酒品质的重要指标。果酒的风味物质来自水果本身和发酵过程中形成的风味物质。在水果中，风味物质以两种形式存在，一种是以游离态形式存在，另一种是与糖类形成糖苷并以键合形式存在。许多研究表明，萜烯类化合物是形成水果风味的主要成分，萜烯化合物与糖形成糖苷而呈无芳香气味的风味前体物，例如香叶醇和芳樟醇，此外也有一些挥发性芳香化合物，如沉香醇氧化物、挥发性酚类物质等。这些以糖苷存在的风味前体物即使在发酵过程中或在葡萄酒的贮存过程中都很稳定，不容易溶出。通过风味酶水解作用将风味物质释放出来，从而显著增加酒的风味。风味酶主要有葡萄糖苷酶、鼠李糖苷酶、呋喃型阿拉伯糖苷酶等。

色泽是衡量果酒品质的一项重要指标。有些果酒生产中必须提取出一定的色素物质。果实中的色素物质主要是存在于细胞液泡中的花青素。在果浆或果汁中加入果胶酶和蛋白酶，果胶酶能水解果胶物质破坏细胞结构，蛋白酶则能破坏液泡膜，从而释放出花青素等色素物质。

各种水果中或都含有一定量的蛋白质。这些蛋白质残留在果酒中，容易导致贮存果酒的浑浊和沉淀。利用蛋白酶水解果酒中的蛋白质，能取得较好的效果。提高出汁率、促进澄清、增加酒体稳定性、增加色泽和风味等需要纤维素酶、半纤维素酶、果胶酶等酶的共同作用。

具有纤维素酶、半纤维素酶、果胶酶两种或三种酶活的单体酶，不仅能高效地发挥提高出汁率、促进澄清、增加酒体稳定性、增加色泽和风味等的作用，而且能降低所使用的酶的种类和酶量，因此这一类酶的研发和生产对果酒的发酵具有很好的应用价值。

降解发酵醅中尿素的脲酶和降解氨基甲酸乙酯的酶是适配果酒的较为重要的酶。高级醇是液态发酵的共性问题，利用酶降解高级醇的方法，基本同前面所述，在这里不再重复论述。

（二）脱苦酶与果酒生产

中国柑橘类水果产量巨大，柑橘类水果生产果酒需要对原料脱苦。原料脱苦的好坏将直接关系到橘酒的风味。此外，传统的工艺采取简单发酵后添加食用酒精调制，这样酿造的橘酒口感欠佳，少醇厚感，香味不协调。加入柚苷酶是脱苦较好的方法。

柚子中含有的橙皮苷能降低血液的黏稠度，鲜柚肉还含有一种类胰岛素成分，有助于降低血糖，因此柚子是生产保健酒的上好原料。但是柚子也有苦味，已有研究报道，加入柚苷酶能脱除柚子酒的苦味。

（三）多酚氧化酶与果酒生产

适宜的色泽对果酒非常重要。但是果实中本身存在的多酚氧化酶氧化酚类物质后，酒体颜色发生褐变。抑制多酚氧化酶的活性是降低其不利影响的措施之一。添加能降解多酚氧化酶的蛋白酶也是可能的有效措施之一。

在果酒生产中，添加酶会增加果酒的成本，或者添加的酶本省又会对酒体口感和酒体稳定产生不利影响。添加游离的酶会有上述危害，但是添加固定化酶却可以避免酶的添加带来上述不利的因素。例如食品安全的载体。利用食品安全的固定材料来固定酶已经有众多的科研报道。酶的固定化可以提高酶的稳定性，而且固定化的酶便于回收，而且回收的酶可以重复利用，降低了酶的使用成本。

为便利酶的回收，作者曾经尝试过利用加大酶的分子量的方法来提高酶变性回收的效率。然而这一个新颖思路受到的挑战是：酶分子量加大后，其稳定性反而增加，不利于回收，或分子太大导致酶失去活性。

总之，与果酒机械化生产向适配的酶，必须具有以下特征：具有食品安全性；对酒体的风格、色泽、稳定性等不产生负面影响；在果酒酿造环境下具有较高的酶活性和稳定性。

八、适配苦荞酒的酶

（一）苦荞酒的酿造工艺

苦荞具有降血脂、降血压、降血糖等功效。苦荞各种营养成分比例协调，更适宜人体吸收。苦荞中黄酮的含量约3.12%，含有四种槲皮素、芦丁、维生素P。苦荞中蛋白质含量为9.3%～14.9%。苦荞中含有具有很好的抗癌功能元素——硒。

苦荞酒是以苦荞作为原料酿造的具有营养保健功能的发酵酒，富含多种氨基酸、有机酸、多糖、芦丁、槲皮素、D-手性肌醇等，具有抗氧化、调节血糖、防治心血管疾病等作用。苦荞酒最突出的功能是保健功能，用苦荞酿酒必须基于以下几点：酿造工艺能提高苦荞的适口性和食用便利度；酿造工艺能提高营养成分的吸收或者强化苦荞酒的营养价值。苦荞酒的生产工艺如下：

苦荞→淘洗并浸泡→破碎→蒸煮→摊晾黄米→筛选→淘洗、浸泡→冲洗、沥干→黄米蒸煮→淋冷→拌料→入缸→糖化发酵→过滤→调配→灭菌→包装→苦荞酒。

（1）洗米　先用温水将黄米洗到淋出无白浊的水为止。

（2）浸米　35℃水浸黄米24h，浸米时应适时均匀搅动黄米，以手碾即碎，无浸烂或白心（硬心）为宜。

（3）破壳　苦荞先用冷水浸泡24h，用对辊式挤压机把苦荞外壳挤破，露出胚乳。

（4）蒸煮　常压蒸煮充分吸水的苦荞，蒸熟苦荞含水量62%～63%。

（5）淋冷　蒸透后的苦荞用净水冲淋，使物料颗粒分离并降温至28～30℃。

（6）拌料　将淋冷后的黄米和苦荞，沥去余水，置于事先已灭菌的发酵罐中，加入活化的酵母液和糖化酶液，封口。

（7）发酵　发酵温度28℃。

（8）压滤　将发酵成熟的醪，进行压榨过滤，得到原酒液。

（二）苦荞酒酿造适配的酶制剂

苦荞酒的生产现在有两种方式：从苦荞中提取出保健成分，在添加到清香型白酒中；液态发酵液态压榨过滤。前面一种方法生产的苦荞酒为配制酒，提取工艺对酒的食品安全性有重要影响，而且提取的保健成分只可能为一种或几种保健成分，没有发挥苦荞全部的营养保健功能。液态发酵液态压榨过滤相对的能全面地保留苦荞的营养成分，但是其色泽和口感存在不足，酒体的稳定性相对较差。液态发酵一个最大的缺点是酒体中的高级醇含量高。

针对以上分析，作者从工艺改进的角度来分析适配苦荞酒酿造的酶制剂。作者认为苦荞酿造酒最适宜的酿酒方式应该是固态发酵和液体浸提的方式。固态发酵的关键是控制酒体中杂醇油的生产，液体浸提为浸提出酒醅中的营养组分。基于这种工艺目的，首先需要在固态酿造体系下，具有相对稳定的淀粉酶。淀粉酶的活性相对稳定，对固态发酵减少杂醇油的产生具有重要的影响。蛋白酶降解蛋白，蛋白酶的降解能力与淀粉酶的降解能力相适宜，共同协调碳氮比，对降低杂醇油具有非常重要的意义。同样，液态浸提的时候可能需要添加脲酶或者氨基甲酸乙酯降解酶降解提高苦荞酒的安全性。

其次，为便于浸提出苦荞中的营养成分，需要充分的降解苦荞中的各种成分。纤维素酶、半纤维素酶等在浸提时的协同作用，能充分降解苦荞，让苦荞中各种营养成分有效浸提出来。

九、啤酒酿造适配的酶制剂

啤酒本不是本书的论述重点，但是利用基因工程技术构建酶的表达菌株，从而提高啤酒的品质，是一个非常有借鉴意义的范例。

双乙酰含量是关系到啤酒风味的重要因素，是啤酒质量的重要标志之一。双乙酰浓度超过阈值时，会形成馊酸味。酵母繁殖时生成的α-乙酰乳酸和α-乙酰羟基丁酸氧化脱羧形成双乙酰。

一般在啤酒发酵后期还原双乙酰需要5～10天，理论上在生产中加入α-乙酰乳酸脱羧酶能催化α-乙酰乳酸直接形成羧基丁酮，可大大缩短发酵周期，减少双乙酰含量。已有研究利用啤酒酵母QY的染色体为模板，扩增出含有乙酰羟酸合成酶（AHAS）ILV2的片段，将ILV2基因的内部*Eco*RⅠ片段连接到整合载体YIp5上，在整合载体YIp5的*Bam* HⅠ-*Sal*Ⅰ位点插入铜抗性基因CUP1-MT1，构建了YIpCE质粒，将其转化啤酒酵母QY，转化子的AHAS酶的活力比受体菌QY降低75%。在发酵测试中，转化子产生双乙酰的量比原始菌株降低30%。

酶工程技术在啤酒行业应用的另外一个较有意义例子如下：首选克隆啤酒酵母来源的γ-谷氨酰半胱氨酸合成酶基因和铜抗性基因，用克隆的基因取代质粒PLZ-2中α-乙酰乳酸合成酶基因（ILV2）的DNA片段，构建质粒pICG。限制酶酶切质粒pICG后转化啤酒酵母YSF31，得铜高抗性转化子。α-乙酰乳酸合成酶（AHAS）活性测定筛选到转化子。转化子小试结果表明谷胱甘肽含量比受体高34%，而双乙酰含量是受体的75%。转化子中试结果表明转化子发酵周期缩短3天，啤酒的保鲜时间延长50%。

十、其他酿酒酶制剂

鹿骨胶是鹿的骨骼经熬制、过滤、去脂、脱水浓缩而成的胶状半固体物质，其基本成分为分子质量 20×10^4Da 左右的骨胶原蛋白。鹿骨肽等肽类物质溶于酒后会改善酒的外观，提升酒的品格，而且鹿骨肽在生物体内作为载体和运输工具，将营养输送到人体各个部位，充分发挥其功能。胰蛋白酶和中性蛋白酶对鹿骨胶进行酶水解，工艺简单，能有效地降低鹿骨胶原蛋白质分子量，增加其在酒中的溶解性能，从而有效地解决了鹿龟酒长期以来没有解决的浑浊沉淀问题。

十一、总结

本章论述了小曲清香型白酒、大曲清香型白酒、米香型白酒、浓香型白酒、酱香型白酒、黄酒、苦荞保健酒等酿造的机械化工艺，以及与其机械化酿造最适配的酶制剂的特性。保健、时尚、个性化是白酒未来发展的方向，适配各种香型白酒生产的酶制剂也应该是能促进白酒保健、时尚、个性化生产的酶制剂。对于小曲清香型白酒，开发能降低杂醇油的酶制剂是以后发展的重点。对于大曲清香型白酒同样降低杂醇油含量是提升其品质的途径。

浓香型白酒全程机械化最大的挑战是无窖泥发酵产生的己酸乙酯含量太低。酱香型白酒适配的酶制剂应该是能适宜液态发酵生产酱香风味白酒的酶制剂。黄酒、苦荞保健酒等液态酿造的白酒的品质提升需要降低酒体中的杂醇油和氨基甲酸乙酯，适宜的脲酶和氨基甲酸乙酯降解酶对液态非蒸馏酒的品质提升具有重要意义。

白酒以后的发展方向，应该以品质的提高为主要方向，提升白酒保健价值，提升白酒的时尚性，塑造个性化的白酒是白酒发展的必然。开发新型的酶制剂，利用新工艺和新酶制剂的创新型应用，是提升白酒保健价值、提升白酒的时尚性、塑造白酒个性的一个重要途径。

与新型酿造工艺适配的酶制剂，不应该按照传统的酶研究观点，单纯追求酶的高活性。由于白酒酿造周期一般都较长，在较长的周期内具有高的稳定性应该是白酒酿造适配酶的首要要求。

第三章

新型酿酒淀粉酶

淀粉酶是酿酒中最重要的酶，淀粉酶把淀粉转化为葡萄糖，葡萄糖被酵母转化为乙醇，是酿酒中最重要的生化过程。提高出酒率和提升酒的品质，始终是酿酒行业两个最重要的指标。提高酿酒原料中淀粉的利用率，或者通过工艺条件控制提高出酒率或酒的品质，需要新型的淀粉酶。

不同的白酒具有不同的酿造工艺和品质要求，对淀粉酶性能的需要有差异。淀粉酶生产大众化的目的：追求高的淀粉酶活，已经不太适宜酿酒对淀粉酶的需要。适宜于酿酒行业的淀粉酶是与酿造工艺条件相适宜的淀粉酶。

市售的淀粉酶粗酶价格便宜，但是其生产的基质为非适宜添加到酒醅中的基质。利用酒醅可添加基质生产淀粉酶更适宜应用到酿酒中。在发酵后期的酒醅或酒糟中，pH 相对较低，同时酒醅或酒糟中有淀粉残余，为调节 pH 或增加淀粉的利用率，具有碱稳定性的淀粉酶是理想的酶类。在酿造过程中，淀粉的糖化一般分为糊化、液化和糖化三个步骤，糊化和液化工艺操作复杂，耗能较大。利用蛋白质工程技术设计具有直接糖化能力的高效淀粉酶，对简化淀粉糖化工艺，增加淀粉的利用率具有重要的意义。

本章内容包括酒醅可添加基质生产淀粉酶；利用基因工程菌株高效表达碱性淀粉酶；利用蛋白质工程技术生产具有液化和糖化能力的双功能淀粉酶。

第一节　低温淀粉酶

α-淀粉酶是水溶性的，在动物、植物、细菌和真菌中都有发现。微生物来源的淀粉酶具有应用优势，因为它们能够耐受极端环境如低温和高盐度，并且更稳定地催化各种反应。微生物来源的冷活性 α-淀粉酶已经在面包烘焙工业中作为防粘剂，在制药工业中用于制造糖浆。现在，低温淀粉酶的商业用途逐渐扩展，其应用优势日益明显。

为了满足 α-淀粉酶生产低成本的需求，固态发酵和浸没发酵均可用于淀粉酶的生产。固态发酵具有以下优点：成本低，低废水输出，更高的产品回收率，产品浓度高。采用农业秸秆类原料生产低温淀粉酶，能降低生产成本，提升农作物的经济价值。

淀粉酶添加到酿酒发酵体系中，不能对酒的口感和食品安全带来不利影响。纯的淀粉酶不会产生上述影响，但是淀粉酶纯化代价昂贵。粗酶制剂添加到酿酒体系中，其发酵基质应是酿酒原料或酒糟，或者是可食用的原料。甘蔗渣、麦麸、稻壳、木薯淀粉、大豆粉等是适宜于添加到固态发酵酒醅中的基质，因而是适宜于生产直接添加到酒醅中酶的原料。

一、材料和方法

1. 菌株

海洋低温菌：从海洋中分离出的低温菌，能在4℃下缓慢生长。

2. 固态发酵基质

麦麸、稻壳、大豆粉等从市场购买，甘蔗渣从蔗糖工厂获取。

3. 发酵

在（20±2)℃和150r/min下接种细菌于活化培养基中培养2天。活化培养基组成为：蛋白胨0.6g/L；KCl 0.05g/L；$MgSO_4 \cdot 7H_2O$ 0.01g/L；淀粉0.1g/L。活化的细菌按照15%的接种比例接种于固态发酵产酶培养基。固态发酵产酶培养基：麦麸、稻壳、木薯淀粉、大豆粉等按照1∶1的比例与无菌蒸馏水混合，接种的生产培养基在静止条件下在（20±2)℃发酵，每24h检查酶产量。在旋转振荡器上以250r/min将酶在50mL的0.1mol/L磷酸盐缓冲液（pH6.0）中提取30min。用纱布过滤，滤液以10000×g离心10min，澄清的上清液作为酶液。

4. 酶检测

根据Swain等人描述的方法进行淀粉酶测定。酶活性的一个单位定义为：在50℃，1min/mL内引起淀粉碘溶液蓝色强度降低0.01%的酶量。

二、结果与讨论

1. PB设计

Plackett-Burman设计用于筛选影响冷适α-淀粉酶发酵培养基的重要变量，但该设计不考虑变量之间的相互作用影响。设计矩阵根据Plackett-Burman设计。根据Plackett-Burman进行的实验总数为$N+1$，其中N为变量数（介质成分和环境因素）。每个变量被表示为两个级别，即由“+”表示的高级别和由“-”表示的低级别（表3-1）。每个变量的高水平都远高于低水平。表3-1显示了Plackett-Burman设计，其中正在研究的七个因素及其在实验设计中使用的各种因素的水平，基于一阶多项式模型：

$$Y=\beta_0 \sum \beta_i X_i \tag{3-1}$$

式中，Y是响应（微生物生长）；β_0是模型截距；β_i是线性系数；X_i是自变量的水平。

表3-1中的行表示八个不同的实验，每列表示不同的变量。使用常规的“一次一时”方法来选择七个变量中的每一个的有效因子和初始测试范围。对于每个实验变量，测试高（+）和低（-）水平。所有操作一式两份，最大α-淀粉酶酶活性的平均值作为反应值。

表 3-1 筛选生产 α-淀粉酶培养基组分的 Plackett-Burman 矩阵

Table3-1 Plackett-Burman matrix to select material of fermentation medium

序号	变量							结果
	X_1 pH	X_2 甘蔗渣/%	X_3 KCl/(g/L)	X_4 酵母粉/(g/L)	X_5 $MgSO_4$/(g/L)	X_6 乳糖/(mol/L)	X_7 蛋白胨/(g/L)	(酶活)/(U/g)
1	＋	＋	＋	－	＋	－	＋	1305
2	－	＋	＋	＋	－	＋	－	2510
3	－	－	＋	＋	＋	－	＋	1340
4	＋	－	－	＋	＋	＋	－	1200
5	－	＋		－	＋	＋	＋	2245
6	＋	－	＋	－	－	＋	＋	1202
7	＋	＋	－	＋	－	－	＋	1306
8	－	－	－	－	－	－	－	1560

注：pH，(－)＝6.0，(＋)＝7.0；甘蔗渣（%），(－)＝25，(＋)＝50；KCl（g/L），(－)＝0.5，(＋)＝1；酵母粉（g/L），(－)＝0.25，(＋)＝1；$MgSO_4$（g/L），(－)＝0.5，(＋)＝1；乳糖（mol/L），(－)＝0.002，(＋)＝0.004；蛋白胨（g/L），(－)＝3，(＋)＝6。

使用 Statistica 版本 7.0 软件（StatSoft，USA）对 Plackett-Burman 设计进行了分析，以估计重要因素。绘制了标准化效应的帕累托图，以检测实验中最重要的变量（Siva Kiran 等，2010）。帕累托图分析是识别重要变量的简单而有力的方法，相当于通过交叉 p 值线（0.05 显著性水平）构建突出显著变量的变量直方图。通过进行方差分析（ANOVA）计算 p 值。

按照表 3-1 进行实验，对实验结果进行统计分析，分析结果见表 3-2。统计分析发现对低温淀粉酶酶活影响较大的为 pH、甘蔗渣、乳糖等。温度是影响发酵最为重要的因素，因此后面的研究重点考察这四个因素。有些研究表明麸皮是最适的生产低温淀粉酶的最佳基质，但是考虑到添加麸皮会增加酒体中糠醛的含量，不利于酒的口感，因此没有考虑用麸皮作为发酵基质。虽然高粱是直接发酵的原料，但是考虑到在酿造酒的时候，往往会添加非高粱原料来调节淀粉浓度或透气状况，因此没有考虑选用高粱作为原料。乳糖是报道的淀粉酶具有诱导作用的诱导物。在添加诱导物后，会诱导菌株产生更多的淀粉酶。

表 3-2 Plackett-Burman 实验结果的统计分析

Table3-2 Statistic analysis of Plackett-Burman

因素	平方和	自由度	均方	F 值	P 值	影响是否显著
模型	$1.681E+006$	7	$2.401E+005$	13339.55	0.0067	
pH	$6.525E+005$	1	$6.525E+005$	36249.26	0.0033	*
甘蔗渣/(g/L)	$5.196E+005$	1	$5.196E+005$	28864.64	0.0037	*
KCl/(g/L)	15120.46	1	15120.46	840.03	0.0220	
酵母粉/(g/L)	1152.00	1	1152.00	64.00	0.0792	
$MgSO_4$/(g/L)	16486.62	1	16486.62	915.92	0.0210	
乳糖/(mol/L)	$2.258E+005$	1	$2.258E+005$	12544.00	0.0057	*
蛋白胨/(g/L)	47521.20	1	47521.20	2640.07	0.0124	
纯误差	18.00	1	18.00			
共计	$1.681E+006$	8				

注：* 表示影响极其显著。

2. 多因素试验优化重要变量

按照表 3-3 设计的因素和水平进行正交试验。从正交试验结果表 3-4 可以看出，当 X_1、X_2、X_3、X_4处于水平 2、2、3、1 时，低温淀粉酶的酶活达到最大。也就是在 pH 7.0、甘蔗渣添加量为45%、乳糖加入量为0.01%、发酵温度为20℃时，低温淀粉酶的酶活达到最大。淀粉酶生产菌株为低温菌，所以在低温下具有相对较好的产酶能力。同时在起始pH7.0的情况下，菌体生长相对较快，所以产酶能力较强。甘蔗添加量在45%能较好地满足菌体生长和代谢产酶的需要，所以此时产酶的量最大。

表3-3　正交试验中自变量的代码和范围

Table3-3　Codes and ranges of orthogonal experiment independent variable

变量	组号	水平		
		1	2	3
pH	X_1	6.0	7.0	7.5
甘蔗渣/%	X_2	20	45	60
乳糖/%	X_3	0.001	0.005	0.01
温度/℃	X_4	20	25	30

表3-4　正交试验结果

Table3-4　Results of orthogonal experiment

编号	因素				酶活/(U/g)
	X_1	X_2	X_3	X_4	
1	1	1	1	1	2000
2	1	2	2	2	2530
3	1	3	3	3	2000
4	2	1	2	3	3000
5	2	2	3	1	3710
6	2	3	1	2	3000
7	3	1	3	2	2410
8	3	2	1	3	2650
9	3	3	2	1	2700
K_1	530	1000	1000	1710	
K_2	710	1180	470	590	
K_3	290	1000	1710	1000	

3. 常用酒醅或酒曲基质替代甘蔗渣发酵优化

甘蔗汁或甘蔗渣也可以用来酿酒，但是大多数白酒，例如小曲白酒、大曲浓香、高温酱香等添加的辅料一般都是稻壳。在生产酒曲时，大豆和小麦也是常用的原料。因此稻壳、大豆粉、小麦和酒糟等较适宜生产酿酒用的淀粉酶。从表3-5可以看出，甘蔗渣和稻壳生产的淀粉酶的产量较大。分析原因，水解酶类一般在营养供应不足的情况下产量相对较高。因此，甘蔗渣和稻壳都是生产低温淀粉酶较好的原料，而且可以添加到白酒酿造中，不会给酒体带来不适宜的风味。

表3-5　不同酒醅可添加基质产α-淀粉酶

Table3-5　Yieds of α-amylase produced in different materials which could be added into brewing substrates

农用底物	α-淀粉酶活(无诱导剂)/(U/g)	α-淀粉酶活(诱导剂:乳糖0.002mol/L)/(U/g)
甘蔗渣	2300	4109
稻壳	2050	3400
酒糟	1665	1786
大豆粉	1562	1705
小麦粉	1480	1766

三、总结

利用分离得到的低温菌生产淀粉酶，当以甘蔗渣或稻壳作为固态发酵的主要基质时，低温淀粉酶的产量达到 4109U/g。利用酿酒原料或辅料生产低温淀粉酶，生产的粗淀粉酶适宜添加到固态酿造白酒酒醅或液态发酵的醪液中，具有一定的应用前景。

第二节　淀粉酶基因工程菌株构建

在固态酿酒或液态酿酒的过程中，随着酿造时间的增加，酒醅或酒醪的发酵酸度逐渐降低。同时固态酒醅或液态酒醪中的淀粉酶的活性逐渐降低。酒糟的酸度也相对较低，导致酒糟中的淀粉酶活性丧失一部分。调节酿造过程中的酒醅的酸度，增加酒醅或酒醪中淀粉酶的活性是值得探索的方向。酒糟的进一步发酵利用，提升其附加值，需要有淀粉酶高效水解残余的淀粉。既能增加酒醅或酒糟中淀粉酶的活性，又能便利于调节酒醅或酒糟酸度的淀粉酶应该为耐碱淀粉酶。耐碱淀粉酶可以首先在碱性溶液中稀释，然后加入到低酸度的酒醅或酒醪中，不仅可以调节酸度，而且能增加酒醅或酒糟中的淀粉酶活性。

海洋独特的微生物群落具有较大的开发潜力，因此海洋生态系统作为分离极端生物资源引起了人们极大的兴趣。具有冷活性、耐盐性、pH 稳定性等特定特征的几种淀粉酶已经被从海洋细菌中分离鉴定，例如来自深海细菌诺卡氏菌属（*Nocardiopsis* sp. 7326）的冷适应 α-淀粉酶，来自海洋细菌枯草芽孢杆菌 S8-1 的酸碱稳定的 α-淀粉酶，来自海洋宏基因组文库的耐盐性 α-淀粉酶。最佳温度为 50～65℃的 α-淀粉酶相对于用于液化淀粉的嗜热淀粉酶具有潜在的优势，因为它可以减少副产物形成。据报道，中国福建沿海地区海域海洋菌株 *Zunongwangia profunda*（MCCC 1A01486）能产生大量的淀粉酶，它是一种高度碱稳定性的 α-淀粉酶。本节克隆表达该耐碱性的 α-淀粉酶，并研究表达后的 α-淀粉酶的性质。在选择基因工程菌的表达宿主时，选用芽孢杆菌。芽孢杆菌在白酒的酿造后期仍然能生长繁殖，为厌氧菌，特别适宜在酿造后期高效表达 α-淀粉酶。其次，芽孢杆菌为食品安全菌，其代谢产物不会对酒体带来安全危害。

一、材料和方法

1. 质粒和菌株

pHT43 质粒，*E. coli* DH 5α 和枯草芽孢杆菌 WB600 实验室保存，pM D18T-Simple 购自于大连宝生物有限公司。

2. 试剂

Taq DNA 聚合酶、dNTP、DNA 限制性内切酶、DNA Marker、氨苄西林（Amp）、氯霉素（Cam）、回收试剂盒、质粒提取试剂盒等购买于上海生物工程股份有限公司。

3. 引物设计和扩增基因

根据报道的耐碱性的淀粉酶基因 cDNA 全序列设计一对引物，以 pM D18T-amylase 质粒为模板进行 PCR 扩增。反应条件：94℃ 5min；94℃ 30s，58℃ 30s，72℃ 2min，循环 30

次；72℃ 5min。扩增完成后，用1％琼脂糖凝胶电泳检测。扩增产物用限制性内切酶酶切后转导 *E. coli* DH 5α 感受态细胞中，经 Amp 抗性筛选后，提取质粒，通过双酶切鉴定后，筛选出阳性克隆子，将阳性克隆子进行测序并将序列比对分析。

4. 重组质粒的构建和转化

双酶切的基因片段用回收试剂盒回收，质粒 pHT43 用 Solution Ⅰ 连接液连接，构建重组表达载体 pH T43-amylase。构建的重组表达质粒转化至 *E. coli* DH 5α 感受态细胞中，经 Amp 抗性筛选后，提取阳性克隆子质粒，通过双酶切鉴定后，筛选出序列正确的阳性克隆子。

构建重组表达质粒 pHT43-amylase 用电转化法转化枯草芽孢杆菌 W B600 感受态细胞，10μg/mL Cam LB 平板筛选转化子，单菌落做菌落 PCR 验证。PCR 确认的阳性转化子于 5mL 含有 Cam LB 培养基中培养，提取质粒，用限制性内切酶双酶切鉴定，筛选阳性克隆子。

5. 菌株生长曲线测定

枯草芽孢杆菌 WB600 和基因工程菌 SX05 分别在 LB 平板上活化（基因工程菌加入 10μg/mL Cam），单菌落接种于 LB 培养基中培养（基因工程菌株加入 10μg/mL Cam），离心收集菌体，LB 培养基重悬菌体。紫外分光光度计测定两菌 OD_{600} 值，使两菌的 OD_{600} 值相当后按 1％ 接种量接种于无抗生素的 LB 培养基中振荡培养（两者条件相同），测定 OD_{600}。

6. 工程菌株的稳定性分析

挑取重组菌的单菌落，接种至 5mL 不含抗生素的 LB 培养基中，37℃ 培养 12h，按 1％ 接种量转接到不含抗生素的培养基中培养 24h，此菌液稀释涂布于无抗生素的 LB 平板上，然后挑取 20 个单菌落分别点接在不含抗生素的 LB 平板上和含 Cam 的 LB 平板上，37℃ 培养 12h 后计数平板上的单菌落数，作为传 1 次的质粒稳定性的标准。如此每隔 24h 按 1％接种量重新培养，直至计数传 6 代次的稳定性。

7. 酶的表达和纯化

携带 pGEX-6P-amyZ2 的大肠杆菌 BL21（DE3）在 LB 培养基（含有 100μg/mL 氨苄西林）中于 37℃生长过夜。将 1L 含有 100μg/mL 氨苄西林的 LB 培养基接种 20mL 初始培养物，然后在 37℃ 培养直到培养物的 OD_{600} 达到 0.6。通过向培养物中加入 0.1mmol/L（终浓度）异丙基-*β*-硫代吡喃半乳糖苷（IPTG），然后在 22℃ 温育 10h 诱导基因表达。通过离心收获细胞，将沉淀重悬于冷的 50mmol/L Tris-HCl 缓冲液（pH7.0）中，然后使用压力机将细胞破碎。细胞碎片在 4℃ 下以 12000×*g* 离心 30min，并且使用 GST 融合蛋白纯化试剂盒，通过一步亲和色谱纯化上清液中的靶蛋白。GST 标签由 PreScission Protease（GE Healthcare，USA）除去。纯化的蛋白质用 1mL 50mmol/L Tris-HCl 缓冲液（pH7.0）洗脱。所有纯化步骤在 4℃ 下进行。通过 12％SDS-PAGE（十二烷基硫酸钠-聚丙烯酰胺凝胶电泳）测定纯化酶的分子量，通过 Bradford 方法，使用牛血清白蛋白（BSA）作为标准物测定蛋白质浓度。

对于酶谱学研究，纯化的酶通过补充 0.5％可溶性淀粉，12％凝胶 PAGE 电泳。

8. 酶活性测定

通过使用二硝基水杨酸法测量淀粉水解后释放还原糖的量来测定淀粉分解活性。反应混合物由 90μL 含有 50mmol/L Tris-HCl 缓冲液（pH7.0）1g/100mL 可溶性淀粉作为底物的样品溶液和 10μL 适当稀释的纯化酶溶液组成。将混合物在设定的温度下孵育 10min，加入 100μL DNS（3，5-二硝基水杨酸）溶液。沸腾 5min 并在冰上冷却后，用 Multiskan Spectrum 分光光度计测定 540nm 处的吸光度。所有测定设置三个平行，数据以平均值±SD 表示。酶活性单位定义为在测定条件下能够每分钟释放 1μmol 还原糖相当于麦芽糖的酶的量。

9. pH 和温度对酶活性和稳定性的影响

通过在 50℃ 下测定不同缓冲液（Na_2HPO_4-柠檬酸，pH 4.0～7.0；Tris-HCl，pH 7.0～10.0；Na_2HPO_4-NaOH，pH10.0～11.0）中的酶活性，测定重组 α-淀粉酶的最适 pH 和温度。通过在 25℃下将不同 pH（5.0、7.0、10.0 和 11.0）的酶溶液预孵育 1～5 天，然后进行酶分析来测定 pH 稳定性。未处理的酶作为对照。通过测量在 40℃、50℃和 60℃预温育 15～120min 酶的残留活性来确定热稳定性，然后在酶测定之前在冰上保持 5min。将未预孵育的酶活性作为对照。

10. 金属离子对酶活性的影响

在 1mmol/L 或 10mmol/L 的几种金属离子：Ca^{2+}、Mg^{2+}、K^{+}、Mn^{2+}、Cu^{2+}、Fe^{3+} 等存在下，在最佳反应条件下测定各种金属离子和化学试剂对酶的影响。将没有任何试剂处理的酶作为对照。

11. NaCl 对酶活性、稳定性和热稳定性的影响

在 50℃，含有不同 NaCl 浓度（0～5mol/L）的 50mmol/L Tris-HCl 缓冲液（pH7.0）中测试酶活性的最佳盐浓度。通过测量酶溶液在含有 0～4mol/L NaCl 的 pH7.0 Tris-HCl 缓冲液中，在 25℃下预温育 8h 后的残留活性来研究 NaCl 对酶稳定性的影响。未处理的酶被认为是对照。通过在 50℃下用含 0 或 2mol/L NaCl 的 pH7.0 Tris-HCl 缓冲液预培养酶溶液 1h、2h、3h 来评价 NaCl 对酶热稳定性的影响，然后冷却溶液并测量残留活性。未经处理的酶活性作为对照。

12. 酶的动力学测定

通过将淀粉酶与不同浓度的可溶性淀粉在 35℃ 下在 50mmol/L Tris-HCl 缓冲液（pH7.0）中孵育来测定 K_m、k_{cat} 和 v_{max} 值。测定值通过使用 Graphpad Prism 软件（Graphpad，CA，USA）的 Michaelis-Menten 方程的非线性回归分析拟合。

13. 底物特异性

通过使用可溶性淀粉、马铃薯的直链淀粉、马铃薯的支链淀粉、玉米淀粉、糖原、α-环糊精、β-环糊精和 γ-环糊精来测试底物特异性。酶测定在上述标准测定条件下进行。

二、结果和讨论

1. 表达蛋白电泳

对纯化的蛋白质进行电泳，从图 3-1 中可以看出，仅有一条条带，说明枯草芽孢杆菌表达的外源蛋白质已经得到纯化。纯化的蛋白质电泳显示其分子质量大约在 50kDa。这与预测的蛋白质分子质量一致，说明宿主按照设计的起始密码子进行翻译，并在终止密码子终止翻译。淀粉酶的编码序列差异较大，分子量也差异较大。选择单体淀粉酶的表达，有利于蛋白质在胞外复性，从而发挥其催化功能。也有关于多聚体蛋白酶的报道，但是其在胞外复性困难，所以选用单体蛋白具有高效表达的优势。

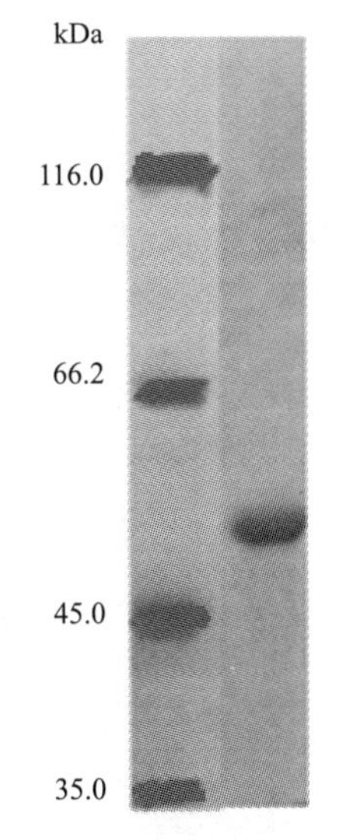

图 3-1 纯化 α-淀粉酶的 SDS-PAGE 电泳图

Figure3-1 SDS-PAGE of purified α-amylase

2. 枯草芽孢杆菌和表达宿主的生长曲线

宿主细胞的生长和繁殖对外源蛋白的表达具有重要意义。外源蛋白的表达效率与宿主的代谢系统有很大关系。当外源蛋白表达系统插入到宿主细胞内以后，筛选标记和外源蛋白的表达会成为宿主的表达负担，这种负担不仅表现在蛋白质表达量的增加，更表现在外源蛋白的表达对宿主表达系统时空控制秩序的干扰。从图 3-2 可以看出，宿主在前期的生产速率远远低于出发菌株，这表明外源基因的导入确实干扰了已有代谢系统的表达进程。在后期，表达宿主的菌体密度逐步增加，基本与出发菌株保持在同一水平。表达宿主能正常生长增殖，这是表达外源蛋白的基础条件。表达宿主在前期通过表达系统的调整，逐步构建最优化的表达调控模式，从而在后期有较大的生长速率。

3. 菌株表达稳定性

外源序列稳定插入到宿主基因组中是外源蛋白稳定表达的关键。具有抗性的菌株表明质粒仍然在菌株内部。测定菌株的抗性可以评估菌株的稳定性。从图 3-3 可以看出，构建的菌株在遗传 6 代后，90％以上具有抗性。除去实验的误差因素，构建的菌株具有很好的遗传稳定性。分析数据表明，整合性表达的基因能稳定存在于宿主细胞内，自行切割或环出的概率非常小。大多数外源表达系统与本实验一样，都采用的是整合表达策略，相对于质粒表达具有更好的稳定性。当整合表达为多克隆时，要特别注意表达系统的稳定性，因为多克隆环出的概率大。构建的芽孢杆菌菌株具有良好的稳定性，推断为单克隆表达。当表达宿主与外源基因具有很高的相似性片段的时候，也容易产生二次同源重组，导致构建的质粒不稳定。构建的枯草芽孢杆菌具有较好的稳定性，说明插入的序列能稳定存在于基因组中。

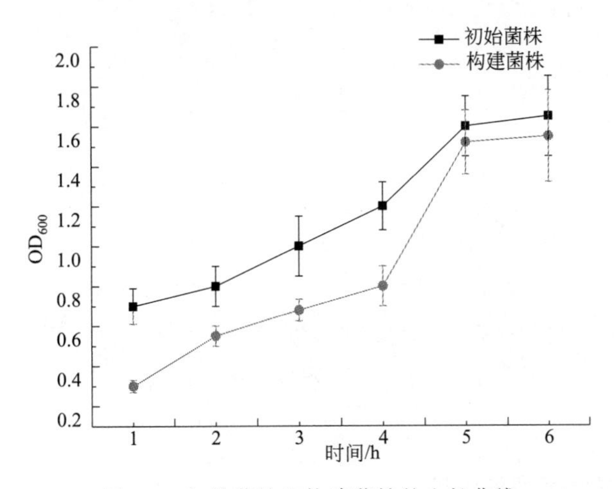

图 3-2 初始菌株和构建菌株的生长曲线

Figure3-2 Growth curves of original strain and constructed strain

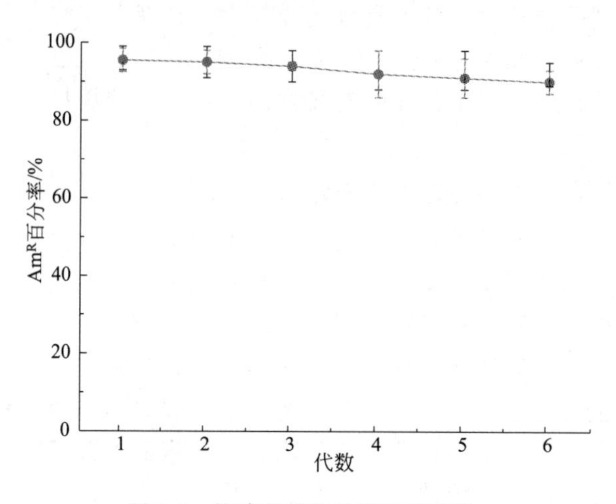

图 3-3 构建菌株抗性遗传稳定性

Figure3-3 Genetic stability of constructed strain

4. 温度对淀粉酶酶活的影响

适宜酿酒的淀粉酶应该是在低温下具有催化能力的淀粉酶。因此大多数淀粉酶为高温淀粉酶，在高温下具有很高的活性。对酿造的环境而言，高温淀粉酶并不是最适宜的酶类，因为在高温下酿造微生物的代谢并不能赋予白酒最佳的口感。在发酵后期往往在低温之下进行，所以能在后期糖化淀粉，提高出酒率和酒质的应该为低温淀粉酶。从图 3-4 分析可以看出，该淀粉酶在 25℃仍然具有 50％以上的酶活性，因此该淀粉酶适宜于酿酒用。该酶在 55℃具有最大的酶活性，但是在 60℃酶活性急剧下降。在 30℃具有较高的酶活性，酶适宜于在糖化初期和发酵后期水解淀粉。

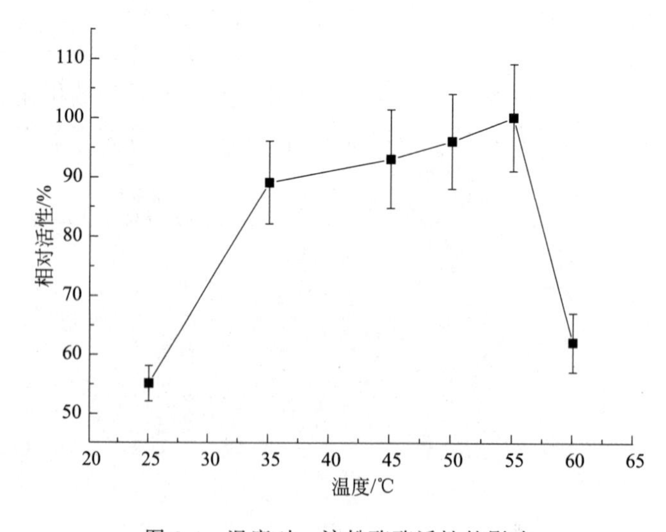

图 3-4 温度对 α-淀粉酶酶活性的影响

Figure3-4 Effect of temperature on activity of α-amylase

5. 温度对淀粉酶稳定性的影响

温度对淀粉酶稳定性的影响较为显著。从图 3-5 数据分析，50℃的淀粉酶稳定性要比 60℃高很多。60℃保温 1h，淀粉酶的活性几乎全部丧失，而在 50℃保温 1h 仍然有 10％的酶活性。温度升高以后，酶的离子键或者疏水键、氢键等被破坏掉，淀粉酶的空间构象被破坏，所以丧失了催化活性。温度越高，对弱键的破坏作用就越强烈，酶活性丧失得就越快，所以在 60℃保温 30min，酶几乎丧失全部活性。大多数淀粉酶在高温下具有很好的稳定性，能在高温下保持较高的催化活性。该淀粉酶在高温下的稳定性较差，这说明此淀粉酶的氨基酸序列与高温淀粉酶的氨基酸序列具有很大的差别。

6. pH 对淀粉酶活性的影响

淀粉酶能在碱性溶液中保持活性。这样就可以把淀粉酶加入到碱性溶液中，用于调节酒糟或酒醅的 pH。从图 3-6 结果可以看出，淀粉酶在碱性条件下具有比酸性条件下更高的酶活性。碱性环境下具有最高的酶活性，表明该淀粉酶能在碱性条件下催化淀粉。该酶在 pH4.0 酶活性较小，需要通过分子改造提升其酶活性，从而让其更适宜于调节酒醅或酒糟的 pH，并提高酿酒的淀粉利用效率。

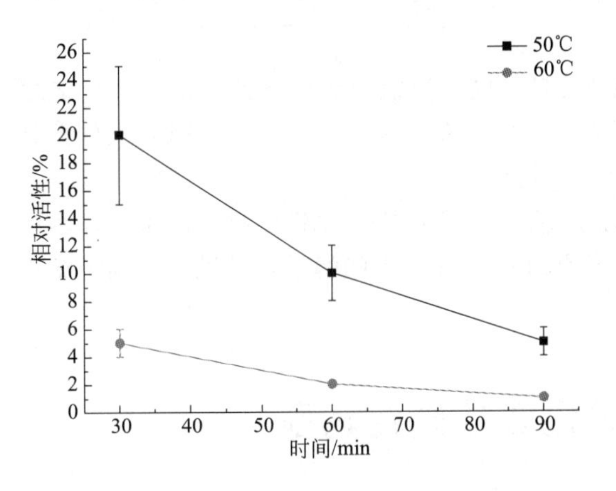

图 3-5 温度对 α-淀粉酶稳定性的影响

Figure3-5 Effect of temperature onα-amylase thermostability

图 3-6 pH 对 α-淀粉酶稳定性的影响

Figure3-6 Effect of pH on α-amylase thermostability

7. 金属离子对淀粉酶活性的影响

金属离子对金属酶而言是必需的，金属离子是金属酶形成活性构象的必需条件。从表 3-6 可以看出，常见的离子：Ca^{2+}、Mg^{2+}、K^{+} 等对淀粉酶的活性影响不是很大。重金属离子则对淀粉酶的酶活有较大影响。

表 3-6 金属离子对 α-淀粉酶酶活的影响

Table3-6 Effect of ions on α-amylase activity

离子种类	相对活性/%	
	10mmol/L	100mmol/L
对照	100	100
Ca^{2+}	120	108
Mg^{2+}	89	71
K^{+}	100	95
Mn^{2+}	24	7.7
Cu^{2+}	7.9	2.6
Fe^{3+}	61	25

8. 淀粉酶的底物特异性分析

从表3-7可以看出，淀粉酶对可溶性淀粉的降解能力最大，其次对玉米淀粉和马铃薯淀粉具有很好的降解活性，对支链淀粉的降解活性很低。这说明淀粉酶更适宜于降解可溶性的底物。底物的选择性是由酶的空间结构，特别是催化部位和结合部位的空间特异性决定的。一般淀粉酶催化对键有选择性。

表3-7 淀粉酶的底物特异性

底物	相对活性/%	底物	相对活性/%
可溶性淀粉	100	玉米淀粉	65
支链淀粉	56	马铃薯淀粉	68

三、结论

基于添加碱性溶液调节酒醅后期pH或酒糟pH，提高淀粉利用效率的目的，碱性淀粉酶为较适宜的酶类。构建的基因工程菌株能高效表达淀粉酶，表达的淀粉酶在碱性条件下具有很高的酶活和热稳定性。

碱稳定淀粉酶如果能在酸性条件下具有较高的酶活则更能提升碱性淀粉酶的价值。利用基因工程技术或者蛋白质工程技术提升碱性淀粉酶在酸性环境下的酶活，是进一步提升淀粉利用效率的途径之一。

第三节 液化和糖化双功能淀粉酶

在酿酒过程中，淀粉的糖化包括以下步骤，首先淀粉在高温下吸水膨胀或被生淀粉酶水解为可溶性的小分子，然后再液化，液化的淀粉被糖化酶水解为葡萄糖。这种多步骤水解降低了液化酶和糖化酶的水解效率。同时，在固态发酵过程中，酒醅的pH一般在4.0左右，然而大部分淀粉酶的最适宜pH在5～6。因此，构建具有液化和糖化功能的淀粉酶，使其最适宜pH在4.0左右，是提高酿酒原料中淀粉利用效率的有效方法之一。

蛋白质工程技术是开发适宜酿酒淀粉酶的前沿技术。本节利用蛋白质融合技术获得具有液化和糖化活性的淀粉酶，并使其最适宜pH降低到4.0左右。一个酸性淀粉酶和来自黑曲霉的糖化酶被融合，生产具有液化和糖化能力的酸性淀粉酶。

一、材料和方法

1. 菌株和酶

Escherichia coli DH5α作为克隆和表达目的基因的宿主。限制性内切酶购自Takara。试剂盒购自上海生物工程有限公司。

2. 基因合成

融合基因设计序列为α-淀粉酶-连接序列-糖化酶，根据蛋白质序列设计其编码的核酸序列。密码子优化在网站http：//www.jcat.de/进行优化，选择优化的种属为*E.coli*。优化好的密码子先分段合成，分为α-淀粉酶-连接序列和淀粉糖化酶两段合成，合成以后通过

overlap技术把两条链连接在一起。

α-淀粉酶的氨基酸序列：

mnnvkkvwlyysiiatlvisfftpfstaqantapinetmmqyfewdlpndgtlwtkvkneaanlsslgitalwlppaykgtsqsdvgygvydlydlge
fnqkgtirtkygtktqyiqaiqaakaagmqvyadvvfnhkagadgtefvdavevdpsnrnqetsgtyqiqawtkfdfpgrgntyssfkwrwyhfdgtdwd
esrklnriykfrstgkawdwevdtengnydylmfadldmdhpevvtelknwgtwyvnttnidgfrldavkhikysffpdwltyvrnqtgknlfavgefws
ydnklhnyitktngsmslfdaplhnnfytaskssgyfdmryllnntlmkdqpslavtlvdnhdtqpgqslqswvepwfkplayafiltrqegypcvfygdyy
gipkynipglkskidplliarrdyaygtqrdyidhqdiigwtregidtkpnsglaalitdgpggskwmyvgkkhagkvfydltgnrsdtvtinadgwgefkvn
ggsvsiwvaktsnvtftvnnatttsgqnvyvvanipelgnwntanaikmnpssyptwkatialpqgkaiefkfikkdqagnviwestsnrtytvpfsstgsyt
aswnvp

糖化酶的氨基酸序列：

msfrsllalsglvctglanviskratwdswlsneatvartailnnigadgawvsgadsgivvaspstdnpdyfytwtrdsglvlktlvdlfrngdtsllstie
nyisaqaivqgisnpsgdlssgaglgepkfnvdetaytgswgrpqrdgpalratamigfgqwlldngytstatdivwplvrndlsyvaqywnqtgydlwevn
gssfftiavqhralvegsafatavgsscswcdsqapeilcylqsfwtgsfilanfdssrsakdantlllgsihtfdpeaacddstfqpcspralanhkevvdsfrsiyt
lndglsdseavavgrypedtyyngnpwflctlaaaeqlydalyqwdkqgslevtdvsldffkalysdatgtysssstyssivdavktfadgfvsivethaasng
smseqydksdgeqlsardltwsyaalltannrrnvvpsaswgetsassvpgtcaatsaigtyssvtvtswpsivatggttttatptgsgsvtstskttatasktst
stsstscttptavavtfdltatttygeniylvgsisqlgdwetsdgialsadkytssdplwyvtvtlpagesfeykfiriesddsvewesdpnre

3. 表达系统的构建和酶的初步纯化

首先制备感受态的 *E. coli*，感受态细胞低温保存（保存时间限制在 4h 以内）。合成的基因序列两端用限制性内切酶酶切后，电泳胶回收试剂盒回收，然后与双酶切的质粒相连接。连接的质粒转化感受态细胞。感受态细胞先在没有抗生素的离心管中预培养 0.5h，然后加入抗生素培养 12h。培养的细胞涂布在含有抗生素的平板上，挑选阳性克隆子，阳性克隆子接种到平板上，等菌落长出以后，划线分离单菌落。单菌落接种到 LB 培养基中，培养 3h 后加入 IPTG 进行诱导产酶，诱导产酶培养时间为 20h。

4. 粗酶液制备

培养液首先超声波破碎。超声破碎 10min，然后 5000r/min 离心 10min，上清液作为进行分析的酶液。

5. 粗酶液纯化

首先加入 $(NH_4)_2SO_4$ 盐析，然后用透析袋透析，透析液用离子交换树脂色谱，最后用 50～600mmol/L NaCl 线性洗脱，洗脱液过凝胶柱，收集有糖化酶活性的酶液，电泳分析酶的分子量。

6. 最适宜 pH 和最适温度分析

纯化的酶液在 pH4.0、pH5.0 的醋酸缓冲溶液中，pH6.0、pH7.0、pH8.0 的缓冲溶液中，在 55℃测定其酶活，以相对酶活的高低分析最适宜 pH。

纯化酶的最适温度分析：在 40～70℃的不同温度下，分析酶活性。相对酶活最高的为最适活性温度。

7. 底物特异性分析

不同的底物和纯化的酶液加入到 pH4.0 的醋酸缓冲溶液中，在 60℃反应 4h。取出反应液，在 4℃终止反应。反应产物用薄层色谱分析产物的分子量。反应液用 2 倍体积的缓冲液稀释，然后点样于硅胶板，在丁醇、乙醇、水的比例为 5∶3∶2 的溶液的展开槽中展开，吹干，然后用苯胺/二苯胺在 80℃显色。

8. 融合蛋白水解淀粉

融合的蛋白、糖化酶、α-淀粉酶等在 pH4.0 的缓冲溶液中，60℃水解 26%淀粉。计算淀粉转化率。

9. 糖化酶酶活性分析

淀粉溶解在 100mmol/L 醋酸钠缓冲溶液中，配制成 0.6%的淀粉溶液。适当稀释的酶液加入到淀粉溶液中，在 60℃保温 10min。酶解释放的还原糖用 DNS 法测定。酶活单位的定义为每分钟释放 1μmol 的还原糖所需要的酶量为一个酶活单位 U。

二、结果和讨论

1. 融合蛋白分子量

经过盐析、透析、柱色谱纯化的融合蛋白电泳。从图 3-7 结果可以看出，纯化酶达到电泳纯的程度。纯化酶的分子质量在 120kDa 左右，这与根据编码序列预测的分子量大小相当。电泳结果表明成功构建了融合蛋白，融合蛋白具有糖化酶的活性，分子量为预期大小。

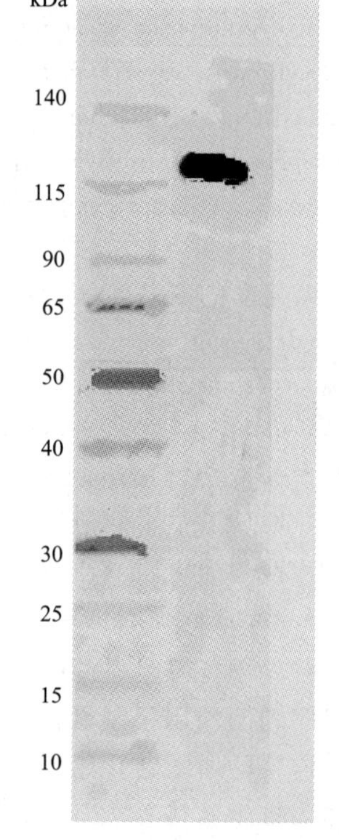

图 3-7 纯化的 α-淀粉酶和糖化酶的融合蛋白电泳图

Figure3-7 SDS-PAGE of purified fusion protein of α-amylase and glucoamylase

2. 融合蛋白的最适 pH 和温度

一般而言，酶活性最适温度在 50℃以上就为耐热的酶。大多数淀粉酶都为耐热的酶，最佳活性温度在 60℃左右。分析图 3-8，融合的淀粉糖化酶最适宜温度为 60℃，融合的酶为耐热的酶，融合的酶在 40℃也具有较高的活性，说明其催化活性在较宽泛的温度范围内存在。

对于淀粉酶而言，大多数淀粉酶为酸性，最适活性 pH 在 3.0 左右。在实际酿酒的过程中，酒醅的酸度一般在 pH4.0 左右，因此能高效降解酒醅中淀粉的淀粉酶的最适 pH 在 4.0 左右。从图 3-9 可以看出融合蛋白的最适宜 pH 在 4.0，这表明融合淀粉酶较适宜降解酒醅中的淀粉。融合的淀粉酶在 pH4.0～5.0 也具有较高的酶活。在发酵过程中，酒醅的 pH 变化范围在 4.0～5.0 之间，这进一步表明该淀粉酶最适 pH 与酒醅的 pH 非常相适应。

3. 融合蛋白的产物分析

淀粉只有被降解为葡萄糖才能被酵母菌等酿造微生物吸收利用。糖化酶能把淀粉降解为葡萄糖。从融合蛋白的降解产物（图 3-10）分析可以看出，降解产物主要为葡萄糖，这说明融合蛋白能够直接把高分子的淀粉降解为葡萄糖，而且二糖或三糖相对较少，所以融合蛋白具有高效地降解淀粉为葡萄糖的能力。

4. 融合蛋白水解淀粉的效率

加入融合淀粉酶以后，淀粉在 1h 被水解 33%，而且主要产物为葡萄糖；在水解 2h 后，有 42%被水解，主要产物也为葡萄糖，见表 3-8。这说明融合的淀粉酶能够直接把生淀粉水解为葡萄糖，融合的淀粉酶具有液化和糖化的功能。

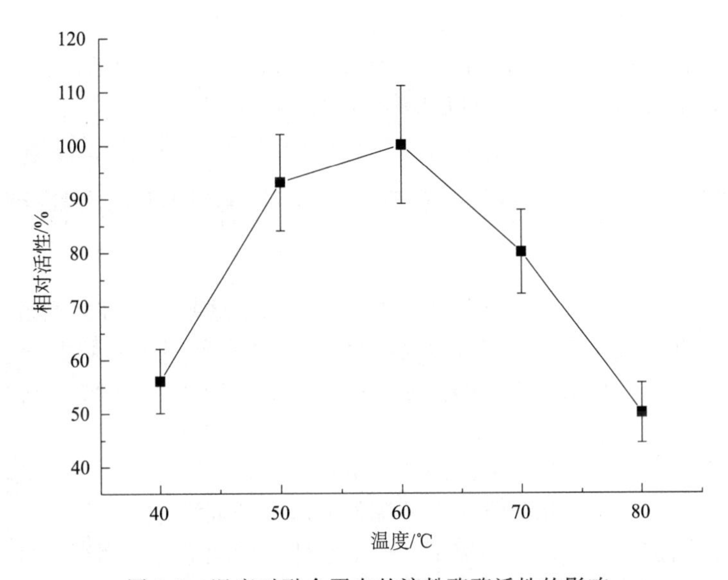

图 3-8 温度对融合蛋白的淀粉酶酶活性的影响

Figure3-8 Effect of temperature on activity of fusion protein

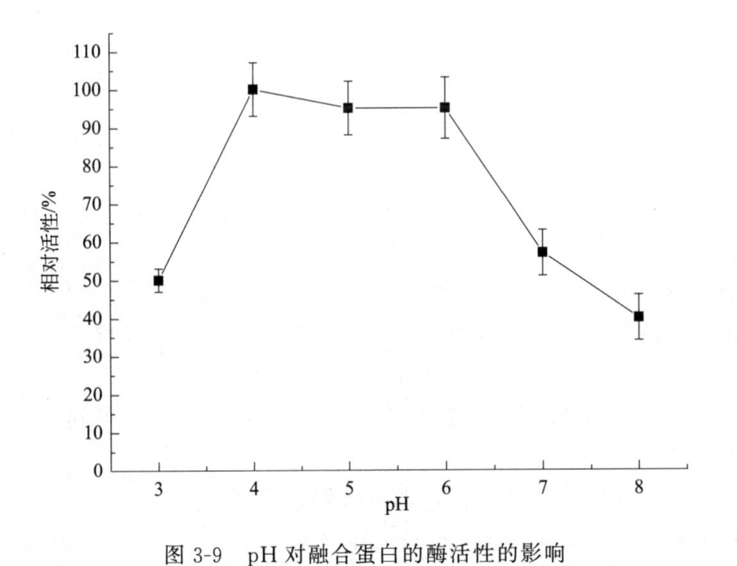

图 3-9 pH 对融合蛋白的酶活性的影响

Figure3-9 Effect of pH on activity of fusion protein

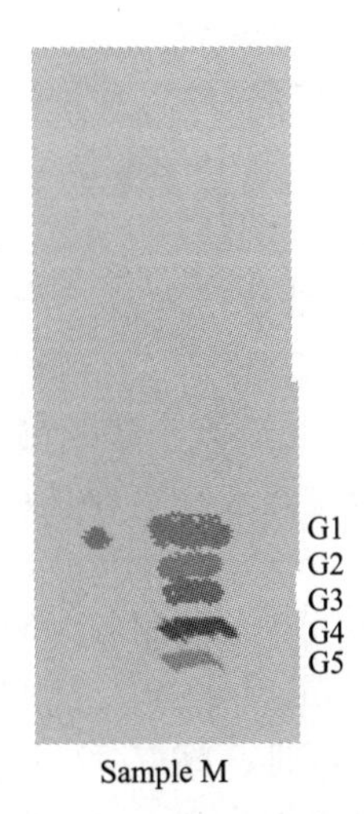

图 3-10 降解产物电泳图

Figure3-10 Electrophores of product hydrolyzed by fusion protein

表 3-8 融合蛋白酶解淀粉的效率

Table3-8 Efficiency of starch hydrolysis by fusion protein

酶解时间	酶解 1h	酶解 2h
酶解效率	33%	42%

三、结论

通过蛋白质工程技术，融合了液化酶和糖化酶。融合淀粉酶在 pH4.0 的环境下高效降解淀粉为葡萄糖，融合的蛋白具有液化和糖化的双功能。双功能淀粉酶能高效水解淀粉为葡萄糖，是提升淀粉利用率的较为理想的淀粉酶。

融合蛋白的最适活性温度相对较高，但是在40℃也具有较高的活性，通过蛋白质工程技术，降低其最适活性温度为30℃可以使其更适合酿酒环境。

第四节 低温淀粉酶高效表达菌株的构建

低温淀粉酶的高效表达，对酿酒的低温发酵具有重要的意义。在酿酒过程中，对于后期固态发酵而言，温度一般在20℃左右，低温淀粉酶能够在低温下降解淀粉，从而为发酵提供足够的碳源，有利于提高出酒率。酿酒原料中淀粉的充分利用，能有效降低黄水中淀粉的含量。

高效表达菌株的构建能降低淀粉酶的使用生产成本。在已有的构建高效表达菌株的策略中，强启动子或强终止子是常用的方法。外源强的启动子或终止子可能会与宿主已有的表达系统冲突，对宿主调控系统整体的调控不能产生整体协同响应。利用宿主自身的调控系统表达外源蛋白，具有创新意义。

一、材料和方法

1. 材料

质粒pUC18实验室保存；枯草芽孢杆菌实验室保存；*E. coli* 实验室保存。限制性内切酶购买于Takara。

LB液体培养基：蛋白胨10g，酵母膏5g，NaCl 10g，双蒸水1000mL，1mol/L NaOH调节pH7.2。

LB固体培养基：在LB液体培养基中加入2%的琼脂。

抗生素选择培养基：在所选用的培养基中加入抗生素。

溶液Ⅰ：50mmol/L葡萄糖溶液，25mmol/L Tris-HCl，10mmol/L EDTA。

溶液Ⅱ：配制2% SDS，0.4mol/L NaOH母液，按照1∶1的比例混合。最终得到终浓度为0.2mol/L NaOH和1%的SDS。

溶液Ⅲ：称取29.4g乙酸钾与11.5mL冰醋酸混合，加水溶解，定容至100mL。

破菌缓冲液：称取1g SDS，0.121g Tris，0.585g NaCl，0.037g EDTA-Na_2，20mL Triton X-100，用水溶解，配制成终浓度为100mmol/L NaCl，10mmol/L Tris-HCl，1mmol/L EDTA-Na_2，2%（体积分数）Triton X-100，1g/100mL SDS的溶液，调节pH8.0。

EB溶液（10mg/mL）：1g溴化乙锭（EB）溶于100mL去离子水中，磁力搅拌器搅拌至溶解。

TE溶液（pH8.0）：50mmol/L Tris-HCl溶液（pH8.0）200mL和0.5mol/L EDTA溶液（pH8.0）2mL，定容至1000mL。

2. 大肠杆菌质粒提取

① 含有质粒pUC18的大肠杆菌斜面，用接种环接入到装有5mL LB液体培养基（10μg/mL氨苄西林）的试管中，于37℃，220r/min培养过夜。

② 取1.5mL菌液于离心管中，10000r/min离心2min后弃上清液。向含有菌体的离心

管中加入 100μL 溶液Ⅰ，漩涡振荡。上述重悬后的离心管中加入 200μL 溶液Ⅱ（现用现配），轻轻颠倒混匀，并放于冰上静置 4min。

③ 向上述离心管中继续加入 150μL 的溶液Ⅲ，轻轻颠倒混匀，并放置于冰上 3min。

④ 13000r/min 离心 5min，将上清液 400μL 转移到另一个离心管。按照体积比 1∶1∶1 的比例加入酚：氯仿：异戊醇 400μL，漩涡振荡混匀后于 20000r/min 离心 8min，吸取上清液到另一个干净的 EP 离心管。

⑤ 加入 40μL 的 3mol/L NaAc 溶液和 900μL 无水乙醇，上下颠倒混匀，－20℃放置 15min。

⑥ 13000r/min 离心 15min，将上清液转移到另一个离心管。

⑦ 加入 1mL 的 70％乙醇，颠倒几次，13000r/min 离心 5min，弃清液。

⑧ 静置 15min，让离心管中的酒精和水分缓慢挥发。

⑨ 加入 50μL 双蒸水，13000r/min 离心 3min，将上清液转移到另一个离心管。

⑩ 加入 1mL 70％乙醇，颠倒几次，13000r/min 离心 3min，弃上清液，让离心管中的酒精和水分缓慢挥发。

⑪ 加入 50μL TE 溶解核酸，漩涡振荡后保存于－20℃冰箱中。

3. pUC18 质粒酶切与合成序列连接

化学合成法合成序列 1，序列 1：同源臂前段序列-低温蛋白酶编码序列和终止子序列-Amp^R抗性单元盒-同源臂后段序列。

合成序列 1：

tccgcggataagacgattgataaaatttggccagtataaagctttttttccgctgacgtctgcgggagtatcccgtacttttgctttcagcggtcagcagcagaa
cagccattgcccataaagcggtcagcgtaaatgcccctgtgatggatttcttctcatcatcagcattttggccggctttcatctcatgcatttcctgctggtcggctacg
gctttataatgatggccgatatcaaaggcgtggggaattgagaacaaatgaaaactggcaatcgccaagaataagatggatgtttcaatatcgttactttttttcaaatg
atctcccccctcctttaatattactgaatattttataataatacccccaatccatcctaaaagtaaacctgatttattaaatttaaaaataaatttaactttgttaagtatatatc
tttttgcttattttgaaagagaaaacttcttttattagcgtatgtatacccggtttatggtgtgaataaaaacatattttaaatgatatgttgtttaggatttattactttatt
tatgtgtaaatcaaagagaaaggcaagagaatgggaagaaatgattacattgttaatagggtactctttttttaaagccagtttgcaaggaatgtttttattcgtagga
aaataatagagaaggggtcgacagagtaacatctggctatgacaatattcttctcgaaaaaacttcctaattcgtcatattgtgatataataaaactcgttatgttaaaa
aatctaacatcaaaatcgaattcgtattgaattgatgaaaacgggaggtaaatatggagtctttttttcaatagtttgattaatattccaagtgatttcatctggaaatacc
tattttatattttaatagggcttggattatttttttaccatacgttttggttttatccaattccgttattttattgaaatgttcagaatagtaggggagaagccggaaggaaa
taaaggtgtttcatctatgcaggcattctttatttcggccgcatcccgagtcggcacagggaatttgactggtgtagccttagcaattgcgacaggcggaccaggcgc
tgtattttggatgtgggtagtggctgcagtaggcatggcttcaagctttgtcgaaagtacattagcacagctttataaggtagagacggggaggatttccgcggagg
gccggcctactatattcaaaagggtcttggtgccagatggcttggcatcgtttttgcaatcttaattaccgtctcattcggcttgatttttaacgctgttcaaacaaatac
aattgctggagcattggatggcgcattccatgtaaataaaatagttgtagccatagttctggcggttttaactgcgtttatcattttcggcggtttaaaacgtgttgtcg
ctgtttcacagctaattgtgccggttatggcaggcatttatattcttatcgctttatttgttgtcatcacgaatattacggctttccctggcgttatcgctacaattgttaaa
aatgctttaggttttgaacaagtcgtcggcggcggaataggcggcatcatcgttatcggtgcgcaacgcggactttttttcaaacgaagcaggaatggggagcgcac
caaacgcggctgcgacggctcatgtatcccatccggcaaagcaaggctttattcaaacattaggcgtatttttcgatacatttatcatatgtacgtccacagcatttatta
ttttgctgtacagtgtaacgccaaaaggcgacgcatccaagtcacacaggctgctcttaaccatcacattggaggctgggcgccgactttcatcgcagtcgcaatgtt
cttgtttgcattcagttcagttgtcggcaactattattatggcgagacaaacattgaatttattaaaacaagcaaaacatggctgaacatttaccgtatcgctgttattgc
tatggttgtgtatggatctttatcaggcttccaaatcgtttgggatatggcggacctctttatgggtatcatggcgctgatcaacttaattgtgattgcgctgctgtcaa
acgttgcttacaaagtgtataaagattacgcgaaacagcgtaagcaaggacttgatcctgtgtttaaagcgaaaaacatcccagggctgaaaaacgctgaaacatgg
gaagatgagaaacaagaagcataatataaatataaaacaaagctgcattcaatagttgaatgcagctttttcattattggaaataaatttaatttttcgactcgaatgaa
aaatgacgtgtaaagtcccaattcagtccagttttctttgttctatatgtgtcatgtgtgtcttattcattggaggtagagcaaattgacaggcttttaaacctccccaaa
acaagaaattaggttgatagacaatcatgagaaagattttttacaatgagttcgtgctcataagaagtgtagagccaaaatgatgcgaaggaggaaaagatcagataa
tgcgtcgtggcgttatgcttcttcttcttcctcttcttctttctatcggcacattccctcaaacatctgaagctgctgctgaatgggaaaaagaacgtatgtacttcatcat

ggttgatcgtttcgaaaacggcgatccttctaacgatcttgaagctaaccctgaagatcctaaagctttccaaggcggcgatcttgctggcgttacaaaacgtcttgat
tacatcaaagatcaaggcttcacatctatctggcttacacctgttttcaaaaaccgtcctaacggctaccatggctactggacagaagattactacaaaatcgatcctca
tttcggcacaaaagaagaattcaaaacacttgttaaagaagctcatgaacgtgatcttaaagttgttcttgatcttgttgttaaccatcttggccctaaccatcctcttgtt
gaagaaaaacctgattggttccataaagaacaaacaatcatgaactggaacaaccaagctgaagttgagaataactggctattcgaccttcctgatttcaacacagaa
aacgaagaagttgttaaataccttatcgatgttgctaaatactgggttgatgaaacaggcatcgatggctaccgtcttgatacagttcgtcatgttcctcctgctttctg
ggaaaaattcatccctgctgttaaacaagatcatccagatctcttcctacttggcgaagttttcgatggcgatcctcgtaaaatcgctacatactctaaacttggcttcga
ttctgttacaaacttccctttctactacggcatcaaagatcaattcacacgtaaaaacggctctgctgaagaacttgattctgtttacaaccgtgatacaacattcaaccct
aaagctatgtctcttgctaacttcgttgataaccatgatcttaaacgtttcatcacagaagctaaaatcggcggcacagaagatgaagaacgtcaacttcgtcttgctct
tttcgctctttacgctgctcctggcatgcctatcgtttaccaaggcacagaagttgctatgcctggcggcgatgatcctggcaaccgtatgatgatggaattcgaaaaa
aacgataaaatgcaagaatacgttcaaacacttaacaaaatgcgttctgattaccctgctttcgaaacaggcaaacaacgtatggttgctaaaacagatcatatggctg
tttacgaacgtaaagttaaagatcaaacagttctttacgctatcaaccttggcgaaaaaaaacaacacttcgtgttaaagcttctgaaatcggcgatgatcaacgtctt
cgtggccttcttttctctgatgttgttcgtcaagatggcgatgcttacgaagttacacttgatgctaactctgctaacggctacgttatcgaacgttctcaagttaactgg
atgtctcttgttgctatcggctctatcgctcctatccttgctcttatcatccttcttatgcatcgtcgtcgtcttaaccgttctaaagaaacacattaaggatccatcgttca
aacatttggcaataaagtttcttaagattgaatcctgttgccggtcttgcgatgattatcatataatttctgttgaattacgttaagcatgtcactggggccagatggtaa
gccctcccgtatcgtagttatctacacgacggggagtcaggcaactatggatgaacgaaatagacagatcgctgagataggtgcctcactgattaagcattggtaac
tgtcagaccaagtttactcatatatactttagattgatttaaaacttcatttttaatttaaaaggatctaggtgaagatcctttttgataatctcatgaccaaaatcccttaa
cgtgagttttcgttccactgagcgtcagaccccgtagaaaagatcaaaggatcttcttgagatcctttttttctgcgcgtaatctgctgcttgcaaacaaaaaaaccacc
gctaccagcggtggtttgtttgccggatcaagagctaccaactctttttccgaaggtaactggcttcagcagagcgcagataccaaatactgtccttctagtgtagccg
tagttaggccaccacttcaagaactctgtagcaccgcctacatacctcgctctgctaatcctgttaccagtggctgctgccagtggcgataagtcgtgtcttaccgggt
tggactcaagacgatagttaccggataaggcgcagcggtcgggctgaacggggggttcgtgcacacagcccagcttggagcgaacgacctacaccgaactgagat
acctacagcgtgagctatgagaaagcgccacgcttcccgaagggagaaaggcggacaggtatccggtaagcggcagggtcggaacaggagagcgcacgaggga
gcttccagggggaaacgcctggtatctttatagtcctgtcgggtttcgccacctctgacttgagcgtcgatttttgtgatgctcgtcaggggggcggagcctatggaa
aaacgccagcaacgcggcctttttacggttcctggccttttgctggccttttgtaaggatccatcgttcaaacatttggcaataaagtttcttaagattgaatcctgttgc
cggtcttgcgatgattatcatataatttctgttgaattacgttaagcatgtgttaagcttttttttggcggacatcagtaacgatgtccgtttttatcatctaataggaggt
ttgcgttgtggatgaaatactgaaacagtatatggtgctgtataaaaaaatgagtaatatgataaatggtcccgactatccaggtaaggaaaaagacatccagcatca
aaaagatcagatcgaagtttacgaaaaacagctgcagcaaggattttctacagattatgactatgatgtgtttgctgattctgttatcaaatgcgcatatggcgatatg
acgctggaagatttagaagccgtttattatggattgacaacaccatttttttgatttgtcattcagcagtaaaatttcaatttctgtctcactaacttaagtatactttgata
ttgagacagaaatttatttatttgtttacttcctagaatatatattatgtaaactagaaaagatgaagaataaagctttgctgtttttatgtacatcctttcttcttcctgta
attcagcaacaaaataaaaaagcgatttcccaatcggaaaatcgccaattcagacactctattatttatgtgtgtctttgtgctcttaacgatttacaacaaatgttgtcac
gctttgagctggaagatgagcccaaaaatgattgcctgatacagtgagattcgttccaggttgtagattgctgctgctgctcgtgatccatctagatacgtttgaagca
gatccattctgcaaaacaaagttttggttgactcctgtgttgcttttattgatggcaacaataacgaccttgttgtcacctttataggctgacacgtaaacgttcgcatta
gggtttttcgttgcatcaatccttacatagccgggacgcacaaactttgagaaatgagccatattgtagccgcgtttgctgatcgtaccatcttctttcataggtccatat
gatcttcggatgtaccaccatacataagcttgaaagtcccctctaccatcgcattgtgaatatgctgtgaaacatccaatgcctcaggccatcgatccgccgagttgg
tatcactgtttggatagtatacttccgtcatccaaaggtccttccccgctcctttttgtttgaaaagaggataagggaattggctgacctgggtgccgtacaggtgagtt
ccgagaatatccatattggcaagagcctgcggatcgttcaagatcgggtccgacaaattcttcaagtattgaaatgactcaggcgcaatgacgcgggcattgatcga
gccggcgttttctctcataaagcgaagtatttcttgcggcgtccaccacgtccactcgtgagcgtaatcaggctcgttttggaccgaaatcgcgtaaagattcacacca
ttattcttcatgaaggtaacaaaatcgttaagatgctgcgcgtatgctgcgtacttgttgtatttcagccgtttagccgatgtgtcaccattccgattaaaggtctcaacc
atatcacttggaggattccaaggagaagcaaaaacgattgctccgtgtttgaccgcactctttgcagtctccacctctttataccaattatttcgattttcatctacatgaa
ttcttaagattgaaaatcctaactggttctgtccattgccaaaagcagtttctctttgagctgctgtaagatccccagcccaagccggatgattcatccctccaaaaccgc
gaatcacttgtttctctgcagatacattaactgttacatcacttgctgccaaaacttcagtagcgcctggccctaacatgactgacagcatagtgaaacatactaatagt
acacaaattgtttttttatgcgtggaatcatttattcctctccttcgtcatgtgtcttttacggtattaaaaaatctgcatggcatatccataatggcgggctgttccggt
gctggcccgtacttcacccgcctcgttttaagcggtcccattacgagtactatctttgcgtccgcggcc

合成的序列或质粒用限制性内切酶 *Sal* Ⅰ 酶切。酶切方法如下：双蒸水 34.5μL，缓冲液 4μL，限制性内切酶 *Sal* Ⅰ 1.5μL，合成序列或质粒 0.5μL。酶切反应应在 37℃水浴。酶切反应时间 12h。

酶切片段纯化步骤如下：

(1) 电泳：用0.5×TAE缓冲液配制0.7%～1%琼脂糖凝胶。加热溶解琼脂糖，待冷却至约60℃时，混匀后将胶倒入制胶模具中，在室温下凝固。

轻轻地拔去模具上的梳齿，将琼脂糖凝胶放在装有TAE缓冲液的电泳槽内，使缓冲液液面高于凝胶，凝胶加样孔一端朝向电泳槽的阴极一端。将DNA样品和上样缓冲液以5∶1的比例混匀，然后用移液枪加入琼脂糖凝胶的加样孔中，最后在样品旁边预留出来的加样孔中加DNA Ladder。加样完毕后，将电泳槽的上盖盖好，电压设定为160V，时间为35min左右。

等电泳结束后，凝胶在EB溶液中染色10～15min，用凝胶成像仪观察和分析形成的DNA区带。

(2) 切胶回收：将需要分离的DNA片段经过琼脂糖凝胶电泳使目的条带与杂带分开。面板上用手套衬于胶的下方，在护目屏放置好以后开启紫外灯，操作时双手戴乳胶手套。然后使用干净的盖玻片切下含有目的DNA条带的琼脂糖凝胶块，放入1.5mL离心管中，称重。每100mg琼脂糖按500μL的比例加入适量的Buffer B2，然后将离心管置于50℃水浴加热10min，混匀直至胶块完全溶化。将溶化好的液体全部转移到吸附柱，8000r/min离心30s，然后倒掉收集管中的液体，将吸附柱放入同一收集管中。向吸附柱中加入500μL Wash Solution，9000r/min离心30s，然后倒掉收集管中的液体，将吸附柱放入同一个收集管中。将空吸附柱和收集管放入离心机中，以9000r/min离心1min除去残余的液体。在吸附膜中央加入50μL预热的Elution Buffer，室温静置2min，9000r/min离心处理1min。所得到的DNA溶液置于−20℃保存。

(3) 连接：DNA片段纯化回收后连接。连接体系：纯化DNA 8μL，载体2μL，T4 DNA连接酶4μL，缓冲液2μL，双蒸水4μL。漩涡振荡充分混匀，离心除去气泡。连接体系放于22℃的金属浴上过夜连接，得到载体pUC18-E。

4. 大肠杆菌感受态细胞制备

① 利用接种针挑取平板上的*E. coli* DH5α单菌落，接入到含有5mL LB液体培养基试管中，37℃过夜培养。按照1%（体积比）接种量转种到培养液体积为50mL LB培养基的三角瓶中。在37℃条件下培养5h。

② 将100mL聚丙烯离心管放于冰上预冷，将菌液转移到预冷的聚丙烯离心管中，然后在冰上放置10min，使离心管中的液体降至0℃。

③ 将离心管放于离心机中，并于4℃，4000r/min离心10min。

④ 在无菌条件下，快速倒出培养液，以减少菌体的流失。将预冷的0.1mol/L $CaCl_2$溶液倒入带有菌体的100mL离心管中，重悬细胞沉淀，将离心管置于冰上20min。

⑤ 将离心管放于离心机中，并于4℃，4000r/min离心10min。在无菌条件下，快速倒出培养液，以减少菌体的流失。将0℃ 0.1mol/L $CaCl_2$和70%甘油溶液加入到离心管中，并保证甘油的终浓度为20%，重悬浮菌体放置于冰上。

⑥ 无菌条件下将感受态细胞分装到已经预冷的离心管中，每支约为0.2mL，放置于−80℃冰箱保存。

5. 大肠杆菌转化

① 从−80℃冰箱中取出制备好的感受态细胞，放于冰上5～10min使其融化。

② 将适量的pUC18-E（DNA量小于100ng）加入到冰浴融化的200μL感受态细胞中，

用手指轻轻弹匀，放于冰上30min。

③ 将加有DNA的感受态细胞的离心管放于42℃金属浴中，进行90s热激，然后快速转移到冰上复苏3～5min。

④ 将37℃预热的LB培养基加入到感受态细胞中，振荡混匀后放于37℃摇床中，培养50min。

⑤ 培养结束后，将离心管放于离心机中，6000r/min离心1min，弃掉大部分上清液，用剩余培养液约100μL将菌体重悬，涂布于含10μg/mL氨苄西林的LB平板上。

⑥ 待平板上的菌液被吸干后，37℃恒温培养箱中倒置培养平板过夜。

6. pUC18-E质粒提取

同大肠杆菌质粒提取。

7. 枯草芽孢杆菌感受态细胞制备和pUC18-E质粒转化

斜面上枯草芽孢杆菌接入一环加入到10mL LB液体培养基中，装于25mL试管，200r/min，37℃培养10h。吸取500μL菌液，加入5mL LB液体培养基中，200r/min，37℃培养2h，得到感受态细胞。1.5mL感受态细胞5000r/min离心2min，弃去上层液，加入1.5mL蒸馏水，振荡重悬菌体，5000r/min离心4min，弃去上层液，加入1.5mL蒸馏水，振荡重悬菌体，得到成品感受态细胞。

将待转化质粒2μL与200μL感受态细胞混匀后在37℃静置1h。然后200r/min振荡培养1h，取40μL菌悬液涂布于10μg/mL氨苄西林的筛选培养基，37℃培养12h左右。

8. 转化子筛选

在抗性平板上生长出的菌落，利用设计的引物，提取基因组，基因组作为PCR模板。

基因组提取：用移液枪头挑取平板上的单菌落，接入到装有5mL LB液体培养基试管中，于37℃，220r/min振荡培养过夜。取1mL菌液于EP管中，10000r/min离心1min，弃去培养液。加入200μL的破菌缓冲液、0.3g石英砂，漩涡振荡3min，然后加入0.2mL酚：氯仿：异戊醇（25：24：1），漩涡振荡1min左右。加入TE缓冲液0.2mL，漩涡振荡混匀。12000r/min离心8min，用移液枪取上清液（大约200μL）至一个洁净的EP管中。向上清液中加入20μL的3mol/L NaAc和900μL的无水乙醇，然后置于－20℃静置30min。

将离心管于13000r/min离心5min，弃上清液。加入70%乙醇1mL，洗涤沉淀，12000r/min离心8min，弃上清液，基因组DNA自然晾干。

PCR反应体系为：10×缓冲液5μL，dNTP 5μL，引物（10pmol/L）各2μL，基因组提取1μL，聚合酶1μL，ddH_2O。程序为94℃ 10min，94℃变性30s，52℃退火30s，72℃延伸5min，循环30次，72℃延伸20min。

PCR产物电泳，PCR产物片段长度在6kb左右的为转化子，片段长度大于6kb的为非转化子。得到的转化子命名为BS231。

9. 发酵和酶活测定

转化子接种于LB斜面，37℃培养24h，接种环挑取菌落接种于LB液体培养基（50mL三角瓶装液体培养基30mL），100r/min，37℃培养24h左右。测定葡萄糖苷酶酶活，酶活为2.01U/mL。酶活测定方法参照张立霞等的《饲料工业》。

以上结果表明，成功敲出枯草芽孢杆菌的大片段基因组，并且同时实现了纤维素酶的表达。

10. 基因工程菌株生长速率

取出保藏的出发菌株或构建的基因工程菌株 BS231，利用接种环在 LB 平板固体培养基上划线，培养过夜，待长出单菌落以后，将平板上的单菌落挑出转接到 5mL LB 液体培养基中，37℃，200r/min 培养 12h。然后以 2%的接种量转接到装有 50mL LB 液体培养基的 500mL 锥形瓶中，在 37℃的摇床中培养，转速为 220r/min，菌体生长 8h，菌液加入到分光光度计比色皿中，设定检测波长为 600nm，测定 OD_{600}。测定出发菌株 OD_{600} 为 0.86，基因工程菌株 BS231 OD_{600} 为 0.89，说明构建的基因工程菌能更迅速地生长，同时产生纤维素酶。

二、结果和讨论

1. 构建质粒电泳图

从质粒电泳图 3-11 可以看出，提取的质粒约为 2600bp，图 3-11 显示的质粒大小与质粒 pU18 大小相近。提取的质粒电泳图没有杂带，表明在提取过程中质粒没有降解或断裂。提取的质粒酶切。设计合成的序列酶切后，与酶切的质粒连接。电泳图显示连接的质粒大小约为 10000bp，图 3-11 结果表明质粒与设计合成的片段连接在一起。设计合成的片段电泳图显示合成的片段大小为 7000bp 左右，这与设计的序列大小接近。

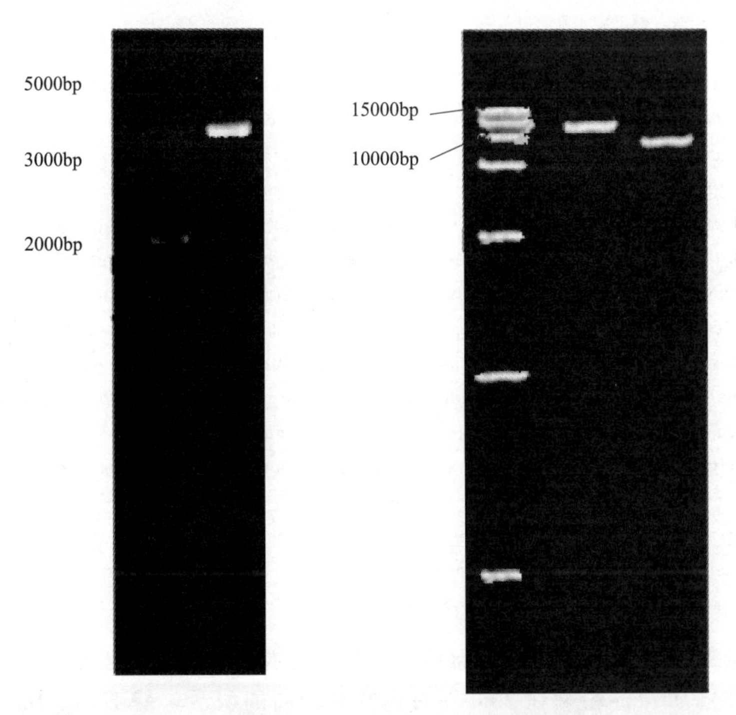

图 3-11 提取的质粒和合成 DNA 片段电泳图

Figure3-11 Agarose gel electrophores of extracted plasmid and synthesized DNA sequence

2. 表达蛋白电泳图

表达蛋白纯化以后进行 SDS-PAGE 电泳，电泳图（图3-12）显示纯化的蛋白质约为 50kb，而且仅具有一条可见的电泳条带，这表明蛋白质达到电泳纯的纯度。蛋白质大小与要表达的目标蛋白质大小一致。表达的蛋白质分泌到细胞外面，这表明通过利用低温淀粉酶的编码序列原位替代芽孢杆菌的纤维素内切酶的编码序列，能够正确表达和分泌低温淀粉酶到细胞外面。

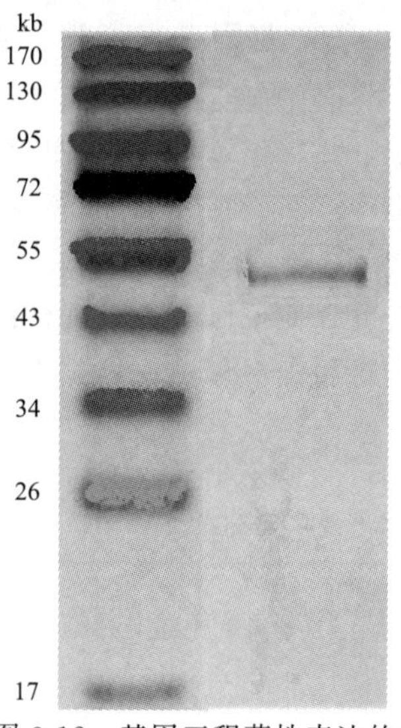

图 3-12　基因工程菌株表达的低温蛋白纯化后的电泳图

Figure3-12　SDS-PAGE of cold adapt α-amylase expressed by constructed strain

利用低温淀粉酶的编码序列，替代外分泌的纤维素内切酶的编码序列能够在没有引入外源启动子的情况下，利用宿主芽孢杆菌的内源启动子启动外切低温蛋白酶的表达的优势是没有过度干扰宿主的表达调节系统，能够在确保宿主能量和物质代谢维持已有的平衡状态的情况下表达低温淀粉酶。

芽孢杆菌是酿酒中常用的菌株，其产生的物质对酒体的风味具有重要影响。利用基因工程改造芽孢杆菌，如果引入外源表达系统，可能对其表达的调控产生影响，从而改变芽孢杆菌初级代谢产物或次级代谢产物的种类或浓度，从而对酒体的风味产生不利影响。利用宿主菌已有表达调控系统，可以尽可能减小外源基因的导入对宿主代谢的影响，从而降低宿主菌初级代谢产物或次级代谢产物种类或浓度的影响。这样构建的基因工程菌对酒体的风味影响不是很大，从而能够保持酒体已有的风味特征。

利用 PCR 以基因组为模板扩增淀粉酶的编码序列，PCR 产物测序结果如下：

atgcgtcgtggcgttatgcttcttcttcctcttcttctttctatcggcacattccctcaaacatctgaagctgctgctgaatgggaaaaagaacgtatgtactt
catcatggttgatcgtttcgaaaacggcgatccttctaacgatcttgaagctaaccctgaagatcctaaagctttccaaggcggcgatcttgctggcgttacaaaacgt
cttgattacatcaaagatcaaggcttcacatctatctggcttacacctgttttcaaaaaccgtcctaacggctaccatggctactggacagaagattactacaaaatcga
tcctcatttcggcacaaaagaagaattcaaaacacttgttaaagaagctcatgaacgtgatcttaaagttgttcttgatcttgttgttaaccatcttggccctaaccatcct
cttgttgaagaaaaacctgattggttccataaagaacaaacaatcatgaactggaacaaccaagctgaagttgagaataactggctattcgaccttcctgatttcaaca
cagaaaacgaagaagttgttaaataccttatcgatgttgctaaatactgggttgatgaaacaggcatcgatggctaccgtcttgatacagttcgtcatgttcctcctgct
ttctgggaaaaattcatccctgctgttaaacaagatcatccagatctcttcctacttggcgaagttttcgatggcgatcctcgtaaaatcgctacatactctaaacttggc
ttcgattctgttacaaacttccctttctactacggcatcaaagatcaattcacacgtaaaaacggctctgctgaagaacttgattctgtttacaaccgtgatacaacattca
accctaaagctatgtctcttgctaacttcgttgataaccatgatcttaaacgtttcatcacagaagctaaaatcggcggcacagaagatgaagaacgtcaacttcgtctt
gctcttttcgctctttacgctgctcctggcatgcctatcgtttaccaaggcacagaagttgctatgcctggcggcgatgatcctggcaaccgtatgatgatggaattcg
aaaaaaacgataaaatgcaagaatacgttcaaacacttaacaaaatgcgttctgattaccctgctttcgaaacaggcaaacaacgtatggttgctaaaacagatcatat
ggctgtttacgaacgtaaagttaaagatcaaacagttctttacgctatcaaccttggcgaaaaaaaacaacacttcgtgttaaagcttctgaaatcggcgatgatcaa
cgtcttcgtggccttcttttctctgatgttgttcgtcaagatggcgatgcttacgaagttacacttgatgctaactctgctaacggctacgttatcgaacgttctcaagtt
aactggatgtctcttgttgctatcggctctatcgctcctatccttgctcttatcatccttcttatgcatcgtcgtcgtcttaaccgttctaaagaaacacattaaggatccat
cgttcaaacatttggcaataaagtttcttaagattgaatcctgttgccggtcttgcgatgattatcatataatttctgttgaattacgttaagcatgt。

3. 宿主表达的外源淀粉酶最适的温度

为提高出酒率，充分把淀粉转化为葡萄糖是非常有必要的。在发酵后期，发酵醅的温度一般在 20℃左右。如果淀粉酶在 20℃左右仍然有较高的酶活，能够在发酵的环境下充分降解淀粉，从而提高出酒率。从图 3-13 可以看出，低温淀粉酶的最适温度在 30℃，在 20℃仍然具有较高的相对活性。研究结果表明，该淀粉酶能够在相对较低的温度下具有较高的酶活性，从而能够在发酵环境下充分降解淀粉，提高出酒率，降低酒糟或黄水中的残余淀粉的含量。

4. 外源表达低温淀粉酶的最适 pH

外源表达的低温淀粉酶在不同 pH 环境下，具有不同的活性。从图 3-14 可以看出，低温淀粉酶最适 pH 为 6.5，在 pH4～5 的范围内，仍然具有相对较高的酶活性。发酵酒醅的 pH 一般在 4～5 范围之内，外源表达的低温淀粉酶能够在发酵醅 pH 范围内较高速度地降解淀粉，从而有效提高原料淀粉的利用效率。

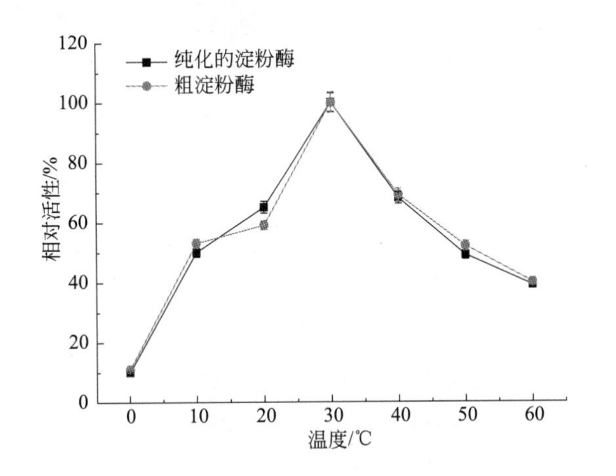

图 3-13　温度对低温淀粉酶酶活的影响

Figure3-13　Effect of temperature on cold adapt amylase activity

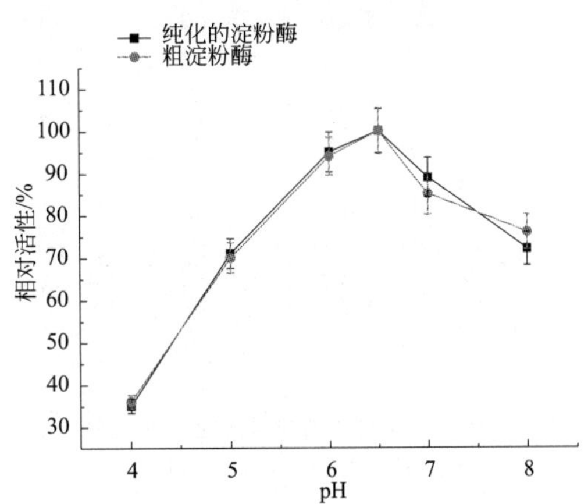

图 3-14　pH 对低温淀粉酶酶活的影响

Figure3-14　Effect of pH on cold adapt amylase activity

5. 外源蛋白表达菌株的遗传稳定性

良好稳定性是菌株应用于生产的前提，一般考察 10 代菌株的稳定性。利用整合表达策略是获得遗传稳定性菌株的常用策略。从图 3-15 可以看出，在 10 代以内，表达的外源低温淀粉酶的酶活非常接近，这表明外源低温淀粉酶在宿主中得到稳定表达，构建的基因工程菌株具有良好的遗传稳定性，能够相对较为稳定地表达外源淀粉酶。

6. 基因工程菌株与宿主菌的生长曲线

菌株生长是菌株代谢状况的指标之一。大多数引入外源启动子或终止子的基因工程菌株的生长都相对滞后于出发菌株生长。生长滞后可能意味着初级代谢产物或次级代谢产物的种类或浓度的改变。

利用原位表达策略表达外源蛋白构建的菌株，没有引入外源启动子或终止子。从图 3-16 可以看出，基因工程菌株与出发菌株的生长曲线非常接近，这意味着基因工程菌株的物质或能量代谢与出发菌株较为接近，初级代谢产物和次级代谢产物的种类和浓度也应该与出发菌株较为接近。

三、结论

利用酿酒系统中已有的食品安全菌构建基因工程菌株是提高酒质或酒率的有效途径之一。利用酿酒系统中已有的菌株构建食品安全菌，尽可能维持其代谢状态不变是构建基因工程菌株应用于实际生产的前提。

利用菌株自身的表达系统表达外源蛋白，没有增加或减少表达调控元件，外源基因的表达处于宿主菌整个调控系统的调控之下。这种表达策略理论上能够最大限度地维持宿主菌已有的表达状态，从而最大限度地维持其初级代谢产物或次级代谢产物不变，能够在添加基因工程菌株后，不过度改变酒体已有的风味组成或口感特征。

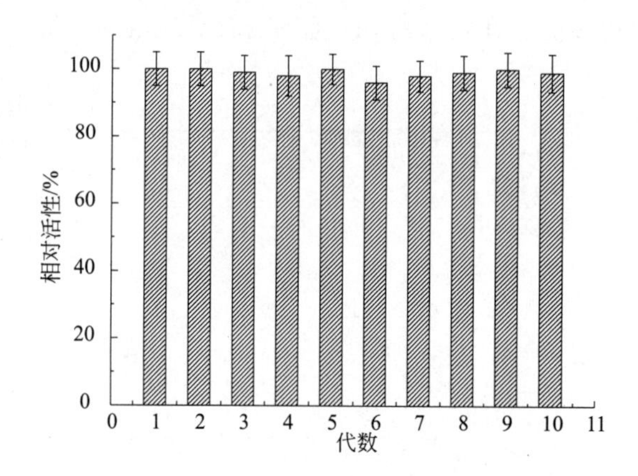

图 3-15　基因工程菌株的遗传稳定性

Figure3-15　Genetic stability of constructed strain

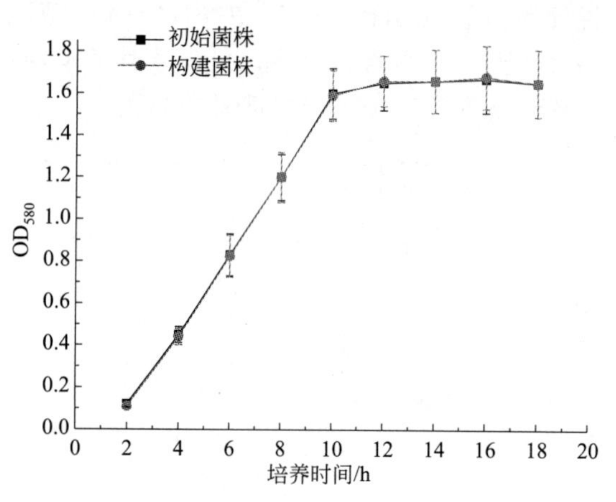

图 3-16　初始菌株和构建菌株的生产曲线

Figure3-16　Growth of original stain and constructed strain

第四章

新型酿酒蛋白酶

在微生物的代谢中，碳氮比及氮源的种类对微生物的代谢具有非常显著的影响。在酿酒实际生产中，一般重视的因素为淀粉含量、酒醅通透性、发酵的温度等。对原料中蛋白质的酶解程度关注得相对较少。对于固态发酵，蛋白质的水解程度对酿酒微生物的生长、风味物质的种类和含量等都具有重要的影响。

不同蛋白酶切割的氨基酸位点不一样，产生的肽链的长度和肽链的氨基酸序列也不一样。利用蛋白酶尽可能地把原料中的蛋白质切割为微生物可以利用的氨基酸，以及在酿造环境中以适宜速率切割蛋白质，从而让碳源和氮源比例协调，是提高原料出酒率和酒质的方法。因此，开发新型的在酿酒环境下具有适宜降解蛋白质活性的蛋白酶，对降低酿酒成本或提升品质具有重要的意义。

第一节　耐酒精酸性蛋白酶

适宜酿酒的蛋白酶制剂应该为低温蛋白酶。大多数报道的蛋白酶为碱性蛋白酶，碱性蛋白酶不适宜于酿酒，因为酿酒酒醅或发酵醪的 pH 一般为酸性。因此酸性蛋白酶具有很大的应用于酿酒发酵的潜力。

海洋复杂的环境，孕育了大量种类繁多的微生物，海洋微生物的研究已经成为生物学研究的热点。研究者分离得到一株产蛋白酶的苏云金芽孢杆菌，利用海洋芽孢杆菌生产低温蛋白酶，并研究低温酸性蛋白酶的酶学性质。

一、材料和方法

1. 菌株和培养基

菌株：东海分离的保藏于甘油管的芽孢杆菌。活化培养基：LB 培养基（含 2%NaCl）。发酵培养基：高粱糖化液 30mL（50 目高粱粉加 3 倍体积自来水，加入高粱质量 1%的糖化酶，60℃保温 2h)，大豆分离蛋白 8g，NaCl 12g，KH_2PO_4 0.5g，$MgSO_4 \cdot 7H_2O$ 0.3g，$CaCl_2$ 0.5g，$CaCO_3$ 0.25g，甘油 4g，自来水 1L。

2. 发酵产酶

甘油管保藏的芽孢杆菌菌株接种到活化培养基，在 25℃，130r/min 培养 14h。活化的菌液再以 10%接种量接种到发酵培养基中，25℃，130r/min 培养 36h，收集菌体 5000r/min 离心 10min。

3. 酶纯化

离心上清液加入 $(NH_4)_2SO_4$沉淀，沉淀用双蒸水溶解，然后用截留 6kDa 分子膜进行超滤浓缩，浓缩液为粗酶液。

粗酶液溶解于 0.1mol/L pH 7.2 磷酸盐缓冲液中，透析 24h，每 6h 更换一次透析液，透析 18h 后每 3h 更换一次透析液。收集透析脱盐蛋白酶，在冷冻干燥机中冷冻干燥。冷冻干燥的蛋白酶溶于 25mmol/L pH 7.2 Tris-HCl（2mmol/L $CaCl_2$）缓冲液，溶解液过 DEAE-Sepharose FF 阴离子交换柱，分别用含 0～0.4mol/L NaCl 的缓冲液进行洗脱，流速 1.5mL/min，每个收集管收集 2min，于 280nm 处检测各组分蛋白质含量。

4. 酶活力测定

蛋白酶活力单位定义为在一定温度和 pH 值条件下，每分钟水解酪蛋白产生相当于 1μg 酪氨酸所需要的酶。测定方法参考 Folin-酚法。蛋白质含量用 Bradford 法测定。

二、 结果和讨论

1. 蛋白酶的纯化

从图 4-1 可以看出，洗脱液有 5 个明显的峰，其中第一个峰有蛋白酶的活性。对第一个峰的收集管进行电泳，只有一条电泳条带。根据电泳条带的位置，大致可以判断该蛋白酶的分子质量约为 40kDa，见图 4-2。分析纯化的蛋白酶的比活力，酶的活力达到 3800U/mg。该蛋白酶的酶活力相对较高，已有报道的蛋白酶的酶活一般在 2000U/mg，该酶比常规的酶高了近 1 倍的酶活。

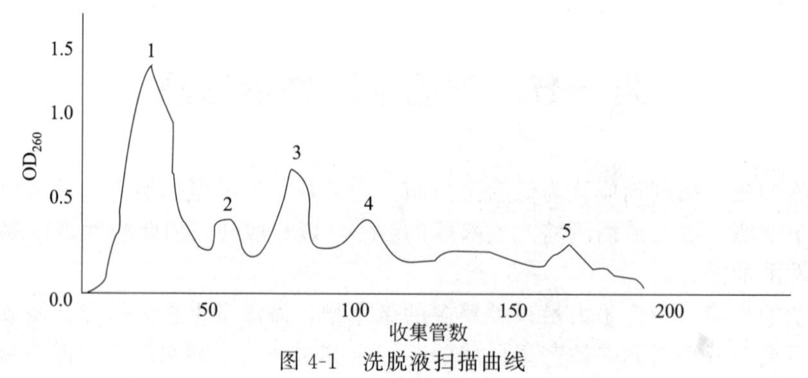

图 4-1 洗脱液扫描曲线

Figure 4-1 Scan curve of elution liquid

2. 蛋白酶的最适温度

温度是影响酶反应速率的重要因素之一。温度升高，活化分子数量增多，从而加快酶促反应速率；当温度持续升高，蛋白酶会逐渐丧失已有的三维结构，从而使酶促反应速率下降。从图 4-3 可以看出，蛋白酶活性的最适温度在 50℃，虽然该酶不是低温酶，但是其在 30℃仍然具有 30%左右的酶活性，因此该酶可以在酿酒的低温环境下降解蛋白质。随着温度升高，酶在 60℃的活性大幅度下降，此时酶大部分失活。

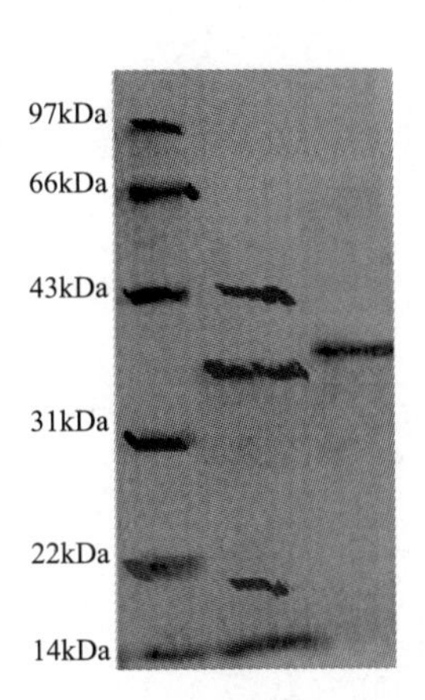

图 4-2　纯化蛋白 SDS-PAGE 电泳图

Figure 4-2　SDS-PAGE of purified protein

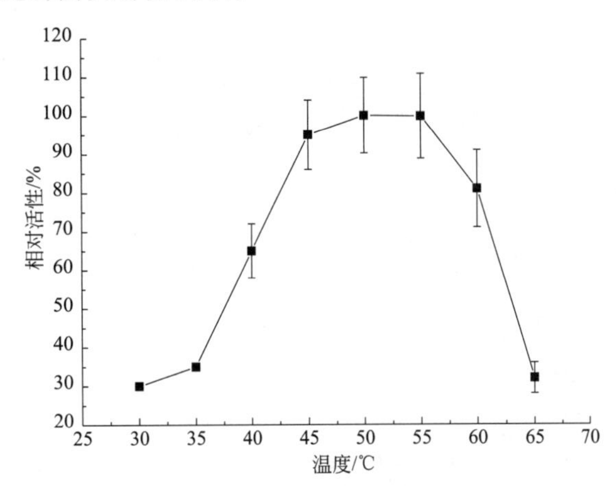

图 4-3　温度对蛋白酶酶活性的影响

Figure 4-3　Effect of temperature on proteinase activity

3. 蛋白酶最适 pH

从图 4-4 可以看出，该蛋白酶的最适宜 pH 为 6.0，该蛋白酶为酸性蛋白酶。在 pH5.0，该蛋白酶保留了约 20%的酶活性。在 pH7.0～9.0 保留了较高的酶活性。该蛋白酶能够在比较广泛的 pH 值下保持较高的催化活性。大多数细菌生产的蛋白酶都为碱性蛋白酶，该菌株产生的酸性蛋白酶具有更好的应用于酿酒的价值。

4. 酒精度对蛋白酶酶活的影响

在酿酒过程中，随着发酵的进行，酒醅或酒醪中的酒精度含量逐步增加。酒精度的增加会加速普通蛋白酶的变性，从而让蛋白酶丧失催化活性。海洋芽孢杆菌产生的蛋白酶在 8%的酒精浓度下，仍然具有 90%以上的酶活性，这说明该蛋白酶为酒精耐受的蛋白酶。一般固态发酵酒醅的酒精度在 4%左右，因此该蛋白酶能够耐受固态酒醅的酒精度，能在固态发酵的酒精度下降解蛋白质。液态发酵的酒精度一般在 12%左右，液态发酵的酒精度是一个逐步增加的过程，在酒精度达到 12%之前，该蛋白酶能够高效地降解酒醪中的蛋白酶。从图 4-5 可以看出，在 12%的酒精中，蛋白酶保留了 90%以上的酶活。该蛋白酶为能够耐受酒精的蛋白酶。

5. 金属离子对蛋白酶酶活的影响

非重金属离子对蛋白酶的活性影响不大，重金属离子对酶的活性影响较大。在酿酒过程中，常见的为非重金属离子。该酶能在非重金属离子存在的情况下保持较高的活性。从表 4-1 可以看出，Fe^{2+}、Fe^{3+}、Cu^{2+}等对蛋白酶的活性影响显著，蛋白酶的酶活下降较多。

表 4-1　金属离子对蛋白酶酶活的影响

Table 4-1　Effect of ions on proteinase activity

金属离子	相对酶活/%	金属离子	相对酶活/%
Na^{+}	109	Ba^{2+}	104
K^{+}	96	Cu^{2+}	29
Ca^{2+}	110	Fe^{2+}	36
Mg^{2+}	95	对照	100
Mn^{2+}	118		
Fe^{3+}	32		

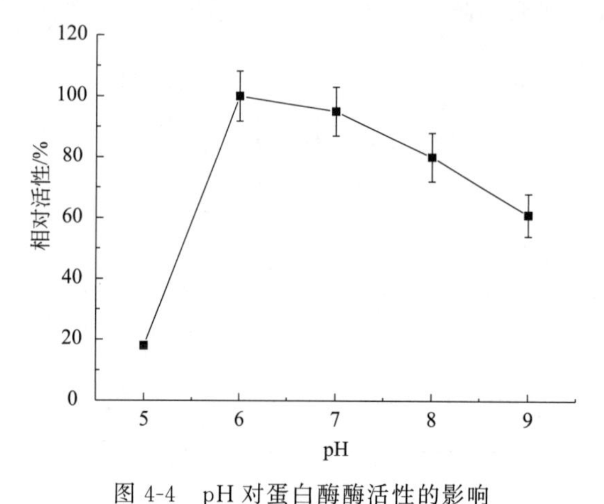

图 4-4 pH 对蛋白酶酶活性的影响

Figure 4-4 Effect of pH on proteinase activity

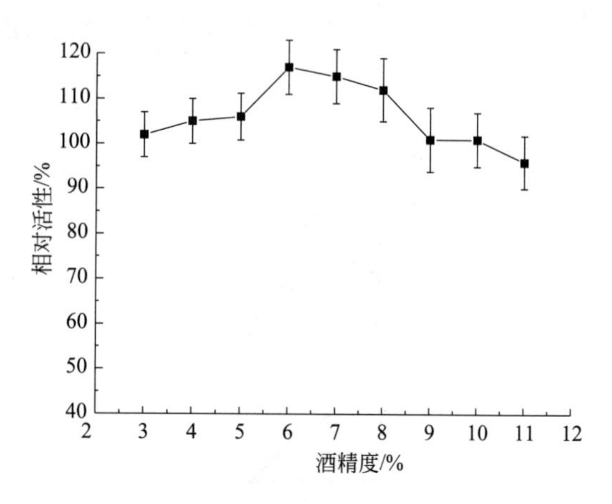

图 4-5 酒精度对蛋白酶酶活性的影响

Figure 4-5 Effect of ethanol concentration on proteinase activity

6. 蛋白酶抑制剂对蛋白酶酶活的影响

DTNB 和 PMSF 等对酶的活性影响相对较小，EDTA-Na_2对酶活性影响较大，加入 EDTA-Na_2后蛋白酶的活性几乎全部丧失掉。蛋白酶抑制剂具有相对专一性，它通过与蛋白酶活性中心上的一些基团相结合，而使蛋白酶的催化活力下降。PMSF 为丝氨酸蛋白酶抑制剂，DTNB 为巯基蛋白酶抑制剂，DTNB 与含巯基化合物反应，断裂二硫键；EDTA-Na_2为金属蛋白酶抑制剂，能够螯合金属蛋白酶活性中心的金属离子，从而使酶失去活性。从表 4-2 可以看出，1mmol/L 和 4mmol/L 的 DTNB、PMSF 对蛋白酶活性的抑制不是非常显著；EDTA-Na_2对蛋白酶活性的抑制非常显著，EDTA-Na_2浓度为 1mmol/L 时，蛋白酶活性仅剩 1.86%，推测该蛋白酶属于金属蛋白酶，而 Mn^{2+} 对蛋白酶有明显的激活作用，猜测其活性中心结构中可能含有 Mn^{2+}。EDTA-Na_2剥夺了中心的 Mn^{2+} 而使酶活性丧失，剩余的极少酶活，可能是极少数的蛋白酶由于相互之间的作用而没有被剥夺活性必需的金属离子。

表 4-2 抑制剂对蛋白酶酶活的影响

Table 4-2 Effect of inhibitor o proteinase

蛋白酶抑制剂种类	浓度/(mmol/L)	剩余酶活/%
DTNB	1	95
	4	89
PMSF	1	95
	4	90
EDTA-Na_2	1	1.86
	4	1.0

三、结论

芽孢杆菌产生的蛋白酶为中温酸性蛋白酶。蛋白酶较适宜于酿酒发酵过程中的蛋白质水解。蛋白酶最大的优点在于对酒精具有很好的耐受性，在 10%的酒精浓度下保持了较高的催化活性。该酶能在固态酒醅或液态酒醪中的酒精浓度下高效降解蛋白质，具有在酿酒中较好的应用潜力。

第二节　耐低温丝氨酸肽酶

近年来，越来越多的研究表明，小曲清香型固态发酵白酒或大曲清香固态发酵白酒在相对较低的温度下酿造，具有更好的口感和更低的杂醇油含量，低温酿造有利于提升小曲清香型白酒的品质。对于液态发酵而言，不管是粮食酒还是果酒，相对低的温度同样能提高酒的整体口感。

在固态或液态酿酒的前期过程中，原料中的氮源相对较为充足，后期随着发酵温度的下降或氮源的逐渐消耗，氮源供应相对不足，这可能是造成酒体中杂醇油含量高的原因。因此，在发酵后期添加低温蛋白酶，是提高原料出酒率、降低杂醇油含量、提升酒体风味的有效途径。

来自于嗜冷微生物的酶，即那些能够在低温环境中生存的生物，如极地、海洋和高海拔地区的生物，具有很好的产低温酶的优势。冷适酶在较低的温度下有很高的活性，从而能相对高效地降解底物。

在研究中，从海洋中分离出一株嗜冷细菌菌株。在温度低于20℃时，此菌株产生大量的蛋白水解酶。

在本研究中，在大肠杆菌中表达该酶，并分析其酶学性质。

一、材料和方法

1. 细菌菌株和质粒

使用*E. coli* DH5α作为pLink-libarary和质粒pGEM-T easy保存菌株。使用*E. coli* DH5作为pGEM-T easy载体的宿主。使用*E. coli* ArcticExpress（Agilent Technologies）作为pGEX-4T-2载体的宿主。

2. DNA提取和文库构建

使用基因组DNA纯化试剂盒提取基因组DNA，并使用微量分光光度计进行定量。大约41μg的DNA随机剪切以产生约30kb的片段，凝胶纯化，末端修复，然后与pLink-libarary连接。噬菌体包装后，在*E. coli* W中繁殖，然后将其铺在含有12.5μg/mL氯霉素的LB琼脂上。在不含DNA插入物的大肠杆菌*E. coli* W中转化pLink-libarary进行阴性对照。将所得克隆产物悬浮于2mL LB培养基中，并在−70℃于20%（体积分数）甘油中储存。

3. 文库初步筛选

克隆文库涂布在12.5μg/mL氯霉素和添加10%脱脂乳的LB平板中，并在28℃下孵育24～48h。蛋白酶水解活性通过在菌落周围存在透明圈大小判断。分离阳性克隆并在含有12.5μg/mL氯霉素和0.1%阿拉伯糖的LB肉汤中培养，选择透明圈较大的克隆。

4. 蛋白酶编码基因的亚克隆

用*Eco*RⅠ、*Nsi*Ⅰ、*Pst*Ⅰ、*Sph*Ⅰ（Promega）酶的不同组合切割筛选的阳性克隆，然后将3～5kb片段连接到用相同酶切割的pLink-libarary载体。将得到的亚克隆载体用于转化大肠杆菌。在含有100μg/mL氨苄西林、0.5mmol/L IPTG、80μg/mL X-Gal和10%

脱脂乳的 LB 平皿中培养。筛选蛋白酶水解活性的大肠杆菌。选择高蛋白酶的阳性克隆分离，并在含有 100μg/mL 氨苄西林的 LB 肉汤中培养后进行质粒提取，使用正向和反向引物插入测序，以及设计获得含有蛋白酶完整序列的特异性引物。

5. 肽酶基因编码序列分析

使用 ORFFinder 工具，并使用蛋白质-蛋白质局部比对检索工具进行同源序列的搜索（BlastP）（http：//www. ncbi. nlm. nih. gov）。为了预测 N 末端信号肽的存在，用 SignalP 4.1（http：//www. cbs. dtu. dk/services/SignalP/）搜索其信号肽的切割位点，截止值为 0.85。保守结构域的预测是通过保守结构域的 BLAST 分析进行的，在 NCBI 网站和蛋白质家族的 Pfam 数据库中实现。通过使用 T-Coffee 工具比较来自筛选的序列与其同系物进一步验证催化结构域。通过将序列与 MEROPS 肽酶数据库（http：//merops. sanger. ac. uk）进行比较分类。

二级结构的预测通过 PSIPRED 蛋白质序列分析工作台（http：//bioinf. cs. ucl. ac. uk/psipred/）和 phyre2 蛋白质折叠识别服务器进行。

6. 蛋白酶编码基因的异源表达

基于 Orf Finder 工具定义的 ORF 序列，使用含有 *Eco*R Ⅰ 和 *Xho* Ⅰ 限制性位点的两个引物完全扩增编码肽酶的基因，扩增产物进行凝胶纯化，并插入用于转化大肠杆菌的载体中。

为了便于筛选含有肽酶的质粒，将蛋白酶水解菌落在含有 90μg/mL 氨苄西林、0.4mmol/L IPTG、80μg/mL X-Gal 和 12%脱脂乳的 LB 平板上进行筛选。在确认插入序列后，将含有肽酶基因的质粒用 *Eco*R Ⅰ 和 *Xho* Ⅰ 消化，然后连接到表达载体中，用相同的限制酶切割，然后转化大肠杆菌。

在含有 110μg/mL 氨苄西林和 20μg/mL 庆大霉素的 LB 平板上进行选择，并将抗性克隆分离，并在含有相同抗生素的 LB 肉汤中于 37℃培养。然后将温度降至 15℃，再培养 28h 后，加入 0.5mmol/L IPTG 诱导重组蛋白的表达。细胞超声波破碎，破碎后 5000r/min 离心 10min，上清液作为粗酶液使用。

7. pH 和温度对酶活性的影响

通过使用 0.1mol/L 磷酸钠缓冲液（pH5.0～8.0）和 0.1mol/L 碳酸盐-碳酸氢盐缓冲液（pH9.0～10），调配纯化的肽酶溶液。在 37℃孵育 50min 后，测量酶活性。

在 10℃、15℃、20℃、30℃、40℃、50℃、60℃和 70℃，在 pH 9.0 检测温度对蛋白酶水解活性的影响。

8. 离子和抑制剂对酶活性的影响

为了研究离子对酶活性的影响，将 Na^{+}、Zn^{2+}、Mg^{2+}、Ba^{2+} 和 Ca^{2+} 分别加入到反应混合物中至终浓度为 10mmol/L。以 5mmol/L 测试丝氨酸肽酶抑制剂苯甲基磺酰氟（PMSF）和金属肽酶抑制剂乙二胺四乙酸（EDTA）的特异性抑制能力。使用偶氮酪蛋白作为底物，在最适 pH 和温度下测定活性，将没有添加离子和抑制剂的对照的活性定义为 100%。

9. 底物特异性

在 Tris-HCl 缓冲液（50mmol/L，pH8.0）和 100μL 酶溶液中的每种底物以 10mg/mL 的反应混合物在 40℃下孵育 1h。然后通过加入 500L 10%TCA 终止反应，10000×*g* 离心 10min。在 280nm 处测量酪蛋白、牛血清白蛋白（BSA）和明胶吸光度。在加入酶之前，加入 500μL TCA 作为对照。蛋白酶水解活性的一个单位定义为：在所述条件下 OD 值增加

0.01 所需的酶量。

10. 三维结构预测

使用 Modeller、在线蛋白质折叠识别服务器 Phyre 和 Swiss-Model，通过同源建模对肽酶的 3D 结构进行预测。使用 PROCHECK 算法和 Molprobity Web 服务工具，通过分析蛋白质的总体结构和残基分布，绘制 Ramachandran 图。使用 ModRefiner 对预测模型改进。为了识别结合腔，并计算肽酶结构中活性位点腔的体积，蛋白质表面形貌计算图谱（CASTp）服务器在探针半径为 1.4Å[1] 范围内扫描。FunFOLD2 服务器用于验证金属结合位点的存在。使用 Pymol 软件 1.8 版可视化和编辑图形。

二、结果和讨论

1. 基因组文库的筛选

构建的基因组文库，产生大约 5000 个大肠杆菌克隆，平均插入 DNA 片段大小为 28kb。在用脱脂乳修饰的 LB 琼脂平板上进行筛选，在 28℃温育后检测到 8 个蛋白酶阳性克隆。对 8 个初始蛋白酶阳性的质粒克隆进行测序以搜索可能具有不同肽酶基因的克隆，其中 2 个被选择进行 pGEM-T easy 载体中的亚克隆。只有一个用 *Eco*RⅠ和 *Sph*Ⅰ酶的组合切割，当在 LB＋脱脂乳琼脂平板上孵育时，可以保留其蛋白酶水解活性，被选择用于测序和随后的分析。

2. DNA 和蛋白质序列分析

将亚克隆获得的 5kb 序列用 ORF Finder 分析，并在 BLAST 工具中进行的同源核苷酸序列的搜索显示，与来自嗜麦芽寡养单胞菌 YHYJ-1 的角蛋白酶 kerF 具有超过 70％的同一性（GenBank HM590650），并且与来自嗜血杆菌 BBE11-1 的角蛋白酶 KerSMF 具有超过 75％同源性（GenBank KC763971）。

在 Pfam 数据库上进行分析预测酶原的结构域，其分为五个结构域：信号肽，来自 I9 家族的前肽抑制剂，催化结构域，细菌前肽酶（PPC）序列和前体蛋白转化酶（PC）结构域（图 4-6）。

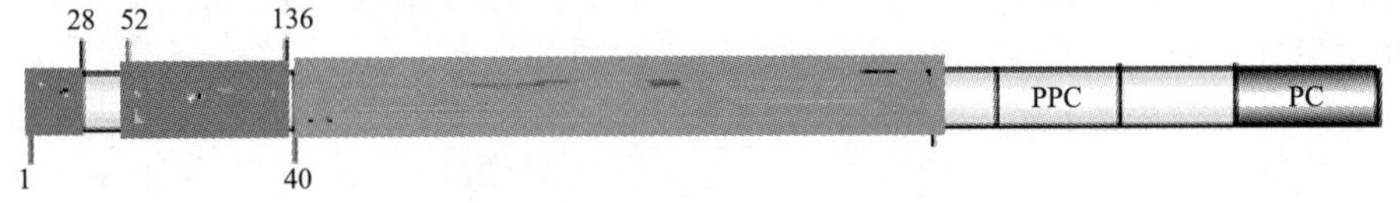

图 4-6 低温蛋白酶肽链结构域

Figure 4-6 Domain structure of cold proteinase peptide

该低温蛋白酶的信号肽被预测为 28 个氨基酸残基的长度，在由 α 螺旋组成的区域中 Ala（28）和 Ala（29）之间的切割位点被“中断”。位于残基 52 和 136 之间的 I9 前肽抑制剂结构域由四个反平行的折叠和由无序环连接的两个螺旋形成。

该酶与枯草杆菌蛋白酶的同源蛋白质的序列类似，因此可以预测该酶成熟酶序列，其由分子质量约 33kDa 的 334 个氨基酸残基组成。预测的成熟肽酶的序列同一性与来自麦角菌属的枯草杆菌蛋白酶样丝氨酸肽酶 KerSMF 具有超过 70％的相似性。催化结构域的二级结构与丝氨酸内肽酶的二级结构非常相似。在酶的保守区域中发现了催化三联体（Asp180、His237 和 Ser409），并且在它们之间的主要差异是相对于其同源的 AprV2 肽酶在位置 230 和 231 之间缺失 7 个氨基酸，该区域对应于部分封闭底物结合位点并被推定为介导酶-底物相互作用的环。

[1] 1Å＝0.1nm。

在催化结构域之后，预测了 PPC 和 PC 结构域（图 4-6），它们几乎全部由循环包围的片段组成。在肽酶中，PPC 结构类似于 KerSMD 角蛋白酶的 C 末端，也与来自麦芽短杆菌 BBE11-1 的蛋白酶具有超过 60％的序列同源性(图 4-7)。

```
AprV2      APNDQHYR-EQMHYFDR-YCVKAOKVNDMGFTGQNVVVAVVDTGILNHRDLNANVLPGYD    58
A03pop1    TPNDTYYANNQMHYFERACCIRAOKAN-DVIAGQCAVVAVLDTGITNHSDLNANVLPGYD    59
KarSMF     TPNDTRFS-EQMCFCTSNASINVQPANDKA-TGTCVVMAVIDTGITNHPDLNANILPGYD    58

AprV2      FISNSQISLDGDGRDADPFDEGDWFDNWACGCYPDPRKERSDSSWHGSHVAGTIAAVTNN    118
A03pop1    FISDACMARDGCGRDSNPNDEGDWTSANECG-------PASSSSWHGTHVAGTIAAVTNN    112
KarSMF     FISDAAMARDGCGRDNNPNDEGDWYGANECGSG----IPASNSSWHGTHVAGTVAAVTNN    114

AprV2      RIGVAGVAYCAKVVPVRALGRCGGYDSDISDCLYNAAGGRTAGIPENRNPAKVINMSLGS    178
A03pop1    AKGVAGVAHCAKIVPARVLGKCGGYTSDIADAIINASGGSVSGVPANANPAEVINMSLGG    172
KarSMF     STGVAGTAFNAKVVPVRVLGKCGGYTSDIADAIVNASGGTVSGVPANANPAEVINMLLGG    174

AprV2      DGQCSYNAQTMIQRATRLGA-LVVVAAGNENQNASNTWPTSCNNVLSVGATTSRGIRASF    237
A03pop1    -GSCSATYQNAINGAVSRGRTTVVVAAGNSNADTSGFVPANCSNVIAAS-TTRTGARSGF    230
KarSMF     GGSCSTTYQNAINGAVSRGTT-VVVAAGNSNTNVSSSVPANCPNVIAVAATTSAGARASF    233

AprV2      SNYGVDVDLAAPGQOILSTVOSGTRRPVSDAVSFMAGTSMATPHVSGVAALVISAANSVN    297
A03pop1    SNYGSLIDVAAPGSDIASTVNTGSTTPSSECYSLMSGTSMAAPH-AGVVALMQSAAAANG    289
KarSMF     SNYGTGIDISA-GQSILSTLNTGTTTPCSASYAYN-GTSMAAPHVAGVVALMQSVAP---    288

AprV2      KNLTPAELKDVLVSTTSPFNCRLDRALGSGIVDAXAAVNSVLG    340
A03pop1    GVKTPAQIESALKSTLRPFPVSIDKAIGNGIVDAXAAVDAMGG    332
KarSMF     SPLSPAQVESIIKGTARPLPGACSGCCGAGIVDANAAVAAAIN    331
```

图 4-7 低温蛋白酶的编码序列与相似序列对比

Figure 4-7 Align of cold proteinase and similar sequences

3. 异源表达低温蛋白酶的粗酶性质

在载体中亚克隆后，肽酶成功表达。从上清液中回收的粗酶在 pH 9.0 和 40℃显示出最高的活性，在 50℃和 70℃，在 15min 后损失其初始活性的 50％和 90％。已经有一些报道，低温蛋白酶的最适宜温度在 10～20℃之间。氨基酸序列差异，是造成不同的低温蛋白酶最适宜温度差异的原因。从图 4-8 可以看出，本研究的低温蛋白酶在 10～20℃也具有一定的活性，因此可以在酿酒 20℃低温环境下发挥水解蛋白质的功能。

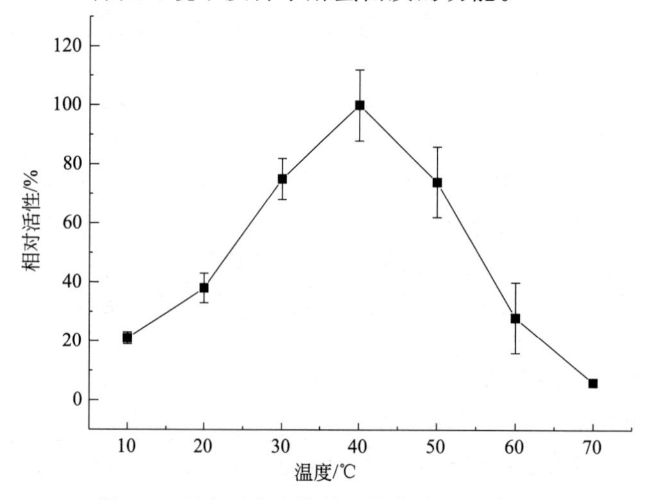

图 4-8 温度对表达的低温蛋白酶活性的影响

Figure 4-8 Effect of cold proteinase expressed by constructed strain

从图 4-9 可以看出，外源表达的低温蛋白酶最适 pH 为 9.0，在 pH 5～10 都具有一定的酶活性。该低温蛋白酶适宜于碱性环境之下水解蛋白。

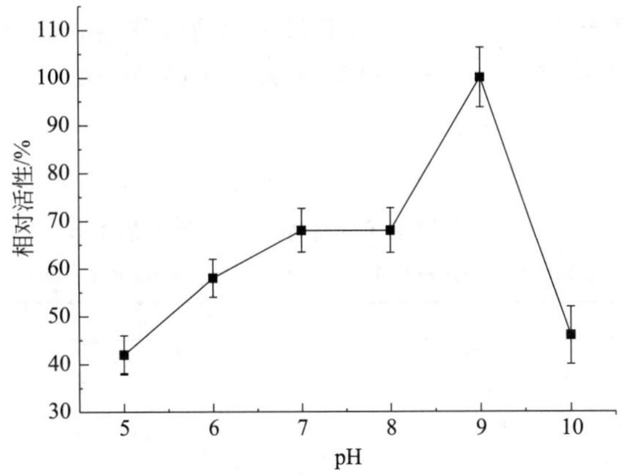

图 4-9　pH 对表达的低温蛋白酶活性的影响

Figure 4-9　Effect of pH on activity of cold proteinase expressed by constructed strain

从图 4-10 可以看出，低温蛋白酶的热稳定性相对较差。在 60℃温浴 10min，低温蛋白酶失去了 80%的酶活性；在 60℃温浴 30min 失去 90%以上的活性。在 40℃具有较好的热稳定性，在水中温浴 70min，仍然保留了 90%以上的酶活性。

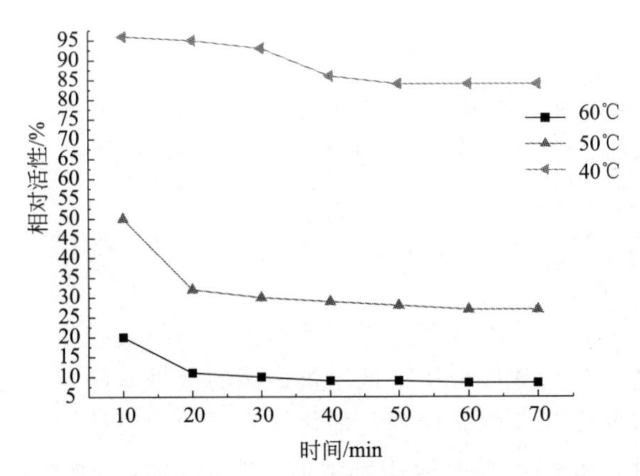

图 4-10　温度对表达的低温蛋白酶热稳定性的影响

Figure 4-10　Effect of temperature on thermostablity of cold proteinase expressed by constructed strain

4. 低温蛋白酶的底物特异性

在酪蛋白、BSA、明胶、azocasein 和 azokeratin 上测试底物特异性。偶氮酪蛋白后，明胶显示出最高的酶活性。酪蛋白、BSA 和 azokeratin 都显示约 30%的酶活性（表 4-3）。

表 4-3　低温蛋白酶的底物特异性

Table 4-3　Substrates specificity of cold adapt proteinase

底物种类	相对酶活/%	底物种类	相对酶活/%
azocasein	100	BSA	32
azokeratin	36	酪蛋白	37

5. 金属离子对低温蛋白酶活性的影响

在金属离子存在下测定肽酶的活性。酶活性被 Zn^{2+} 抑制，并在 10mmol/L Ca^{2+} 和 Mg^{2+} 的存在下增强。由于 Ca^{2+} 对酶活性具有最大的增强作用，因此进行浓度增加的测定以及结合配体位点预测。FunFOLD2 服务器预测 Asp（198）、Ala（206）、Asp（208）、Gly（210）、Gly（211）、Asp（213）、Asn（215）和 Arg（268）为酶中的 Ca^{2+} 配体位点。

当测试抑制剂时，酶的活性被 PMSF 完全抑制，被 EDTA 强烈抑制表（4-4）。

表 4-4 金属离子对低温蛋白酶活性的影响

Table 4-4 Effect of ions on cold proteinase activity

离子种类	相对活性/%	离子种类	相对活性/%
Mg^{2+}	121	PMSF	5
Ca^{2+}	126	EDTA	18
Zn^{2+}	72	对照	100
Ba^{2+}	113		

6. 蛋白酶 3D 结构预测

根据 Procheck 程序和 Molprobity 网络工具，由 Modeller 预测三维结构，在 Ramachandran 图的允许区域中发现了 98%的残基，QMEAN 评分为 0.70 分以上。在可用的模型中，最高的同源性是来自 *Dichelobacter nodosus* 的枯草杆菌蛋白酶 AprV2 的晶体结构，具有 56%的相似性和 46%的覆盖率，其也被用于模拟 KerSMD 角蛋白酶，与角蛋白有 47%的相似性。

低温蛋白酶的 3D 结构与大多数丝氨酸肽酶的结构非常相似，其中六片段涉及中心螺旋和位于催化中心旁边的发夹，在中心螺旋末端发现催化三联体。该酶在残基 Cys228 和 Cys273 之间以及残基 Cys315 和 Cys352 之间具有两个二硫键。

三、总结

通过构建基因组文库，连续两次筛选得到低温蛋白酶的编码序列。低温蛋白酶基因在大肠杆菌中成功表达。通过预测软件分析了低温蛋白酶的信号肽序列，构建了低温蛋白酶的分子模型，分析了其信号肽序列、保守序列、催化保守域、二级结构特性和三级结构特征。低温蛋白酶具有较高的催化效率，具有应用到酿酒中提高出酒率或低温酿造的潜在实际应用价值。

第五章 新型酿酒酯化酶

酒的风味物质主要包括：醇、醛、酸、酯、酚等。酒体的口感和风味是各种微量风味物质的集合表现，酯类物质对酒体口感和风味的呈现具有重要的作用。小曲白酒主要的典型风味物质为乙酸乙酯和乳酸乙酯，浓香型白酒典型的风味物质为己酸乙酯，酱香型白酒中乳酸乙酯的含量较高。各种香型白酒除了主要的酯类物质以外，还含有种类众多的微量酯类，酯类的种类和浓度与酯化酶的种类和催化特性紧密相关。

酯化酶开发的最主要目标应该以呈现酒体与传统香型显著不同的口感和风味为主。通过酯化酶的研发，使酒体中主要酯类与已有典型香型白酒显著不同，是开发新品种酒的一个重要途径。适宜酿酒的酯化酶为最适活性温度相对较低的酶。对于清香型液态发酵或浓香型液态发酵而言，较适宜的酶应该是低温下具有很好稳定性和高酯合能力的酶。

当前对酯化酶的研究主要集中于提高酯化酶的活力或产量。利用酯类开发果香味或新型香味的酒具有重要的意义。因此，本章主要把作者对风味酯类的研究成果呈现出来。虽然风味酯类应用于酿酒仍然有挑战，但是风味酯类的研究是开发新品白酒的关键。

第一节　果酒风味酯酯化酶

白酒的发展方向是低度、保健、时尚、个性化等。果酒在日本等国家逐渐成为最主要的饮用酒类。果酒除了营养价值较高以外，其独特适宜的口感也成为很多人喜爱的原因。在现有的果酒酿造工艺中，果香味相对较为寡淡。生产果香味突出的果酒，更有利于提升白酒的品质。戊酸乙酯和乙酸己酯具有典型的青苹果和梨的味道，广泛应用于食品行业。

大多数的脂肪酶在有机溶剂存在下催化合成戊酸乙酯和乙酸己酯。然而，有毒有机溶剂的使用使其应用受到限制。关于无溶剂体系中脂肪酶催化生产香料和香料酯的研究很少。本节研究在无溶剂体系中催化果酒风味酯合成的脂肪酶。

一、材料和方法

1. 试剂

乙酸、戊酸、己醇和硅藻土、乙醇、碳酸钙、羧甲基葡聚糖。玻璃珠（80～120 目）。试剂均为分析纯。

2. 菌株

深海分离的具有高脂解活性的葡萄球菌。

3. 脂肪酶的固定

葡萄球菌的脂肪酶固定在$CaCO_3$、硅藻土 545、玻璃珠及羧甲基葡聚糖上。初始酶溶液活性 2500 IU，固定化量 1g；酶水解在 48℃下反应 2h。以橄榄油乳剂为底物，在标准实验条件下用 pH 缓冲剂滴定测定游离和固定化脂肪酶的活性。

4. 脂肪酶酶活测定

以橄榄油乳液为底物，用 pH 滴定来测定游离的及固定的脂肪酶的活性。在 pH 8.5 和 37 ℃的条件下，催化橄榄油每分钟释放 1mmol 脂肪酸所需酶的量定义为脂肪酶活性的一个国际单位（IU）。

5. 酯化反应

将含有 3g 不同酸与醇摩尔比的底物混合物装在螺旋盖烧瓶中，在 37℃、200r/min 搅拌速度下反应。用不同量的固定化脂肪酶进行实验。并在相同条件下不添加酶的反应作为对照。

反应在 5mL 体积的螺旋盖烧瓶中进行，底物浓度为 0.37mol/L。将反应混合物与不同量的固定化脂肪酶在 37℃振荡（200r/min）。定期取出等份的反应混合物进行测量。以 8000r/min 离心 5min 除去固定化酶。使用 3mL 乙醇作为猝灭剂，用酚酞作为指示剂，分别用 0.8mol/L 和 0.5mol/L 的氢氧化钠滴定，测定残留的乙酸和戊酸含量。

二、结果和讨论

1. 粗脂肪酶的固定化

游离脂肪酶获得的酯产量较低。这可能是因为游离脂肪酶更容易被短链脂肪酸变性。为了选择脂肪酶固定载体，测试了不同载体固定效果。选择羧甲基葡聚糖、硅藻土 545 和$CaCO_3$用作测试载体。不同载体固定后的产率见表 5-1。可以看出，$CaCO_3$和硅藻土 545 有很好的产率，分别为 48%和 43%。固定化产率的差异可能在于：吸附在载体上的脂肪酶的量不同或在脂肪酶与固定化载体相互作用下对脂肪酶的活性有抑制作用。在将假单胞菌的脂肪酶固定在甘油-CPGs 的载体上时，也观察到了这种抑制作用。此外，发现$CaCO_3$也适用于固定假单胞菌 SP KWI 56 的脂肪酶，其固定化产率为 48%。

表 5-1　脂肪酶在不同载体上的固定化产率

Table 5-1　Efficiency of esterase immobilized on carriers

载体	固定化产率/%	载体	固定化产率/%
羧甲基葡聚糖	12	$CaCO_3$	48
硅藻土 545	43		

2. 初始加水量的影响

非水性脂肪酶在催化反应中的速率主要取决于反应混合物中水的量。大多数生物催化剂在完全脱水的介质中是无活性的，并且少量的水是维持其活性所必需的。此外，在非常规介质中，脂肪酶活性所需的水量取决于载体的性质、底物的极性和所使用的溶剂。测试了将水量由5%增加至30%（质量分数）对戊酸乙酯和乙酸己酯的合成反应的影响。如图5-1和图5-2所示，在没有添加水的情况下，戊酸乙酯（10.3%）和乙酸己酯（20.3%）有较低的转化率。然而对于戊酸乙酯，加入20%（质量分数）的水，转化率达到51%。同样，乙酸己酯初始水量为10%（质量分数）的转化率比没有添加水的转化率高两倍。使用硫辛酸酰胺IM-77在正己烷中合成顺式-3-己烯-1-基乙酸酯时，加入初始水的最佳添加量为7.8%（质量分数）。然而，当水的浓度增加超过临界值时，转化率下降。由Karra-Chaabouni等所报道的，这可能是过量的水将反应中的平衡转移到水解而不是合成所造成的。

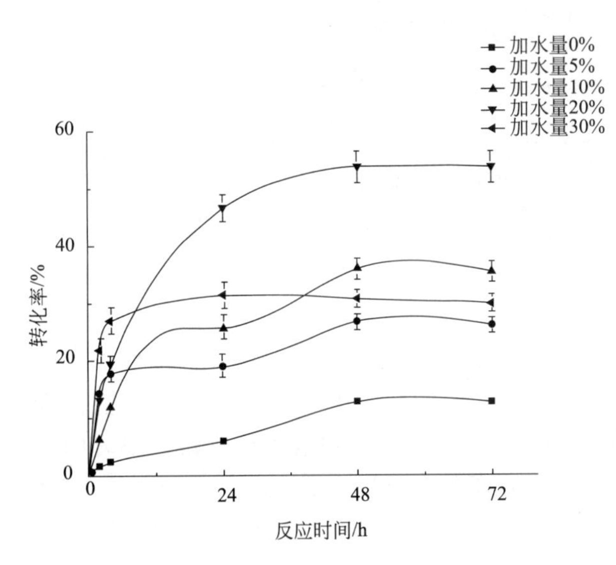

图5-1 初始添加水量对戊酸乙酯合成的影响

Figure 5-1 Effect of initially added water amount on efficiency of ethyl valerate synthesis

使用200 IU的固定化葡萄球菌脂肪酶在37℃、搅拌速度为200r/min的条件下，在酸与醇的摩尔比为1的体系中进行反应

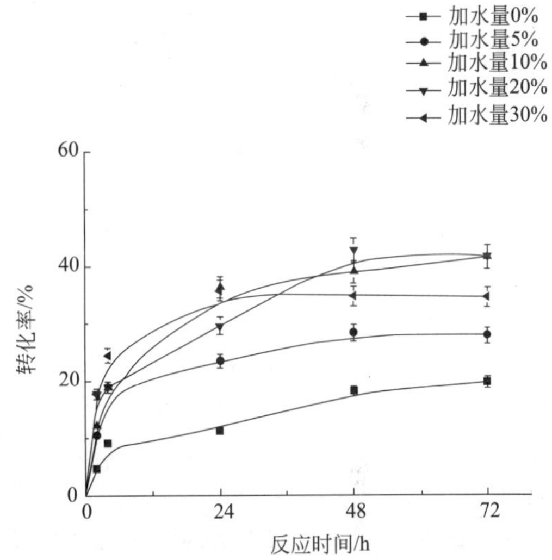

图5-2 初始添加水量对乙酸己酯合成的影响

Figure 5-2 Effect of initially added water amount on efficiency of hexyl valerate synthesis

使用200 IU的固定化葡萄球菌脂肪酶在37℃、搅拌速度为200r/min的条件下，在酸与醇的摩尔比为1的体系中进行反应

3. 固定化脂肪酶使用量对酯合成的影响

研究了从50mg（50IU）到320mg（210IU）固定化的葡萄球菌脂肪酶的量对特异性初始反应速率[mmol/(h·mg蛋白质)]和转化率的影响。转化率随着脂肪酶量的增加而增加（图5-3）。分别使用210IU和108IU的固定化脂肪酶，达到戊酸乙酯和乙酸己酯的最大转化率。然而，在戊酸乙酯和乙酸己酯的合成中，生物催化剂的量从50mg增加到320mg的过程中，特异性初始反应速率降低。在高浓度的脂肪酶存在条件下，酶分子聚集在一起，活性位点不能暴露在底物中。在无溶剂体系中可使用固定化脂肪酶的聚集体。这种聚集体的形成使得酶不均匀分布。这些颗粒的外表面上的酶分子会暴露于高浓度的底物中，但是底物只能通过质量传递到生物催化剂颗粒的其他部位，这会严重限制颗粒内的底物浓度。一部分生物

催化剂的较低活性降低了生物催化剂质量单位的整体效率，并且不会改善转化率。根据这些结果，在合成戊酸乙酯和乙酸己酯的后续实验中，分别使用210IU和108IU的固定化脂肪酶的量。

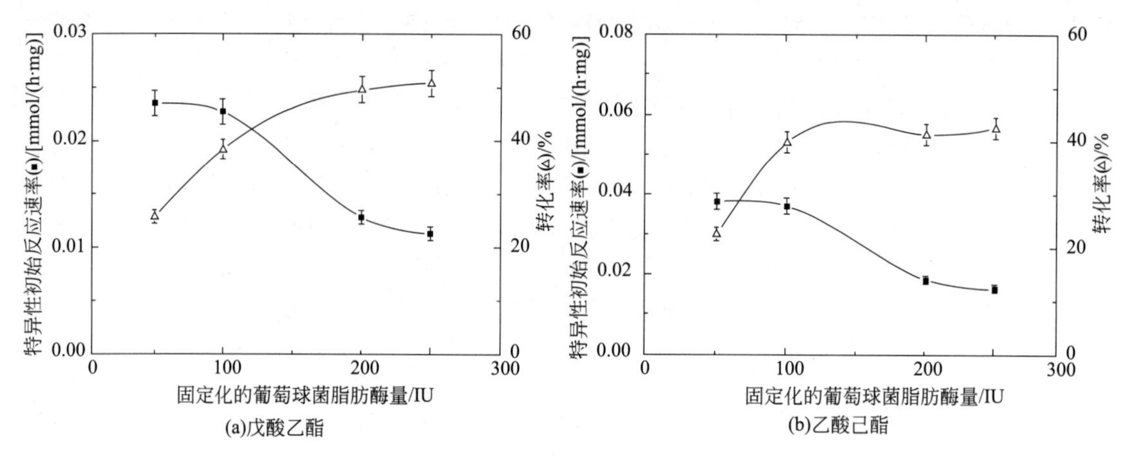

图5-3 不同量的固定化葡萄球菌脂肪酶对特异性初始反应速率和转化率的影响

Figure 5-3 Effect of immobilized lipase amount on specific initial reaction rate

在37℃、200r/min的搅拌速度下，合成戊酸乙酯［初始添加水为25%（质量分数），酸与醇的摩尔比为1］及乙酸己酯［初始添加水为15%（质量分数），酸与醇的摩尔比为1］

4. 反应温度的影响

为了阐明反应温度的影响，两种风味酯的合成在30℃、37℃、41℃和45℃的四个不同温度下实验。从图5-4可以看出，对于两种酯，在37℃下分别获得最高的转化率（戊酸乙酯为52%、乙酸己酯为42%）。在45℃下，尽管固定化脂肪酶在该温度下能维持几小时的稳定性，但戊酸乙酯的合成转化率降低至40%，乙酸己酯的合成转化率降低至28%。Romero等在诺维信脂肪酶453中也观察到相同的现象。

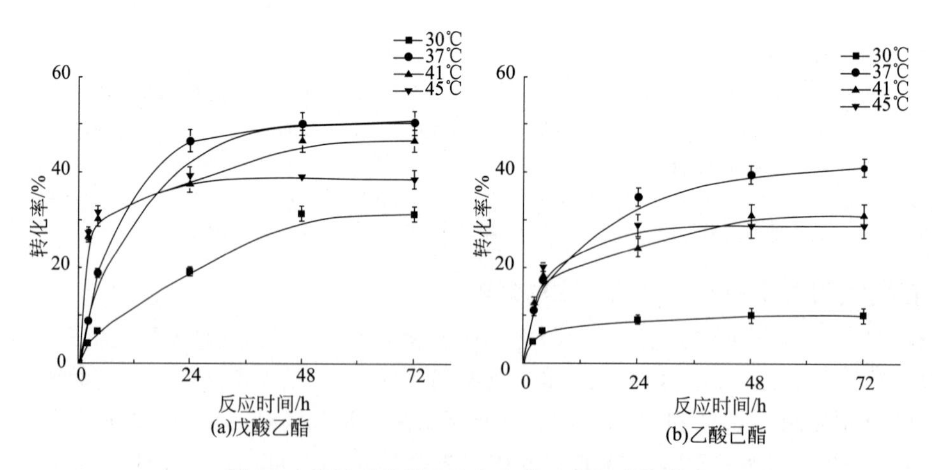

图5-4 温度对戊酸乙酯和乙酸己酯合成的影响

Figure 5-4 Effect on temperature on ethyl valerate and hexyl acetate conversion

戊酸乙酯［210IU固定化脂肪酶，初始添加水为25%（质量分数），酸与醇的摩尔比为1］和乙酸己酯［108 IU固定化脂肪酶，初始添加水为15%（质量分数），酸与醇的摩尔比为1］，200r/min的搅拌速度，30℃（■）、37℃（●）、41℃（▲）和45℃（▼）的不同温度下反应

5. 酸与醇的摩尔比的影响

从图 5-5 中可以看出，酸与醇的摩尔比从 1 到 1/2 的过程中，戊酸乙酯的转化率从 52% 降至 14%。对于乙酸己酯也观察到相似的效果，而己醇似乎比乙醇存在更少的抑制效果。据报道，高浓度的乙醇可能会降低反应速率。然而，低酯合成反应中，酸与醇的高摩尔比导致反应速率降低归因于戊酸和乙酸抑制。当比较两种风味酯的合成时，其降低乙酸比降低戊酸获得的转化率更明显。酸抑制酶活性的影响随酸的碳原子数量的降低而降低。因此，酸与醇的摩尔比为 1 时，达到戊酸乙酯的最大转化率约为 52%，乙酸己酯的转化率最高为 42%。

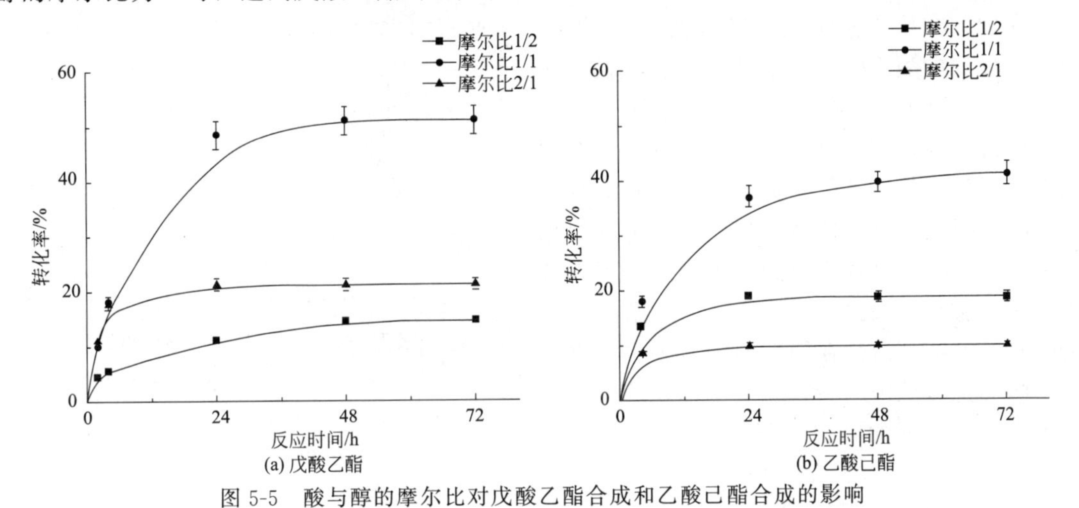

图 5-5 酸与醇的摩尔比对戊酸乙酯合成和乙酸己酯合成的影响

Figure 5-5 Effect of acid to alcohols molar ration on synthesis of ethyl valeate and hexyl acetate

6. 有机溶剂存在下风味酯的合成

在有机溶剂的存在下，研究了通过固定化葡萄球菌脂肪酶生产香料酯（图 5-6）。从图 5-6 可以看出，戊酸乙酯在庚烷存在下获得的最大转化率为 77%，乙酸己酯转化率为 76%。这些值明显高于无溶剂体系中所得到的值（戊酸乙酯和乙酸己酯分别为 52%和 42%）。因此与无溶剂体系相比，在己烷或庚烷的存在下，转化率得到提高。这些结果表明，溶剂的存在可能将酯向有机相转移，从而将平衡转移到酯合成上。然而，无溶剂体系使人们在合成香料和香料酯的过程中更容易净化产物，而且没有任何毒性和易燃性问题。

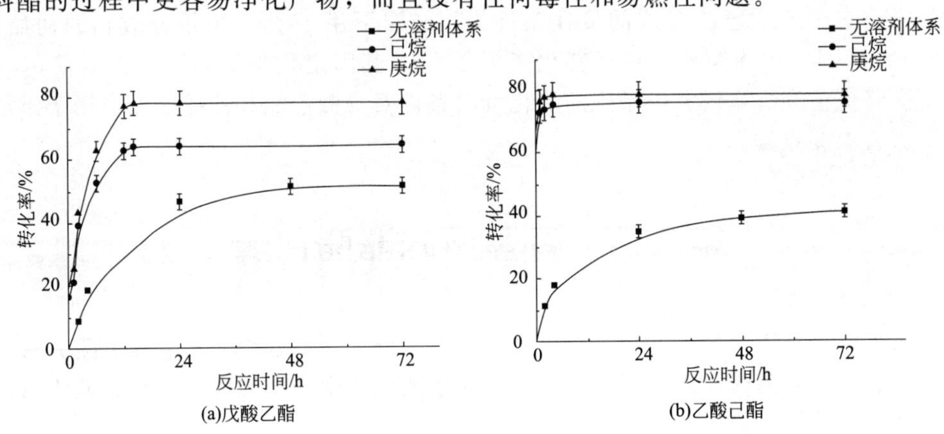

图 5-6 在己烷（●）、庚烷（▲）或无溶剂体系（■）中用固定化脂肪酶生产香料酯

Figure 5-6 Ethyl valeate or hexyl acetate synthesis by immobilized lipase in heptane, hexane or solvent free system

戊酸乙酯合成的标准条件为：37℃及200r/min的搅拌速度，210IU固定化脂肪酶，初始加入水为25%（质量分数），底物浓度为0.37mol/L。乙酸己酯合成的标准条件为：37 ℃及200r/min的搅拌速度，108 IU固定化脂肪酶，初始添加水为15%（质量分数），底物浓度为0.37mol/L。

7. 生物催化剂的可重复利用性

在反应结束时，将固定的脂肪酶过滤，在室温下干燥3h，再在最佳条件下加入新鲜的反应底物。在使用固定化脂肪酶的10个循环中，观察到戊酸乙酯的合成活性没有降低（图5-7）。在使用10个循环后，乙酸己酯合成活性仅保留了约30%。原因可能是在使用多个周期后，有效的生物催化剂负载降低或乙酸变性使酶活性降低。重复使用吸附到硅藻土的根霉合成香茅风味酯时也观察到这种现象。根霉菌脂肪酶仅保留其最高活性到第二个循环。然后，它的大部分活性在四个周期后丢失。事实上，将荧光假单胞菌脂肪酶固定在几种不同的载体上，载体上的固定化脂肪酶在使用11个循环后仍保持其初始活性的30%。这表明使用固定化脂肪酶的循环次数取决于载体的性质或酶源性质。

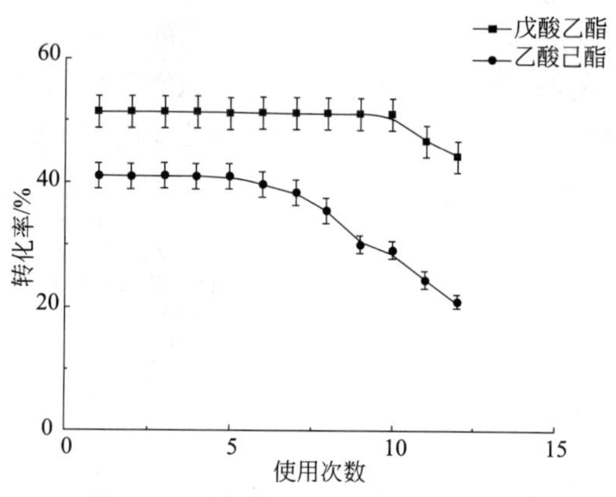

图5-7 重复使用固定化脂肪酶合成戊酸乙酯（▪）和乙酸己酯（•）的效率

Figure 5-7 Efficiency of ethyl valeate or hexyl acetate synthesis by repeat utilization of immobilized lipase

三、结论

在不含有机溶剂的体系中，使用固定化的葡萄球菌脂肪酶，生产具有果香味的戊酸乙酯和乙酸己酯。合成戊酸乙酯时，在37℃加入25%（质量分数）的初始水量，使用210 IU的固定化脂肪酶，酸与醇的摩尔比为1（各为6mol/L的戊酸和乙醇），达到52%的高转化率。有机溶剂是有毒、易燃的，并且会导致投资更高的成本净化产品。使用的无溶剂体系得到了较高收率，且不存在上述缺点。最后，在使用固定化脂肪酶的10个循环中没有观察到合成活性的降低。对于乙酸己酯合成的最佳条件为：37℃下用15%（质量分数）的初始水量，使用108 IU的固定化脂肪酶，获得转化率为42%。其固定化脂肪酶可以重复使用5个循环，而不会降低活性。本研究中呈现的酯化批次条件对戊酸乙酯和乙酸己酯应用于果酒风味酯的生产具有重要意义。

第二节 香蕉风味酯酯化酶

乙酸异戊酯具有香蕉的果香味，而且香味阈值很低。化工合成的乙酸异戊酯具有潜在的毒性，不适宜添加到酒体中进行酒体的勾兑。利用酯化酶生产乙酸异戊酯具有催化条件温度低、无毒和无环境污染等优点。

高效合成乙酸异戊酯需要高效酯化酶和适宜的酯化条件，酶固定于食品安全载体或天然载体是提高酶的稳定性和催化效率、降低酶催化成本的常用途径。本节研究乙酸异戊酯酯化酶的纯化和固定化的催化特性，为生产典型果酒风味酯奠定基础。

一、材料和方法

1. 化学试剂

试剂均是分析纯。

2. 产脂肪酶的菌种

拟无枝酸菌是从东海海洋分离、培养并保藏。该菌株在橄榄油-罗丹明 B 琼脂培养基上被分离出来。

3. 脂肪酶活性测定

对硝基苯基棕榈酸酯（*p*-NPP）作为底物，使用分光光度计测定脂肪酶活性。反应体系（1mL）为 50mmol/L Tris-HCl 缓冲液（pH8.0）配制的 0.4mmol/L *p*-NPP（终浓度），在 60℃水浴中反应 10min，然后加入 2.0mL 的 0.2mol/L Na_2CO_3溶液终止反应。使用分光光度计在 410nm 测定解离的对硝基苯酚（*p*-NP）。使用适当的空白来除去与 *p*-NPP 的非特异性水解产生的反应混合物的吸光度。脂肪酶活性的一个国际单位（IU）定义为在上述条件下每分钟释放 1μL 的 *p*-NP 所需的酶量。

滴定法进行活性测定。1.14g 乳化橄榄油［用 7g/100mL 的阿拉伯胶在 50mmol/L Tris-HCl 的缓冲液（pH 8.0）中乳化］作为底物。除非另有说明，在 60℃和 pH 8.0 下反应 10min。通过向反应混合物中加入 1mL 适当稀释的酶溶液引发酶促反应，并通过加入 15mL 乙醇终止。在加入乙醇之后加入酶溶液，作为对照反应。一个脂肪酶活性（IU）定义为在测试条件下每分钟导致 1μmol 游离脂肪酸释放所需要的酶量。对于底物特异性研究，仅改变底物的种类，使用相同的方法。

4. 脂肪酶纯化

产酶菌株培养 108h 后，通过在 10000×*g*、4℃下离心 10min 分离细胞，回收上清液并过滤。滤液中细胞外脂肪酶通过添加硫酸铵，逐步达到 40%饱和度，14000×*g* 离心 10min 收集沉淀物，溶于 10mmol/L Tris-HCl 缓冲液中，并使用相同缓冲液透析 12h。将透析液 12000×*g* 离心 15min，将上清液加到琼脂糖凝胶 HP 柱上。将柱子用 pH8.0 的 10mmol/L Tris-HCl 缓冲液平衡。使用三倍柱体积的缓冲液以 108mL/h 的流速，以 0.2mol/L 至 1.0mol/L 梯度浓度 NaCl 溶液梯度洗脱结合蛋白质。收集并分析脂肪酶活性和蛋白质含量。合并含有高脂肪酶活性的收集液，并使用 10kDa 的中空超滤柱浓缩，将其加到填充了 Toyopearl Phenyl-650M 疏水色谱填料的柱中。用含有 20%硫酸铵的 pH 8.0 的 10mmol/L Tris-HCl 缓冲液将柱预平衡。在室温下用 Toyopearl Phenyl-650M 凝胶与样品平衡。用三个柱体积的缓冲液洗涤后，结合的蛋白质用三个柱体积的以缓冲液配制的 20%到 0%递减梯度的硫酸铵溶液和三个柱体积的 0%到 30%递增梯度的异丙醇溶液以 125mL/h 的流速洗脱。合并含有高脂肪酶活性的收集液，SDS-PAGE 凝胶电泳分析纯度。

5. 蛋白质分析

以牛血清白蛋白为标样，使用布拉德福德方法（Bradford，1976）测定蛋白质浓度。

6. 凝胶电泳和酶谱分析

在室温下于 12.5g/100mL 浓度的凝胶中进行 SDS-聚丙烯酰胺凝胶电泳。染色，并进行酶谱分析。

7. N末端序列分析

为了确定N末端序列，将纯化的脂肪酶用转移装置（ATTO Horizblot AE-6677，东京，日本）转染在聚偏二氟乙烯（PVDF）膜（Immobilon®-P，Millipore）上，然后在12.5g/100mL SDS-PAGE凝胶中电泳。印迹后，用考马斯亮蓝R-250对PVDF膜进行染色。切下脂肪酶带，并连接到140C PTH氨基酸分析仪的应用生物系统高精度419微测序仪上进行N末端Edman法测序。

8. pH和温度对酶的活性及稳定性的影响

使用*p*-NPP作为底物，研究pH和温度对纯化脂肪酶酶活的影响。纯化酶最适pH在60℃、pH 2～10的范围内测定。在不同的缓冲液［甘氨酸-HCl（pH 2.0～3.0），柠檬酸-磷酸盐（pH 3.0～6.0），磷酸钠（pH 6.0～8.0），Tris-HCl（pH8.0和pH9.0），2-氨基-2-甲基-1,3-丙二醇缓冲液（pH 9.0～10.0）］中配制恒定浓度（50mmol/L）的底物溶液。通过将纯化的脂肪酶在pH 2～12的缓冲液中，在20℃放置24h来研究pH对脂肪酶稳定性的影响。

在50mmol/L Tris-HCl缓冲液（pH8.0）中测定不同温度（20～80 ℃）下酶的活性。通过将纯化的脂肪酶在20mmol/L Tris-HCl缓冲液（pH8.0）中，在不同温度（60～90 ℃）下放置3h，用分光光度法测量残留酶活性。

9. 动力学常数的测定

在50mmol/L Tris-HCl缓冲液中，pH 8.0、60℃的条件下，逐步增加底物*p*-NPP的浓度（0.02～0.93mmol/L），用0.60μg纯化的脂肪酶进行初始速率测定。将数据拟合为米氏方程，获得表观米氏常数和最大反应速率的初始估计值。使用公式（$k_{cat}^{app}=v_{max}^{app}/[E]_T$）计算周转数$k_{cat}^{app}$，其中$[E]_T$是反应混合物中酶的物质的量浓度。

10. 底物特异性

为了确定纯化脂肪酶的底物特异性，使用一系列的脂肪酰基链不同的对硝基苯酯［对硝基苯乙酸酯（$C_{2:0}$）、对硝基苯基丁酸酯（$C_{4:0}$）、对硝基苯基己酸酯（$C_{6:0}$）、对硝基苯基辛酸酯（$C_{8:0}$）、对硝基苯基月桂酸酯（$C_{12:0}$）、对硝基苯基肉豆蔻酸酯（$C_{14:0}$）和对硝基苯基棕榈酸酯（$C_{16:0}$）］为底物，用50mmol/L Tris-HCl缓冲液（pH7.6）配制为最终浓度为0.4mmol/L的底物溶液，在37℃下通过分光光度法测量初始水解速率，得到相对酶活。使用浓度22.8g/100mL的乳化油为底物，包括橄榄油、玉米油、蓖麻油、葵花籽油、菜籽油、亚麻籽油、棉籽油和霍霍巴油，在60℃、50mmol/L Tris-HCl缓冲液（pH8.0）中滴定，测量脂肪酶的底物特异性。测量一系列在链长度和饱和度上不同的三酰基甘油酯［三辛酸甘油酯（$C_{8:0}$）、三棕榈酸甘油酯（$C_{16:0}$）、三硬脂酸甘油酯（$C_{18:0}$）、三油酸甘油酯（$C_{18:1,顺-9}$）、三乙酰肌氨酸甘油酯（$C_{18:1,反式-9}$）、三亚油酸甘油酯（$C_{18:2,顺-9,12}$）、三亚麻酸甘油酯（$C_{18:3,顺-9,12,15}$）］的底物特异性，底物浓度均为20mmol/L。

11. 位置特异性

使用三油酸甘油酯作为底物，通过薄层色谱来检测脂肪酶反应产物的位置特异性。将由20mmol/L三油酸甘油酯、2mL的50mmol/L磷酸盐缓冲液（pH7.6）和20 IU纯化的脂肪酶组成的反应混合物在30℃反应30min。反应结束后，用8mL乙醚萃取反应产物。将等份（10μL）的醚层加到硅胶60板上，并使用氯仿、丙酮和乙酸体积比为95∶4∶1的混合液显影。使用碘饱和并观察斑点，并与西格玛公司的标准品进行比较。

12. 试剂和有机溶剂的影响

纯酶通过与 1mmol/L 的洗涤剂、氧化还原剂、螯合剂、游离脂肪酸和金属离子（Ag^{+}、Co^{2+}、Ni^{2+}、Pb^{2+}、Ca^{2+}、Fe^{3+}、Cu^{2+}、Zn^{2+}、Mg^{2+}和 Hg^{2+}）在 50mmol/L Tris-HCl 缓冲液（pH8.0）中 30℃反应 1h，探讨对纯化脂肪酶活性的影响。有机溶剂中尿素浓度为 6.0mol/L，其他试剂［*N*-乙酰咪唑（NAI），*N*-溴代琥珀酰亚胺（NBS），苯甲基磺酰氟（PMSF），焦碳酸二乙酯（DEPC），1-乙基-3-（3-二甲氨基丙胺）碳酰亚胺（EDAC），碘乙酸酯（IA），柠康酸酐（CA），苯乙醛酸（PG）］浓度为 5mmol/L，与纯化的酶在 30℃下反应 1h 测定其活性。各种有机溶剂（40%，体积分数）对脂肪酶活性的影响测定方法为：将 1mL 纯化酶溶液与 1.5mL 不同的有机溶剂装于气密小瓶中，于 30℃、200r/min 下温育 24h，再测定酶活性。对照是在相同实验条件下没有添加试剂/有机溶剂的酶样品。残余活性用分光光度法在 60 ℃、pH 8.0 下测定。

13. 脂肪酶合成酯的性质

使用游离（0.1mg）或固定化的脂肪酶，以乙酸作为酰基供体，4mL 正己烷搅拌反应器中进行乙酸异戊酯合成。为了固定脂肪酶，将 2mL 纯化的酶溶液［0.11mg 脂肪酶（相当于 76IU）溶解在 pH8.0、10mmol/L Tris-HCl 缓冲液中］与 0.5g 硅藻土混合，并将悬浮液在 4℃下搅拌 1h。然后将固定于硅藻土的纯酶悬浮液在室温下干燥 6h（GeneVac EZ-2 Plus，英国）。将所得粉末悬浮于含有正己烷（1.86mL）和 500mmol/L 异戊醇（109μL）的 2mL 反应体系中。当反应温度达到 40℃时，通过向反应混合物中加入 300mmol/L 乙酸（34μL）引发酯化反应。将反应混合物在 40℃下温育 72h。在相同条件下，不添加脂肪酶进行对照实验。

以相同的时间间隔取出等份的反应混合物，并通过滴定测定反应混合物的总酸含量的降低来检测酯化程度。使用酚酞作为指示剂，乙醇作为猝灭剂，用 0.05mol/L 的标准浓度 NaOH 进行滴定。使用气相色谱法验证滴定法的准确性。使用装有 DB-5 柱（长 30m，直径 0.25mm，膜厚度 0.25μm）和火焰离子化检测器的气相色谱测定乙酸异戊酯浓度。使用氮气作为载气，流速为 1mL/min。柱式加热炉、进样孔和检测器的温度分别保持在 60℃、250℃和 200℃。通过 GC 分析（显示产物形成）和滴定（其显示酸消耗）计算转化百分比。

二、结果和讨论

1. 脂肪酶的纯化

在本研究中，使用硫酸铵沉淀，然后进行阴离子交换和疏水相互作用色谱纯化，得到电泳纯的脂肪酶。通过该纯化程序，酶活性提高了 302 倍，总产率为 34%（表 5-2）。疏水相互作用色谱法已被用于许多脂肪酶的纯化，因为这些酶在本质上是疏水性的，并且与疏水性支持物显示出强烈的相互作用。本研究发现在 20%硫酸铵存在下，在 Toyopearl Phenyl-650M 柱上有 100%的酶保留。使用 30%（体积分数）的异丙醇从疏水相互作用柱中洗脱脂肪酶，其最终产率为 34%。在水溶液（包括缓冲液和盐）中，纯化的脂肪酶会形成聚集体。低蛋白质浓度的脂肪酶的凝胶过滤色谱显示了孔隙体积洗脱，表明脂肪酶形成活性分子聚集体。已经有报道的具有脂肪酶活性的其他酶聚集体的存在，可以通过这些酶的强疏水性来解释。将纯化的酶制剂储存在－20℃，用于研究其酶学性质。

表 5-2 脂肪酶纯化

纯化步骤	总酶活性①/IU	总蛋白质②/mg	比酶活/(IU/mg)	比酶活比值/倍	酶活留存率/%
培养滤液	210.0	107.0	2.1		
硫酸铵沉淀	186.00	26.11	6.50	3.56	93.15
Q 琼脂糖凝胶柱	108.00	4.12	24.10	10.90	51.00
Toyopearl Phenyl-650M 柱	75.11	0.096	634.2	302.00	34

① 一个国际单位（IU）：使用 *p*-NPP 为底物，每分钟释放 1 μmol/L *p*-NP 的酶量。

② 蛋白质浓度用布拉德福德法（Bradford，1976）估算。

2. 凝胶电泳和酶谱分析

纯化的脂肪酶 SDS-PAGE（图 5-8）显示有一条分子质量为 33kDa 的单一蛋白质条带。在 SDS-PAGE 后，使用 MUF-丁酸钠原位酶测定法检测凝胶上条带的活性，发现 *p*-NPP 水解活性与纯化的蛋白质一致（图 5-8）。33kDa 的变性分子质量是在其他具有脂肪分解活性的酶（20～60kDa）报道范围内，并且高于之前报道的放线菌嗜热脂肪酶。

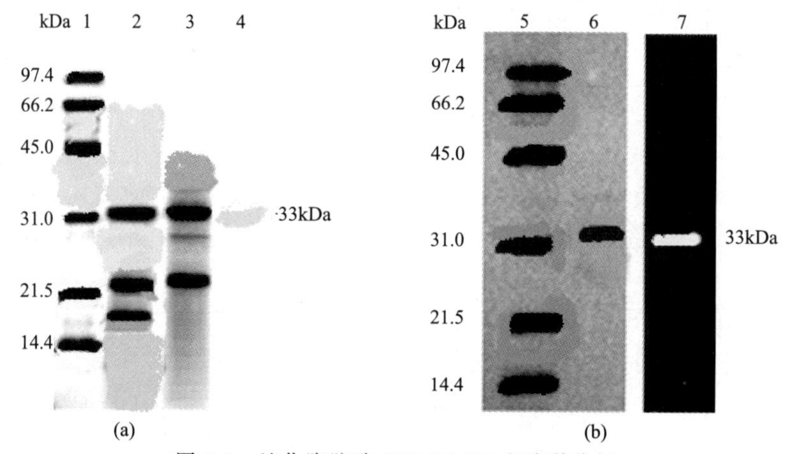

图 5-8 纯化脂肪酶 SDS-PAGE 和酶谱分析

Figure5-8 SDS-PAGE and zymography of purified lipase

（a）泳道 1：标准蛋白质；泳道 2：培养上清液；泳道 3：培养上清液用 40%硫酸铵沉淀并透析；泳道 4：Toyopearl Phenyl-650M 色谱后纯化蛋白质。（b）纯化脂肪酶 SDS-PAGE 的酶谱通过 MUF-丁酸钠分析活性（泳道 6），随后用银染色硝酸盐（泳道 7）。样品上样对应标准分子量（泳道 5）及纯化的脂肪酶（泳道 6 和 7）

3. 脂肪酶的 N 末端序列

来自电泳凝胶的 PVDF 转移带的 N 末端测序能够测定 20 个氨基酸残基：NPYERGPDPTTA-SIEATR 。将该序列与已知脂肪酶的序列进行比较（表 5-3），仅与脱叶链霉菌脂肪酶的 N 末端序列有 85%相似性。脂肪酶的前 19 个氨基酸与基因组序列中的 ORF 鉴定的脂肪酶的 48～66 个氨基酸相同（基因库登录号 ADJ49206）。这个 ORF 很可能为脂肪酶编码序列。

表 5-3 脂肪酶与脱叶链霉菌脂肪酶的 N 末端序列

Table 5-3 N flank sequences of lipase and *Streptomyces exfoliates* lipase

脂肪酶	NPYERGP**D**PT**T**ASIEA**T**R
脱叶链霉菌脂肪酶	NPYERGPAPTNASIEASR

注：不匹配的氨基酸残基被加下划线并以粗体突出显示。

4. pH 和温度对脂肪酶活性和稳定性的影响

从表 5-4 可以看出，以 p-NPP 为底物时，纯化酶最适 pH 为 8.0。在 pH 7 和 pH 9 约有 90%的相对活性。纯化酶在 pH 7～9 范围内稳定，在保存 24h 后保持 95%以上的相对活性。脂肪酶在较大 pH 范围内的高活性和稳定性表明其具有较好的实用性。纯化酶在 60℃显示出对 p-NPP 的最大活性，并且在 50～60℃下最稳定，3h 后仍保持 100%活性。

表 5-4　脂肪酶在不同 pH 条件下相对酶活

Table 5-4　Relative activity of the lipase at different pH values

pH	0h 相对酶活	24h 相对酶活	24h 残留酶活率
6	86.1%	82.6%	97.6%
7	89.9%	86.1%	97.9%
8	100%	98.9%	99.1%
9	90.0%	89.2%	98.9%

5. 动力学常数

在 60℃纯化的脂肪酶水解标准底物 p-NPP，根据动力学双曲线图分析，得到了该酶的米氏常数，v_{max}^{app}为（2.50±0.01）mmol/（min · mg），K_m^{app} 为（0.096±0.02）mmol/L，k_{cat}^{app}为 1398±19s^{-1}，表明脂肪酶具有较高的底物亲和力和催化效率（表 5-5）。

表 5-5　酶催化的动力学常数

Table 5-5　Parameters values of enzymatic catalysis

米氏方程参数	参数值	米氏方程参数	参数值
v_{max}^{app}	(2.50±0.01)mmol/(min · mg)	k_{cat}^{app}	1398±19s^{-1}
K_m^{app}	(0.096±0.02)mmol/L		

6. 底物特异性

用不同长度的酰基链对硝基苯酯为底物研究脂肪酶的底物特异性。p-NP 辛酸酯（$C_{8:0}$）及 p-NP 己酸酯（$C_{6:0}$）获得最高的水解速率，表明酶对中等长度的酰基链能更高效催化[图 5-9(a)]。使用乳化油，特别是橄榄油，脂肪酶显示出较高的活性［图 5-9(b)］。在测试的三酰基甘油酯底物中，脂肪酶显示出对长不饱和脂肪酰基链的三油酸甘油酯具有最高活性[图 5-9(c)]。对顺-9 不饱和基团（$C_{18:1,顺-9}$、$C_{18:2,顺-9,12}$、$C_{18:3,顺-9,12,15}$）底物的相对活性高于饱和三酰基甘油酯（$C_{8:0}$、$C_{16:0}$、$C_{18:0}$）。通过酶的催化使脂肪和不饱和脂肪酸进行酯交换，改善用于食品工业的甘油三酯的物理性质，这是非常有价值的。

7. 水解键的位置特异性

为了确定脂肪酶催化键的位置特异性，将脂肪酶催化三油酸甘油酯进行水解产物进行薄层色谱（TLC）分析（图 5-10）。在 30℃反应 30min 后，脂肪酶水解三油酸甘油酯的主要产物为油酸、1,3-二油精（1,3- DO)、1,2(2,3)-二油精[1,2(2,3)-DO]，次要产物为 1（2）-单油酸酯［1（2）-MO］。该脂肪酶没有区分三油酸甘油酯 sn-1 和 sn-2 位置的能力。

由于反应时间短，自发的酰基转移被认为是不可能的。像大多数细菌脂肪酶，脂肪酶属于非特异性的脂肪酶，可水解三油酸甘油酯中的初级和次级酯键。

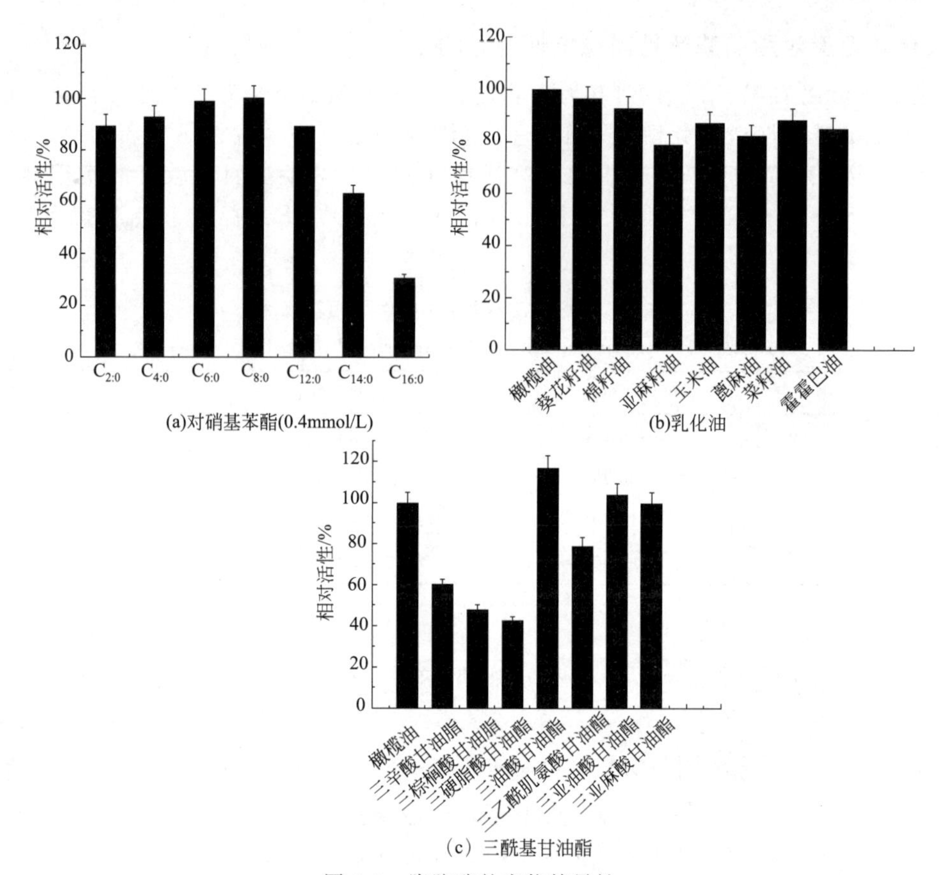

图 5-9　脂肪酶的底物特异性

Figure5-9　Substrates specificity of lipase

使用脂肪酸的 *p*-NP 酯作为底物（a），在标准测定条件下进行脂肪酶测定。通过滴定法测定乳化油和三酰基甘油酯底物[(b)和(c)]的水解，以 *p*-NP 辛酸酯（$C_{8:0}$）及橄榄油为 100%，计算其他底物的相对活性。值为三个独立实验的平均值，误差条表示标准偏差

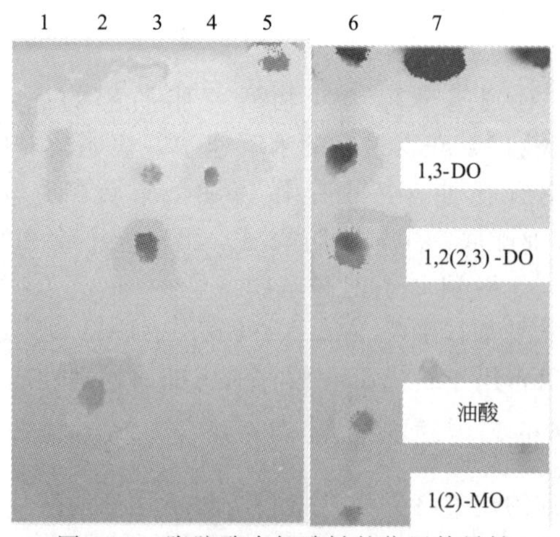

图 5-10　脂肪酶水解酯键的位置特异性

Figure 5-10　Position specificity of ester linkage hydrolyzed by lipase

通过薄层色谱分析水解产物。泳道 1：油酸；泳道 2：1,2(2,3)-二油精[1,2(2,3)-DO]及微量的 1,3-二油烯；泳道 3：1,3-二油精（1,3-DO）；泳道 4：三油精（TO）；泳道 5：标准混合物；泳道 6：对照（不含酶的三油精）；泳道 7：纯化的脂肪酶水解三油酸甘油酯的产物（1,3-二油精；1,2-或 2,3-二油精；油酸；1 或 2-单油酸酯和残留三油酸甘油酯）

8. 试剂和有机溶剂对酶活性的影响

研究了各种化合物对纯化脂肪酶活性的影响（表 5-6）。结果表明脂肪酶对螯合剂、乙二胺四乙酸（EDTA）和柠檬酸钠不敏感，证明它不是金属酶。但是 1mmol/L 二羟化钙和脱氧胆酸钠会导致酶的活性改变。6.0mol/L 尿素对脂肪酶只有轻微的影响。尿素会引起酶的分解，并且在低于 6.0mol/L 浓度下时无显著的活性抑制。还原剂通常会导致脂肪酶活性的抑制。然而，脂肪酶在 1mmol/L 的 1,4-二硫苏糖醇、β-巯基乙醇和抗坏血酸中被激活，增加的酶活分别为 45.8%、38.0%和 24.8%。与 1mmol/L 的不同链长脂肪酸的温育会引起酶活性的轻微抑制，这种现象与催化中心的竞争一致。这种抑制效果与其他脂肪酶获得的结果相同。金属离子对酶的稳定性影响，Hg^{2+}会导致脂肪酶的最高活性降低 79.1%，这可能是由于 Hg^{2+}与功能硫醇基团的结合导致的。

使用化学修饰确定影响脂肪酶催化的氨基酸。NAI、CA、IA 和 PG 没有抑制脂肪酶的活性，这表明在催化中不涉及酪氨酸、赖氨酸、半胱氨酸和精氨酸残基。观察到 PMSF、EDAC、DEPC 和 NBS 对酶有强烈抑制作用，这表明丝氨酸、羧酸盐、组氨酸和色氨酸参与了酶的催化进程（表 5-7）。在几种具有天冬氨酸或谷氨酸羧酸残基的脂肪酶的催化位点上观察到甘氨酸-组氨酸-天冬氨酸的三联体。因此，脂肪酶中的催化位点涉及丝氨酸、组氨酸和羧酸残基。此外，由于 NBS 介导的修饰导致酶显著地失活，所以色氨酸在脂肪酶的催化活性中起重要作用。色氨酸影响界面活化，并且可能在脂肪酶催化中具有相同的功能。

表 5-6 不同分子对脂肪酶活性的影响

Table 5-6 Effect of different moleculars on lipase actvity

效应分子	相对活性/%①	效应分子	相对活性/%①
对照	100.0	1,4-二硫苏糖醇	145.8
EDTA	97.0	抗坏血酸	124.8
柠檬酸钠	97.1	羊蜡酸	90.1
SDS	97.1	豆蔻酸	99.8
洋地黄皂苷	150.1	棕榈酸	99.6
脱氧胆酸钠	198.0	尿素(6.0mol/L)②	96.7
β-巯基乙醇	138.0		

①纯化的脂肪酶在效应分子（1mmol/L）的存在下 30℃温育 1h。活性表示为相对于未处理对照活性的百分比。

②温育混合液中尿素浓度。

表 5-7 几种试剂对脂肪酶活性的影响

Table 5-7 Effect of some chemicals on lipase activity

试剂	可能的反应部位	残留活性/%	试剂	可能的反应部位	残留活性/%
CA	Lys	99.1	NAI	Tyr	99.1
DEPC	His	00.0	NBS	Trp	31.0
EDAC	Asx/Glx	00.0	PG	Arg	99.1
IA	Cys	94.1	PMSF	Ser	15.4

注：将纯化的脂肪酶（10μL）与影响不同氨基酸官能团的试剂（5mmol/L）一起温育。在 30 ℃温育 1h 后，测定残留的脂肪酶活性。活性表示为相对于未处理对照活性的百分比。

在水溶性溶剂（二甲基甲酰胺、甲醇、乙醇和 2-丙醇）以及非水溶性溶剂（正己烷、对二甲苯、环己烯和甲苯）的存在下，脂肪酶是稳定的。在大多数情况下，酶被激活，酶活性大于 100%。只有很少的报道放线菌脂肪酶具有亲水溶剂的稳定性。

9. 脂肪酶在酯合成中的潜力

乙酸异戊酯具有香味特征，是食品、饮料、化妆品和制药行业中最重要的风味和香料化合物之一。使用硅藻土固定或游离状态的纯化脂肪酶，以乙酸作为酰基供体，催化异戊醇在正己烷中酯化为乙酸异戊酯。虽然反应条件未得到优化，但脂肪酶显示出合成乙酸异戊酯的巨大潜力。在72h的催化反应后，使用固定化和游离的脂肪酶分别获得的乙酸异戊酯转化率为36%和18%（表5-8）。所以，与游离的酶相比，固定在硅藻土上的脂肪酶显示出高2倍的酯化产率。硅藻土固定脂肪酶可通过使用有机溶剂的变性效应来保护，从而提高酶的催化效率。

表5-8　固定或游离脂肪酶转化乙酸异戊酯的效率

Table 5-8　Efficiency of isoamyl acetate conversion by free or immobilized lipase

脂肪酶的状态	乙酸异戊酯转化率/%
固定化脂肪酶	36%
游离脂肪酶	18%

三、结论

无枝酸菌产生的脂肪酶具有乙酸异戊酯的合成特性，对呈现酒体的果香风味具有重要的意义。通过一系列的纯化步骤和固定化步骤，固定化的酶具有较高的催化活性，能高效合成乙酸异戊酯。

异戊醇是酿酒过程中产生的不利于酒体保健的物质，利用脂肪酶酯化异戊醇生成乙酸异戊酯对提升酒体的品质、增强酒体的舒适感具有重要的应用价值。

第三节　固定化的果酒风味酯酯化酶

在白酒中添加果香味的风味酯，能显著提升白酒的风格和口感。随着年轻消费者对产品新颖性和个性化追求的不断提升，对果香味突出的新颖白酒更加喜爱。生产具有突出果香味的白酒，势必会具有越来越多的市场。

短链脂肪族酯的分子量很小，易挥发，因此能够产生令人愉悦的水果香味。天然的风味物质大多包含脂肪族乙酸酯、乙酸正丁酯和乙酸正丙酯等在苹果、草莓和梨中都天然存在的风味酯。从天然来源提取和化学合成是获取这些风味化合物的传统方法。

用寡丝孢杆菌产生的脂肪酶来酶促合成具有果香香味的乙酸正丁酯和乙酸正丙酯，酶固定交联在硅胶上，能提高催化效率和降低酶的成本。

一、材料和方法

1. 菌种

寡孢根霉：保存于PDA斜面上。

2. 化学试剂

试剂都是HPLC级或AR级。

3. 利用寡孢根霉生产脂肪酶

寡孢根霉生产胞外脂肪酶，将其接种于锥形瓶（250mL）中发酵，培养基成分为：麸皮（8g），补充的改良察氏培养基（12mL）（KH_2PO_4 1.0g/L，$MgSO_4 \cdot 7H_2O$ 0.5g/L，KCl 0.5g/L，$NaNO_3$ 2.5g/L，葡萄糖 50g/L 和麻花油 100mL/L，pH5.0）。利用高压灭菌，将培养基灭菌 20min，再接种孢子悬浮液（孢子浓度 10^8 个/mL），然后在 35℃、相对湿度 85%的条件下培养。发酵 5 天后，加 32mL 水进行浸泡，再用湿奶酪布浸提。在10000r/min 下离心 10min 取上清液，在 4℃下用硫酸铵（60%）进行初步沉淀。沉淀溶解在磷酸盐缓冲液（50mmol/L，pH7）中，将酶进行冻干保存。

4. 固定化活性二氧化硅载体制备

硅胶 60 胺化后与戊二醛交联制备固定化酶。为增加支持的强度，将硅胶 60（5g）和乙二胺（EDA）（50mL）回流 4h。待反应结束后，过滤得到胺化的二氧化硅，再用乙醇和去离子水洗涤数次。用磷酸盐缓冲液 50 mL（pH 8）进一步清洗胺化的硅胶，在相同的缓冲溶液中于 4 ℃下加 2.5 %戊二醛（100mL）搅拌 2h。反应完成后，交联化的二氧化硅（活化二氧化硅）用磷酸盐缓冲液（50mmol/L，pH 8）洗涤，再通过磷酸盐缓冲液（10mmol/L，pH6.5）处理二氧化硅载体使其彻底不含戊二醛。

5. 脂肪酶在活性硅胶上的固定化

将溶解在磷酸盐缓冲液（pH 7、10mmol/L、20mL）中的冻干脂肪酶（1g，1.05U/mg）与活化硅胶（4g）载体混合。向其中加入冷丙酮（80mL、－20 ℃），并将混合物在 4℃下放置于冰浴中用磁力搅拌器搅拌 30min。将固定的脂肪酶过滤，用丙酮（5mL，－10℃）洗涤并在空气中干燥。固定化的催化剂储存于－4℃。得到的固定化酶的活性为 56U/g。

6. 酶活性测定

脂肪酶活性的测定以棕榈酸对硝基苯酯为底物，采用分光光度法测量。在酶的介导下棕榈酸对硝基苯酯被水解，对硝基苯酚被释放出来。在上述条件下，每分钟释放 1μmol/L 的对硝基苯酚所需要的酶量定义为一个酶活单位（U）。酶活性用 U/g（二氧化硅）表示。

7. 酯交换反应

该反应在含有醇（500mmol/L，正丁醇和正丙醇）的乙酸乙烯酯溶液的螺旋盖小瓶（5mL）中进行。酯交换反应以加入固定的脂肪酶时开始。将小瓶与相应的对照（不含固定的脂肪酶的反应混合物）一起置于 30℃的定轨振荡器（200r/min）中振荡。在规定的时间间隔内收集样品，用 4Å 分子筛干燥并通过气相色谱进行分析。所有实验做三个平行实验。

8. 动力学研究的实验装置

为了确定无溶剂合成风味酯的动力学，在乙酸乙烯酯中加入不同的醇（正丁醇或正丙醇）（25～1000mmol/L）制备反应混合物。反应开始时间是在每个反应混合物中加入 5mg 的固定脂肪酶。反应温度保持在 30℃。采用双倒数作图法确定消耗底物的初始最大速率（v_{max}）和米-曼二氏常数（K_m）。

9. 过程分析

GC 分析（Agilent GC-6820）采用装备了 HP-5 毛细管柱（0.25μm×0.25mm×30m）和火焰电离检测（FID）的检测器。对于乙酸正丁酯，进样器和检测器的温度分别设定在 200℃和 280℃。加热器的最初温度在 40℃保持 3min，然后以每分钟提升 5℃的速率提高到

50℃，并在50℃保持1min。对于乙酸正丙酯，加热器的最初温度在40℃保持3min，然后以5℃/min的速率提高到100℃。进样器和检测器的温度分别设置为150℃和280℃。以氮气为载气，流速为1mL/min。乙酸正丁酯和乙酸正丙酯的保留时间分别为5.2min和3.14min。

10. 响应面法优化香料酯合成

采用MINITAB 14软件设计了一个三水平四变量的中心复合设计（CCD）方案，来优化香精酯（乙酸正丁酯和乙酸正丙酯）的合成。用于合成风味酯（乙酸正丁酯和乙酸正丙酯）的不同变量包括反应时间（20～28h）、温度（25～35℃）、搅拌速度（100～300r/min）和酶浓度（20～30g/100mL）。独立变量的水平和实际值见表5-9。乙酸正丁酯和乙酸正丙酯的合成在螺旋盖小瓶中进行。不同反应时间、温度、搅拌速度和脂肪酶浓度的CCD实验设计见表5-10。最后采集样品进行气相色谱分析。

表5-9 酯催化反应的变量和水平

Table 5-9 Parameters and selected values of lipase catalysis

编号	变量描述	标号		水平		
		实验组	对照组	高	中	低
1	反应时间/h	X_1	A	30	25	20
2	温度/℃	X_2	B	35	30	25
3	搅拌速度/(r/min)	X_3	C	300	200	100
4	酶浓度/(g/100mL)	X_4	D	30	25	20

表5-10 中心复合设计的实验结果

Table 5-10 Experiment results of central composite design

编号	输入变量				反应的摩尔转化率/%	
	反应时间/h	温度/℃	搅拌速度/(r/min)	酶浓度/(g/100mL)	乙酸正丁酯(BA)	乙酸正丙酯(PA)
1	20	25	100	20	18.30	20.18
2	30	25	100	20	32.60	36.0
3	20	35	100	20	26.60	28.09
4	30	35	100	20	34.30	36.15
5	20	25	300	20	21.60	26.31
6	30	25	300	20	45.20	45.91
7	20	35	300	20	21.80	23.72
8	30	35	300	20	42.2	44.65
9	20	25	100	30	23.0	28.30
10	30	25	100	30	47.2	47.94
11	20	35	100	30	29.4	31.95
12	30	35	100	30	52.7	54.69
13	20	25	300	30	22.3	23.39
14	30	25	300	30	49.9	50.99
15	20	35	300	30	28.2	20.00
16	30	35	300	30	52.5	54.00
17	20	30	200	25	39.7	41.00
18	30	30	200	25	55.6	57.12
19	25	25	200	25	46.6	45.40
20	25	35	200	25	45.3	46.30
21	25	30	100	25	46.2	48.36
22	25	30	300	25	47.6	48.60
23	25	30	200	20	44.6	45.23
24	25	30	200	30	55.6	56.00
25	25	30	200	25	51.0	54.20
26	25	30	200	25	51.0	54.20
27	25	30	200	25	51.0	54.20

二、结果和讨论

1. 搅拌速度

在固定化酶催化反应中，由于酶不会溶解在有机反应混合物中，因此存在双相催化体系，导致这种反应体系中的外部传质受到限制。为了探查传质限制的影响，在 50～300 r/min的不同搅拌速度下进行实验。结果发现，底物转化率逐渐增加，在 200r/min 时达到了最大值，超出该速度转化率几乎保持不变，见图 5-11。随着搅拌速度的增加，固体颗粒周围的薄膜厚度减小，传质阻力也减小。

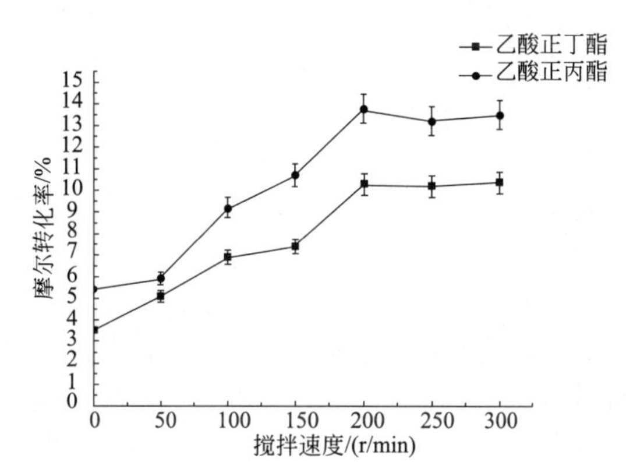

图 5-11　搅拌速度对乙酸正丁酯（▪）和乙酸正丙酯（•）合成的影响

Figure5-11　Effect of rotation on butyl acetate and propyl acetate

反应条件：温度 30℃，固定的脂肪酶浓度 10g/100mL，反应时间 6h

2. 水含量对脂肪酶催化的影响

水在脂肪酶催化的反应中具有非常重要的作用，不仅用于维持酶的三维结构完整性，还可以维持其最佳催化活性。通过在反应体系中加入 20%（体积分数）的水，测定 6 h 后的摩尔转化率，得到初始添加水量对酶活性的影响。对于这两种酯而言，摩尔转化率随添加水量的增加而降低。在不存在水的情况下两种酯获得最大摩尔转化率（乙酸正丁酯为 12 %、乙酸正丙酯为 16 %），而在反应混合物中加入 20%水的情况下，两种酯的转化率降低，见表 5-11。这意味着，最初吸附在交联二氧化硅上的水量足以使酶表现出最高活性。加入超过临界点的水后，交联二氧化硅载体进行剧烈水合作用，并且酶分子周围水层厚度增加。这会导致底物扩散到不利于酯化反应的酶的活性位点上。通过酶法合成油酸丁酯也报道过相同的结论，低水分含量有利于酯的合成。

表 5-11　水的加入量对脂肪酶合成乙酸正丁酯的影响

Table 5-11　Effect of added water amount on butyl acetate synthesis

固定化脂肪酶加入的水量/%	乙酸正丁酯摩尔转化率/%	乙酸正丙酯摩尔转化率/%
0	12	16
20	4.11	5.26

3. 酶浓度的影响

在保持所有其他参数恒定的情况下，将反应混合液中的固定化脂肪酶（SIL）的浓度从 2.5g/100mL（1.5U/mL）调整到 30g/100mL（18 U/mL），从而探讨酶量对风味酯合成的影响。如图 5-12 和图 5-13 所示，观察到酶浓度为 25g/100mL（15U/mL）时反应 24h 后，发现合成乙酸正丁酯和乙酸正丙酯的摩尔转化率达到 50%和 56%。当进一步增加酶量时，反应速率没有增加，这可能是由于缺乏进入酶的活性位点的底物或酶浓度较高时难以均匀地保持在悬浮液中。

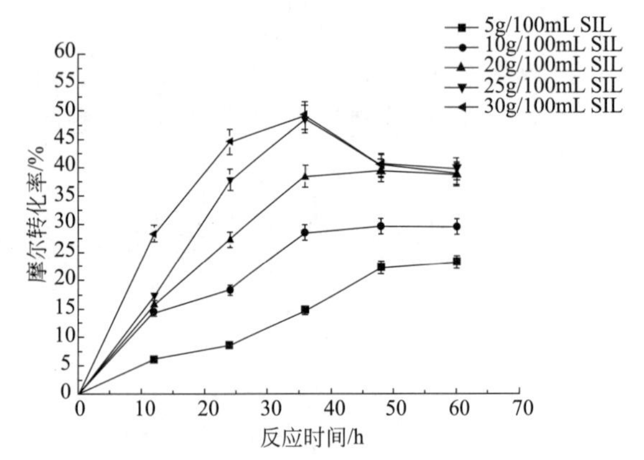

图 5-12　酶用量对酶法合成乙酸正丁酯的影响

Figure 5-12　Effect of lipase concentration of butyl acetate synthesis

反应条件：温度 30℃，转速 200r/min，额外的水 0 %

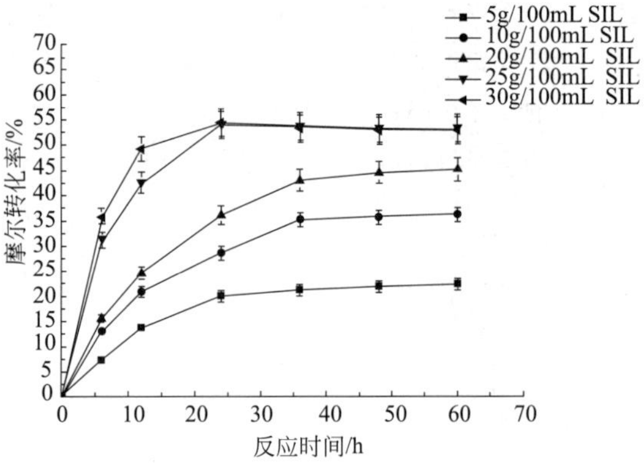

图 5-13　酶用量对酶法合成乙酸正丙酯的影响

Figure 5-13　Effect of lipase concentration of propyl acetate synthesis

反应条件：温度 30℃，转速，200r/min，额外的水 0%

4. 温度对酶催化的影响

在脂肪酶催化的反应中，温度对反应的初始速率和酶的稳定性影响十分显著。在大多数情况下，反应速率随温度升高而升高，而酶的稳定性下降。酶促反应速率随温度的升高可由过渡态理论解释。考虑到乙酸乙烯酯的沸点（73℃），催化反应在 30～70 ℃的不同温度范围内探讨。随着温度从 30 ℃升高到 50 ℃，反应速率遵循阿伦尼乌斯模型，随着温度的升高而升高。当超过 50℃ 时反应速率下降。在这一温度梯度下乙酸正丁酯的合成，速率从 219mol/(g・h)升高到 412mol /(g・h)，而对于乙酸正丙酯而言，速率从 302mol/(g・h)升至 531mol /(g・h)。因此，在阿伦尼乌斯图（图 5-14）中的温度范围内，由初始反应速率可以确定活化能。通过固定脂肪酶的催化合成的乙酸正丁酯和乙酸正丙酯的活化能分别计算出为 25.4kJ/mol 和 22.8kJ/mol。结果表明，在较高的温度下酶的三级结构被破坏，酶变性失活。本研究的结果证实了早期报道的脂肪酶作用最适温度在 30～62℃之间。Yong 和 Al-Duri 研究表明几乎所有的酶在温度达到 45℃以上就要热变性。

5. 固定化脂肪酶的稳定性

在 30℃下，以不同时间间隔从反应混合物中检测生物催化剂的残留活性来研究固定化脂肪酶的稳定性。生物催化剂的稳定性不受反应混合物（乙酸乙烯酯中加入 500mmol/L 乙醇）的影响。此外，有人指出，即使乙酸乙烯酯的浓度高达 1000mmol/L 时，固定脂肪酶的活性也保持不变。为了估算出生物催化剂的热稳定性，在加入固定化脂肪酶之前，将反应混合物在三个不同温度（30℃、40℃和 50℃）下预平衡。在一定的时间间隔后，从反应混合物取酶样品进行活性测试。图 5-15 显示，固定化脂肪酶在 50℃下反应 24h 后失活率为 25%，但是在较低温度下未观察到这种失活，该酶在 30℃下可重复使用。

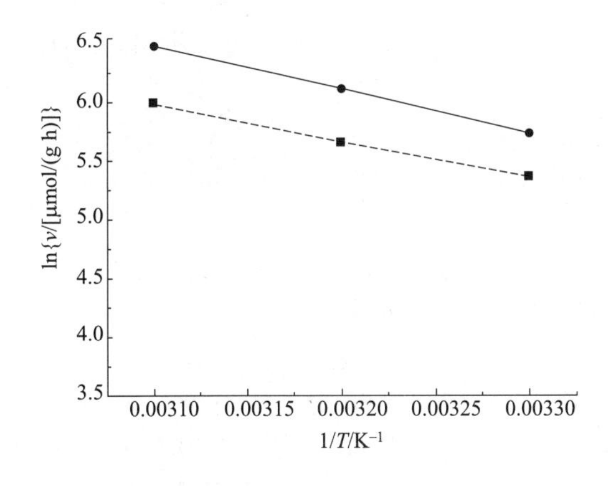

图 5-14 合成乙酸正丁酯（▪）和乙酸正丙酯（•）的活化能

Figure5-14 Active energy of butyl acetate and propyl acetate

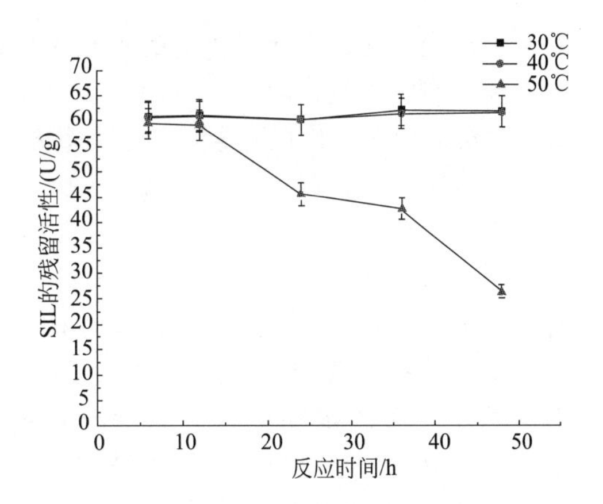

图 5-15 二氧化硅固定化脂肪酶（SIL）的稳定性

6. 产物表征

固定化脂肪酶的主要优点在于它的可重复使用性，使合成过程的成本降低。评价固定化生物催化剂的可重复使用性是在反应完成后，于 5000r/min 离心 10 min 收集酶，用己烷把反应物和产物吸附，在室温下干燥后将其悬浮在反应混合物中，接下来用同等条件测量。研究发现，在连续 18 天酯合成后，随后的合成中乙酸正丁酯和乙酸正丙酯的底物转化率分别下降了近 34.2%和 37.5%。这可能是由于在重复使用中酶的丧失或变性造成的。

利用 FTIR 光谱分析了分离产品中的乙酸正丁酯和乙酸正丙酯的光谱，观察了在 $1200cm^{-1}$（与酯基的 C—O 延伸相对应），$1680cm^{-1}$（与酯基的 C ═ O 延伸相对应）、$3000cm^{-1}$（与脂肪族的 C—H 延伸相对应）的透光带。

合成香料酯（乙酸正丁酯和乙酸正丙酯）的特性利用^{1}H 核磁共振（400 mHz，$CDCl_3$）光谱来验证。乙酸正丁酯的核磁共振谱中的五个信号对应于分子中存在的五个不同的质子。表 5-12 中下划线给出了信号和相对应的质子。

表 5-12 乙酸正丁酯及乙酸正丙酯核磁共振对应信号

Table 5-12 NMR signals of butyl acetate and propyl acetate

乙酸正丁酯核磁共振	乙酸正丙酯核磁共振
δ4[2H,$CH_3CH_2CH_2\underline{CH_2}OC({=}O)CH_3$] δ2[3H,s,$={OC}({=}O)\underline{CH_3}$] δ1.6[2H,m,$CH_3CH_2\underline{CH_2}CH_2OC({=}O)CH_3$] δ1.3[2H,m,$CH_3\underline{CH_2}CH_2CH_2OC({=}O)CH_3$] δ0.9[3H,t,$\underline{CH_3}CH_2CH_2CH_2OC({=}O)CH_3$]	δ4[2H,t,$CH_3CH_2\underline{CH_2}OC({=}O)CH_3$] δ2[3H,s,—$OC({=}O)\underline{CH_3}$] δ1.6[2,m,$CH_3\underline{CH_2}CH_2OC({=}O)CH_3$] δ0.9[3H,t,$\underline{CH_3}CH_2CH_2CH_2OC({=}O)CH_3$]

乙酸正丁酯和乙酸正丙酯分别有五种和四种不同的质子。两个分子的 C-1 质子出现在最下面（δ4），而 3 个乙酰质子在 δ2 附近出现。根据环境的不同，乙酸正丁酯其余的质子分别是 C-2、C-3 和 C-4 原子，它们的化学位移分别在 δ1.6、δ1.3 和 δ0.9。理论上，随着电性的减少，信号会出现更多的上升空间。乙酸正丙酯的 C-2 和 C-3 质子分别出现在 δ1.6 和 δ0.9。

7. 酶催化动力学

固定化脂肪酶催化乙酸正丁酯和乙酸正丙酯合成的动力学参数采用一阶模型。脂肪酶催化的作用机理普遍被大众所接受的是双底物乒乓反应机制。从以前的报道可以看出，有机溶剂中各种醇类的乙酰化动力学机制符合“双底物乒乓”反应机制。

Romero 等人给出了此类反应的速率方程：

$$v=\frac{v_{max}[A][B]}{K_{mB}[A]+K_{mA}[B]+[A][B]} \tag{5-1}$$

式中，v 是初始速率；v_{max}是最大的速率；K_{mA}是醇对应的米氏常数；K_{mB}是乙酸乙烯酯对应的米氏常数；[A]、[B] 分别为醇和乙酸乙烯酯的初始浓度。

为了合成两种短链乙酸酯，使用两种底物［醇（A）和乙酸乙烯酯（B）］，使得反应混合物中乙酸乙烯酯饱和，从而让乙酸乙烯酯的浓度保持恒定，所有反应的有效度只取决于醇浓度。虽然该反应遵循双底物乒乓反应机制，但从初始速率和醇浓度之间的关系观察，该反应也遵循单一底物的米-曼二氏动力学公式。这一现象可以从下面的推导中进一步得到证实。

公式(5-1) 可以重新整理为：

$$v=\frac{v_{max}[A]}{K_{mB}[A]/[B]+K_{mA}+[A]} \tag{5-2}$$

在过量的底物 B（乙酸乙烯酯）存在下，公式(5-2) 的分母中第一项趋于零。因此，公式(5-2) 变成以下形式：

$$v=\frac{v_{max}[A]}{K_{mA}+[A]} \tag{5-3}$$

因此，对于不同初始浓度的醇（A），反应速率与乙酸乙烯酯（B）的浓度无关，并都遵循拟一级反应动力学。

从图 5-16 中可知初始速率和醇浓度的双倒数曲线是线性的，其中对于乙酸正丁酯的动力学参数 K_m 和 v_{max} 分别被评估为 226.8mmol/L 和 321.7mol/(g・h)，而对于乙酸正丙酯的为 220.9mmol/L 和 383.7mol/（g・h)。

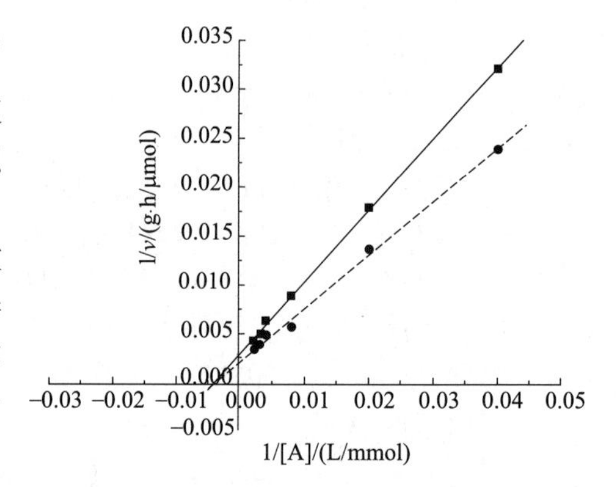

图 5-16　初始速率（v）与初始底物［A：正丁醇（■）/正丙醇（●）］浓度的双倒数曲线图

反应条件：温度 30 ℃、搅拌速度 200r/min、初始水含量 0%

三、结论

本研究是通过将脂肪酶固定在交联硅胶 60 上进行乙酸正丁酯和乙酸正丙酯的合成。固定化的生物催化剂能有效地合成两种新的风味酯，分别得到 50.2%和 55.7%的乙酸正丁酯和乙酸正丙酯。酯合成的反应条件是温和的，并且固定化脂肪酶能够重复使用。本研究着重于应用一阶反应机理，在无溶剂条件下，其中一个底物与另一个底物相比存在大量过剩的系统中，单底物催化遵循米-曼二氏速率定律。

第四节　海洋近平滑假丝酵母产生的酯化酶

己酸乙酯作为浓香型白酒的主体香味成分，是判断浓香型白酒优质品率的主要因素。己酸乙酯合成的主要途径是己酸和乙醇在酯化酶作用下催化合成。酯化酶是大曲微生物的产物，在大曲中含量的高低直接决定了大曲的质量好坏，也间接决定了浓香型白酒的酒质。目前，产酯化酶的微生物主要有：真菌类，包括产酯酵母、假丝酵母、华根霉、红曲霉、紫红曲霉、黄曲霉等；细菌类，包括芽孢杆菌属、假单胞菌属、伯克霍尔德菌属等。

以我国东海海域深海泥为样本，筛选能够产酯化酶的酵母，并对该酵母进行 18 SrDNA 生物学鉴定，同时以己酸和乙醇为底物，探究该产酯酵母的酯化能力，希望将其应用到白酒酿造中，以丰富可酿酒微生物菌群和可酿酒微生物来源。

一、材料与方法

1. 样品处理

样品来源于东海海域，将样品中的水样和泥样混匀，取 25mL 于 10000r/min 下离心 30min，去上清液，沉淀用 3mL 无菌去离子水重悬，混匀后备用。

2. 试剂

乙酸正戊酯（色谱纯），甲酸（分析纯），乙酸（分析纯），丁酸（分析纯），己酸（分析纯），庚酸（分析纯），乙醇（分析纯），三丁酸甘油酯（分析纯）。以上试剂均购买自上海生工生物工程有限公司。麸皮购买于湖北工业大学南门农贸市场。

3. 培养基

富集培养基：蛋白胨 0.5%，酵母粉 0.1%，磷酸铁 0.01%，3.4% NaCl 溶液，pH 7.5，在 115℃下灭菌 30min。

初筛培养基：富集培养基加入三丁酸甘油酯 2%、琼脂 2%，在 115℃下灭菌 30min。

YEPD 培养基：1%酵母膏，2%蛋白胨，2%葡萄糖，若制固体培养基，加入 2%琼脂粉，pH 7.5，在 115℃下灭菌 30min。

种子培养基：葡萄糖 0.6 %，蛋白胨 1%，牛肉膏 0.3%，NaCl 1%，pH 7.5，在 115℃下灭菌 30min。

麸皮培养基：麸皮∶种子培养基为 10∶7，在 115℃下灭菌 30min。

4. 流程

海洋泥样品⟶富集培养⟶初筛分离⟶纯化⟶镜检复筛⟶提取 DNA ⟶ PCR⟶产物基因测序。

（1）富集培养　取海洋泥样与水样混合液 1g，加入到盛有 150mL 富集培养基的 250mL 三角瓶中，放置于 28℃摇床，160r/min，培养 72h。

（2）初筛分离　吸取 1mL 富集培养液加至 9mL 无菌生理盐水中，依次稀释到 10^{-7} 稀释度，选取 10^{-3}～10^{-7} 稀释度的菌液，从中吸取 0.15mL 涂布到初筛培养基上，涂匀后放置于 28℃恒温培养箱中培养 3～5 天。

（3）纯化　观察平板分离得到的单菌落，挑选初步有透明圈的单菌落划线接种于初筛培养基上，28℃恒温培养箱中培养 3～5 天。制片观察是否为纯菌株，否则继续划线分离，直至为纯种为止。挑选纯菌种产生透明圈较大的菌落进行 YEPD 斜面培养，4℃保存待用。

（4）复筛　将 YEPD 斜面菌种用接种环接种 1～2 环于 150mL 种子培养基中，160r/min，28℃下培养 72h。将种子液按 10%接种量接种于麸皮培养基中，于 28℃下，培养 7 天，期间每隔 24h 摇晃一次，以便菌种充分接触培养基。培养时间完成后，将培养基置于瓷盘中，于 45℃烘箱干燥，经粉碎机粉碎后得到粗酶制剂，4℃保存待用。

5. 酯化力检测及底物选择性

取粗酶制剂 25g 置于盛有 1.5%混合酸（甲酸、乙酸、丁酸、己酸、庚酸、辛酸）、25%无水乙醇的具塞三角瓶中，35℃酯化 100h，加入乙醇浓度为 30%的水溶液 50mL，接馏出液 50mL，取 10mL 馏出液定容进行 GC 检测。同时以在 105℃高温下灭活 15min 的粗酶制剂为空白对照。

6. 气相色谱条件

柱温：二阶段升温，初始温度 35℃，保持 10min，以 4℃/min 升到 95℃，再以 3℃/min 升到 110℃，保持 0min，再以 10℃/min 升到 200℃，保持 8min。进样口温度 210℃。检测器温度 220℃。载气：高纯氮气。氢气：25mL/min。空气：180mL/min。柱前压：30kPa。柱流量：1.12～1.36mL/min。尾吹：25mL/min。分流比：53∶1。进样量：0.5μL。内标：2%乙酸正戊酯。

7. 生长曲线

将 LB 斜面的菌种用接种环接种于 150mL 种子培养基中，160r/min，分别在 15℃、25℃、35℃下培养，测定 OD_{600}。

8. 菌种鉴定

将 YEPD 斜面的菌种用接种环接种于 150mL 种子培养基中，160r/min，28℃下培养 36h。取 5mL 菌液离心后按试剂盒进行基因提取，PCR 扩增，使用 ITS1/ITS4 引物进行扩增，检测 18S rDNA。引物 ITS1：5′-TCCGTAGGTGAACCTGCGG-3′；ITS4：5′-TCCTCCGCTTATTGATGTGC-3′。反应体系如表 5-13，反应程序如表 5-14。

表 5-13 PCR 反应体系

Table 5-13 PCR reaction mixtures

反应物	体积/μL	反应物	体积/μL
10×扩增缓冲液	2.5	模板 DNA	2
4 种 dNTP 混合物(2.5mmol/L)	2	Taq DNA 聚合酶(5U/μL)	0.5
ITS1 引物 1(2μmol/L)	2.5	ddH_2O	13
ITS4 引物 2(2μmol/L)	2.5	总体积	25

表 5-14 PCR 反应程序

Table 5-14 PCR reaction program

步骤	温度/℃	时间
预变性	95	5min
变性	95	30s
退火	56	1min
延伸	72	1min
循环	重复“变性—延伸”步骤共计 35 个循环	
延伸	72	10min

9. 琼脂糖凝胶电泳和进化树构建

1.0%琼脂糖凝胶电泳，分别取基因提取产物和 PCR 扩增产物各 5μL 及 1μL 上样缓冲液混合后上样，保持电压 70mV，待条带跑至 2/3 处时结束电泳。电泳结束后，利用凝胶成像系统分析结果。

将扩增好的 PCR 产物进行基因测序，根据测序结果绘制系统发育树，以进一步确定菌种所属。

二、结果和讨论

1. 初筛结果

经初步分离、纯化，从深海泥样品中筛选出的菌株依据菌落形态、大小、颜色等特征分离得到20株可培养菌株，其中大多数（80%）为革兰氏阳性菌，菌落分布呈现乳白色、粉红色、柠檬黄等。在筛选培养基上产生透明圈的菌株菌落特征见表5-15。

表5-15　筛选培养基上长出菌落的特征

菌株编号	菌落直径/cm	菌落颜色	透明圈直径/cm	有无孢子
S	1.2	白色	1.3	无
A	0.6	黄色	0.9	无
B	0.8	红色	0.9	无
C	0.8	透明	0.9	无
D	0.2	蓝色	0.3	无

2. 筛选菌株的酯化力

表5-16　筛选菌株的酯化力

Table 5-16　Esterase activity of selected strains

菌株编号	酯化力/(U/mL)	菌株编号	酯化力/(U/mL)
S	2.78	C	1.23
A	1.48	D	1.32
B	0.96		

表5-16所示，编号S菌株的酯化力为2.78U/mL，编号A菌株酯化力为1.48U/mL，编号S菌株的酯化力大约是编号A的2倍。菌株的酯化能力越大，表明菌株产生的酯化酶的比酶活更高或酶量更大。不同菌株的酯化力不一样，原因是不同菌株产生的酯化酶的比酶活或酶量有差异。

表5-17　筛选菌株的酯化酶合成己酸乙酯的能力

Table 5-17　Ability of esterases from selected strains

菌株编号	酯化合成己酸乙酯/(mg/100mL)	菌株编号	酯化合成己酸乙酯/(mg/100mL)
S	67.44	C	21.93
A	36.96	D	11.39
B	10.23		

表5-17所示，编号S菌株酯化合成己酸乙酯达67.44mg/100mL，己酸乙酯的产量高，表明该菌株产生地酯化酶能较高速率地合成己酸乙酯。A菌株的酯化酶酶活虽然相对较低，但是其产生的己酸乙酯的产量较高，原因可能是该菌株产生的酯化酶具有很好的底物专一性，能高效催化形成己酸乙酯。

3. 筛选菌株的酯化酶底物选择性

编号S菌株和编号A菌株制得的粗酶制剂以混合酸（包括甲酸、乙酸、丁酸、己酸、庚酸、辛酸）为底物，测得编号S菌株和编号A菌株对不同碳链长度的酸的选择性如表5-18所示。

表 5-18 不同菌株酯化酶的底物特异性

Table 5-18 Substrates specificity of esterases from different strains

底物名称	酯化产物	S 菌株酯化产物含量/(mg/50mL)	A 菌株酯化产物含量/(mg/50mL)
甲酸	甲酸乙酯	0	0
乙酸	乙酸乙酯	10.08	0
丁酸	丁酸乙酯	5.98	0
己酸	己酸乙酯	33.72	18.48
庚酸	庚酸乙酯	0	0
辛酸	辛酸乙酯	0	0

如表 5-18，两种菌株对不同碳链长度的酸的选择性有所不同，其中编号 A 菌株产生的酯化酶只对己酸有催化作用；而编号 S 菌株对乙酸、丁酸、己酸均有催化作用，且对己酸的催化作用大于乙酸、丁酸，但对其他酸如甲酸、庚酸、辛酸没有表现出催化作用。

4. 筛选菌株的生长曲线

编号 S 菌株在两种温度下生长，通过测定 OD_{600} 绘制曲线，如图 5-17。

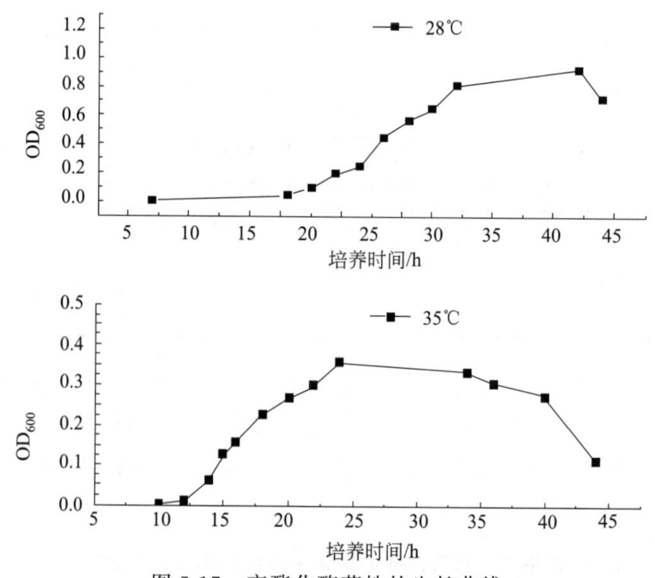

图 5-17 产酯化酶菌株的生长曲线

Figure 5-17 Growth curves of esterase producing strain S

如图 5-17，编号 S 菌株在 28℃生长较为良好，当培养时间在 24h，菌株生长由迟缓期进入对数生长期；当培养时间超过 40h 后，菌株开始由稳定期进入衰亡期。当菌株培养温度由 28℃升高到 35℃时，菌株的迟缓期缩短，在培养了 15h 后开始进入对数生长期；在培养 35h 后，菌株开始由稳定期进入衰亡期。

5. 菌落形态

在 YEPD 固体培养基上的菌落形态及结晶紫染色见表 5-19。

表 5-19 显微镜下菌落形态

Table 5-19 Morphology of two strains displayed with a microscope

编号	结晶紫染色	菌落形态	放大倍数	革兰氏染色
S	紫色	椭圆形	40 倍	阳性
A	紫色	杆状	40 倍	阳性

6. PCR 产物电泳和测序

纯化的编号 S 菌株经过试剂盒提取 DNA，以基因组为模板，PCR 的琼脂糖电泳结果如图 5-18。

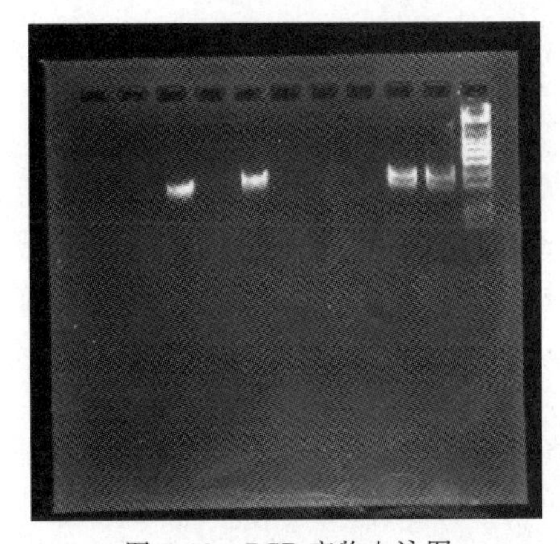

图 5-18　PCR 产物电泳图

Figure 5-18　Electrophores of PCR product

如图 5-18，图中最右侧的 DNA Marker，分子质量大小从上到下依次为 2000bp、1500bp、1000bp、500bp、100bp。在 Marker 左侧两个条带均是提取的编号 S 菌株的 DNA，Marker 左侧第一个为 DNA 5μL，左侧第二个为 DNA 10μL。经电泳发现，在 500bp 左右有单一条带，这表明，该菌株的 ITS DNA 大约为 500bp。

经华大基因测序分析，编号 S 菌株的 ITS 测序结果如下：

GTGCGTCGGATGAGTGCTTACTGCATTTTTTCTTACACATGTGTTTTTCTTTTTTTGAAAACT TTGCTTTGGTAGGCCTTCTATATGGGGCCTGCCAGAGATTAAACTCAACCAAATTTTATTTAATGT CAACCGATTATTTAATAGTCAAAACTTTCAACAACGGATCTCTTGGTTCTCGCATCGATGAAGAAC GCAGCGAAATGCGATAAGTAATATGAATTGCAGATATTCGTGAATCATCGAATCTTTGAACGCAC ATTGCGCCCTTTGGTATTCCAAAGGGCATGCCTGTTTGAGCGTCATTTCTCCCTCAAACCCTCGGGT TTGGTGTTGAGCGATACGCTGGGTTTGCTTGAAAGAAAGGCGGAGTATAAACTAATGGATAGGTT TTTTCCACTCATTGGTACAAACTCCAAAACTTCTTCCAAATTCGACCTCAAATCAGGTAGGACTAC CCGCTGAACTTAAGCATATCAATAAGCCGGAGGAA

得到测序结果，经 NCBI 上的 Nucleotide BLSAT 发现，编号 S 菌株的 18S rDNA 序列与近平滑假丝酵母（*Candida parapsilosis*）132A 很相似，相似性为 99%。同时进一步做系统发育树如图 5-19。

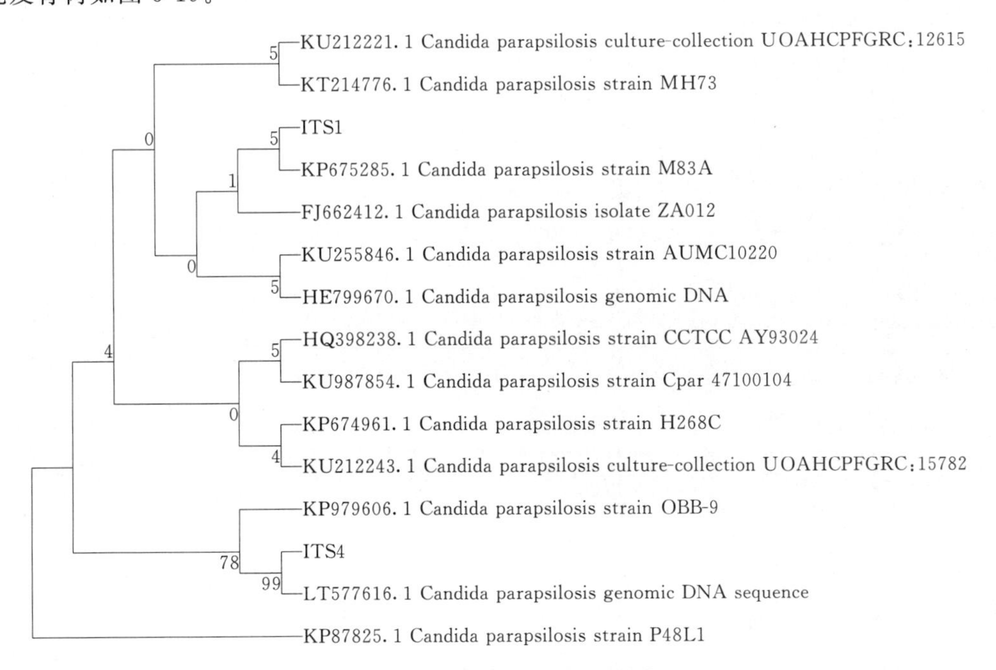

图 5-19　编号 S 菌株系统发育树

Figure 5-19　Phenogenetic tress of Strain S

三、总结

本实验以深海海泥为原材料，经过含有三丁酸甘油酯的筛选培养基筛选，初步得到可培养菌株 20 株，再进一步纯化筛选得到一株酯化能力较强的酵母和细菌。经过制作种子液，接种麸皮培养基，制得粗酶制剂，以不同碳链长度的酸为底物，以合成己酸乙酯的含量为指标，探究了两株菌株的酯化能力和底物选择性。结果表明，酵母菌株酯化能力约是细菌的 2 倍。通过提取该酵母的 DNA，并设计真菌菌种鉴定的通用引物 ITS1 和 ITS4，进行 PCR 之后在 500bp 处发现一条较明显的条带，交予华大基因测序，得到测序结果，经 NCBI 上的 Nucleotide BLSAT 发现，编号 S 菌株鉴定为近平滑假丝酵母，其与 Genbank（*Candida parapsilosis*）132A 的同源性达到 99%。

第六章

新型酿酒纤维素酶

纤维素酶在固态酿酒中的应用集中于两个方面：提高出酒率和提升酒糟的价值。纤维素酶应用于液态酿酒，可以以提高出酒率和提升酒的保健价值为目标。提高出酒率主要是通过水解纤维素从而为酵母提供更多的葡萄糖以产生更多的乙醇，同时纤维素的水解有利于淀粉酶更彻底水解淀粉，提升淀粉的利用程度。提升液态酒的保健价值主要是通过水解纤维素进而充分释放保健物质。

酿酒原料中的纤维素，例如高粱壳、麦皮、稻谷壳等具有非常致密的晶体结构。这种致密的晶体结构导致天然纤维素降解困难。利用汽爆、绿色离子液、酸碱液等进行物理或化学处理成本过高，并且这些物理或化学处理会导致淀粉的损失。

在温和条件下有效破坏酿酒原料中纤维素的晶体结构需要活性很高的纤维素外切酶。纤维素外切酶能够吸附在纤维素的晶体结构上，进而破坏纤维素的晶体结构，把纤维素降解为可溶的小片段分子。纤维素外切酶的活性越高，越有利于酿酒原料中纤维素晶体结构的降解。因此，酿酒纤维素酶应该是具有非常高的外切酶活性的纤维素酶。

在酿酒过程中，酒精度逐渐升高，普通纤维素酶由于不能耐受酒精，因此其活性丧失。适宜酿酒的纤维素酶应该是具有高度乙醇耐受性的纤维素酶。

在酿酒过程中，酒醅后期的温度相对较低，一般纤维素酶的最适活性温度在50℃，这不太适宜酿酒。适宜酿酒的纤维素酶是低温的纤维素酶。在酿酒过程中，酒醅或酒醪的最适宜pH保持在4.0左右，因此适宜酿酒的纤维素酶应该是酸性纤维素酶。

理想的酿酒纤维素酶的生产面临的挑战非常大，在本章主要论述高外切酶活性的纤维素酶，以及具有一定酒精耐受性的纤维素酶。具有纤维素酶活性和木聚糖酶活性的多功能酶，由于能高效解除木聚糖对纤维素酶降解纤维素的阻扰，也能提升出酒率或酒体保健价值，因而也是潜在的适宜酿酒的酶类。

第一节　高外切酶活性的纤维素酶生产菌株构建

天然纤维素具有高度的结晶结构。大分子的纤维素相互聚集在一起形成一种类似于晶体的致密结构。这种致密结构成为降解纤维素最大的阻碍。破坏这种结构有三类方法：物理汽爆、化学酸解或碱解、酶法降解。酶法降解主要是利用纤维素外切酶破坏晶体结构，把晶体不溶性纤维素变为可溶性的纤维素。如果单纯依靠纤维素酶破坏纤维素的天然晶体结构，需要外切活力非常高的纤维素酶。

黑曲霉为食品安全菌，其产生的纤维素酶具有很好的食品安全性，被广泛应用于各个行业。黑曲霉产生的纤维素外切酶活性相对较低，内切酶活性和 β-葡糖苷酶活性相对较高。黑曲霉纤维素酶为酸性纤维素酶，这是其应用于酿酒的优点。黑曲霉纤维素酶的外切酶活性如能大幅度地增加，则是非常适宜应用于酿酒的纤维素酶。增加黑曲霉纤维素酶的外切酶活性的方法有：增加黑曲霉固有的外切酶表达量；导入外源高表达的纤维素外切酶；加入外切酶活性高的纤维素酶复配。导入外源高表达的纤维素外切酶是一种具有实际应用意义的方法，通过高表达比活力高的外切酶，能使纤维素外切酶更高效降解酿酒原料中的纤维素，从而提高淀粉水解程度，增加出酒率，或者促进保健成分在液态醪中的高效溶出。

通过构建纤维素外切酶高效表达的菌株，从而大幅度增强黑曲霉纤维素外切酶的酶活，使黑曲酶纤维素酶更适宜于提升酿酒出酒率或酒体品质。

一、材料和方法

1. 菌株和培养基

黑曲霉菌株：中国典型菌种保藏中心保藏，保藏号 HM446586；*E. coli* DH5α；农杆菌 EHA 105。

LB 培养基：10.0g 胰蛋白胨，5.0g 酵母浸膏，10.0g NaCl，1.0L 自来水。

种子培养基：20.0g 葡萄糖，10.0g 玉米浆，6.0g $(NH_4)_2SO_4$，1.0L 人工海水。

PDA 培养基：20.0g 葡萄糖，1.0L 土豆浸提液（200.0g 土豆在 1.0L 海水中煮沸 30min），100.0mg 潮霉素 B，200μmol/L 乙酰丁香酮。

CMC 培养基：羟甲基纤维素钠 10.0g，10.0g KH_2PO_4，5.0g $(NH_4)_2SO_4$，8.0g $MgSO_4 \cdot 7H_2O$，5.0g $CaCl_2$，2.0g $CaCO_3$，1.0L 人工海水。

发酵培养基：25.0g 麸皮，1.0L 海水。

2. 基因序列合成

合成的具有纤维素酶活性的蛋白质氨基酸序列与文献报道的序列一致。启动子序列和终止子序列与质粒 pAN56-2H（Z32690.1 in Genbank）中的启动子 glaA 和终止子 trpC 序列一致。信号肽序列与植酸酶的信号肽序列（JQ654449，NCBI）完全一致。信号肽序列为：ATGGGCGTCTCTGCTGTTCTACTTCCTTTGTATCTCCTGTCTGGAGTCACCTCCGGA。序列 *Xba* Ⅰ-glaA-信号肽-纤维素酶活性蛋白-终止子-*Hin*d Ⅲ被合成。

3. 载体构建

pCAMBIA1301 被转化到 *E. coli* DH5α，在含 50.0μg/mL 的 Kanamycin 的 LB 培养基上培养。然后用质粒提取试剂盒提取质粒，提取质粒用胶回收试剂盒回收。回收的质粒和合成的 *Xba* Ⅰ-glaA-信号肽-纤维素酶活性蛋白-终止子-*Hin*d Ⅲ用限制性内切酶酶切。酶切的质粒和序列用连接酶连接，连接的质粒转化 *E. coli* DH5α。在含 50.0μg/mL 氨苄西林的 LB 培养基上培养 11h，然后提取质粒。

4. 农杆菌 EHA105 感受态细胞构建

农杆菌 EHA105 在 LB 培养基上 28℃ 培养 28h，然后 1mL 的农杆菌 EHA 被接种到

20mL新鲜的LB培养基上，28℃培养到OD_{600}为0.7，培养液5000r/min离心10min，用0.1mol/L $CaCl_2$重悬沉淀的菌体，然后再次5000r/min离心10min，加入用冰预冷的0.1mol/L $CaCl_2$重悬沉淀的菌体，菌体作为感受态细胞。

5. 农杆菌EHA105感受态细胞转化

10.0ng构建的质粒加入到200μL感受态细胞中，在冰上冰浴10min，在37℃培养5min后，再次把培养液转移到冰上，加入800μL LB培养基，28℃培养3h，5000r/min离心10min，用双蒸馏水重悬细胞，重悬细胞液适度稀释后涂布LB平板。

6. 农杆菌EHA105介导的转化黑曲霉

农杆菌EHA105在28℃的LB培养基中培养到OD_{600}为0.2，加入乙酰丁香酮至200μmol/L，培养到OD_{600}为0.6。黑曲霉的孢子加入到LB培养基中，培养4h。100μL农杆菌EHA105加入到100μL孢子悬浮液中，混合均匀后涂布到硝酸纤维素薄膜上，培养48h后，硝酸纤维素薄膜被倒转，贴在含有100.0μg/mL潮霉素B和200μmol/L放线菌酮的PDA平板上，在PDA平板上长出的为转化子。

7. 转化子的筛选和发酵

转化子接种到CMC平板上，生长较快的菌落作为目标转化子。1.0mL目标转化子或出发菌的孢子悬浮液（大约1×10^7孢子/mL）接种到50mL的发酵产酶培养基中，180r/min培养72h，培养液5000r/min离心10min，上层液体作为测酶活的液体。

8. 总基因组的提取

筛选的转化子在PDA培养基上37℃培养120h，孢子被接种到PDA培养基中，37℃培养28h，然后用滤纸过滤，过滤的菌丝用双蒸馏水反复冲洗，冲洗三次的菌丝用于提取基因组，基因组提取按照试剂盒的方法提取。

9. 外源目的基因PCR

用引物5′-CCAACTAAAACTACCAAACCAAC-3′和5′-TTAACA TTTATCAGCAA-CAATACCACA-3′，以提取的总基因组DNA作为模板，PCR扩增目的基因片段，PCR产物琼脂糖凝胶电泳。

10. 酶活性检测

1cm×3cm的滤纸条浸泡在1.8mL 0.2mol/L醋酸缓冲液中，测定滤纸酶的酶活。1g/100mL CMC醋酸缓冲液用来测定内切酶的酶活，3,5-二硝基水杨酸用来测定β-葡糖苷酶的活性，微晶纤维素作为测定外切酶酶活的底物。

酶活的定义为1min从底物释放1μmol/L葡萄糖所需要的酶量为1U。释放的还原糖通过DNS法测定。

11. 纤维素酶冷冻干燥和小麦秸秆的汽爆处理

发酵醪液用滤纸过滤，过滤的滤液添加$(NH_4)_2SO_4$沉淀，沉淀用柠檬酸缓冲液溶解，然后用透析袋透析。透析液用真空冷冻干燥机冷冻干燥，得到纤维素酶粉。用小牛血清作为标准样，测定纤维素酶的蛋白质含量。小麦秸秆汽爆处理，处理条件为10MPa压力，反复汽爆10min。

12. 葡萄糖含量测定

葡萄糖含量用HPLC Waters 2695 system系统测定。色谱柱Shodex sugar SP-0810，柱温为80℃，流速为0.6mL/min。

二、结果和讨论

1. 表达载体的构建

强启动子和强终止子可以提高外源蛋白的表达效率。启动子 glaA 是一个强启动子，已有用其高效表达外源蛋白的报道。来自胃瘤菌的纤维素酶还没有被报道在真菌中高效表达。利用强启动子 glaA 和强终止子 trpC 来构建高效表达胃瘤菌纤维素酶的载体（图 6-1）。胃瘤菌纤维素酶具有很高的外切酶和内切酶活性。表达具有纤维素内切酶和纤维素外切酶双活性的蛋白质是一个经济的表达策略。

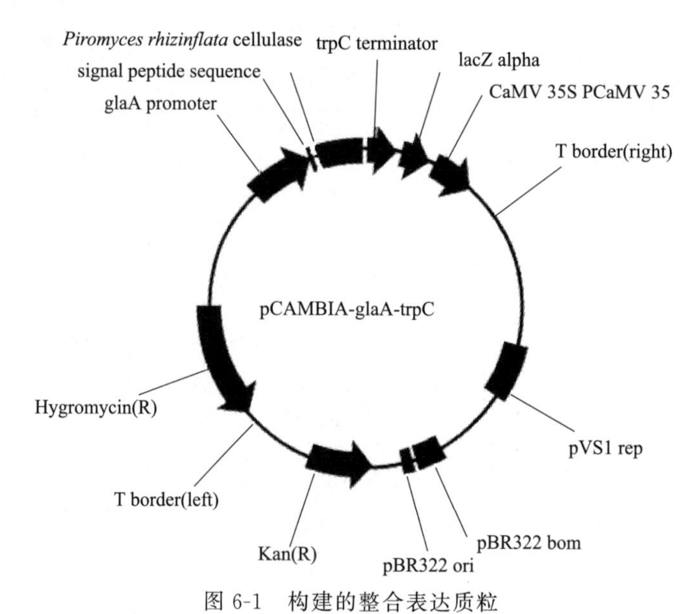

图 6-1 构建的整合表达质粒

Figure 6-1 Constructed intergrated expressed plasmid

2. 筛选转化子

质粒导入黑曲霉孢子内部以后，可能发生不同方式的同源重组，同源重组的结果具有不可预知性。十个具有较高纤维素酶酶活的转化子被筛选出来（图 6-2）。转化子的外切酶酶活和内切酶酶活都比初始菌株高很多。编号为 T98 的菌株产生的纤维素酶酶活最高。T98 菌株的外切酶酶活为 0.81U/mL，而出发菌株的酶活为 0.21U/mL；T98 菌株的内切酶的酶活为 19.10U/mL，而出发菌株的内切酶酶活为 4.10U/mL。构建菌株的外切酶酶活是出发菌株的 3.86 倍，构建菌株的内切酶酶活是出发菌株的 4.66 倍。构建菌株可能仍然继续表达已有纤维素酶，但是表达效率可能发生了变化。外切酶与内切酶表达效率的不同，导致了构建菌株的外切酶与内切酶酶活增加程度的差别。

从图 6-3 可以看出，T98 转化子在 10 代以内，纤维素酶的酶活，以及外切酶和内切酶的酶活相对较为稳定，这表明高效表达片段被稳定整合到黑曲霉的基因组中。

3. 目的基因 PCR 和表达蛋白的电泳

目的基因要稳定表达，外源的目的基因必须被整合到基因组中。以转化子的总基因组为模板进行目的基因 PCR。琼脂糖电泳显示该 PCR 产物的条带大约 1400bp，见图 6-4。1400pb 左右的条带与设计的胃瘤菌的纤维素酶序列大小接近。

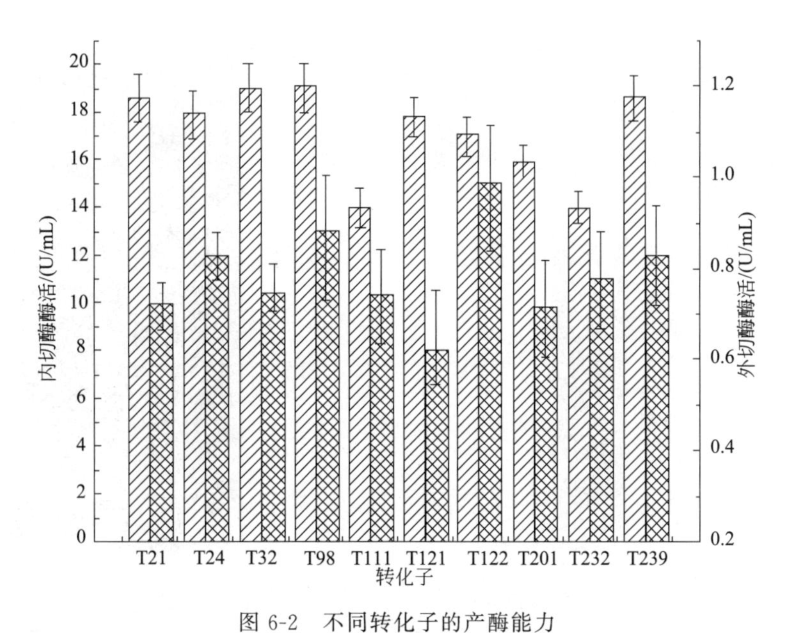

图 6-2　不同转化子的产酶能力

Figure 6-2　Ability of cellulase from different strains

内切酶；外切酶

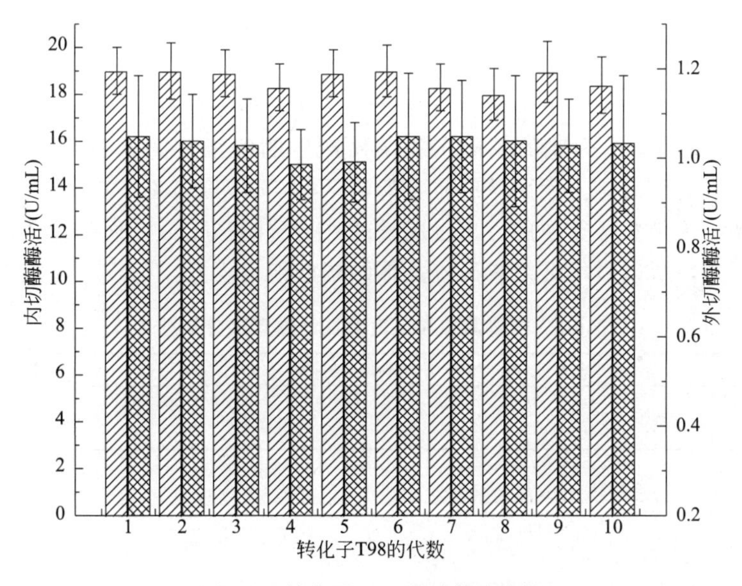

图 6-3　转化子 T98 的遗传稳定性

Figure 6-3　Genetic stability of transformant T98

内切酶；外切酶；

为验证目的基因的蛋白质是否被分泌到胞外，对胞外蛋白进行电泳。电泳显示有一条大约 41.0 kDa 的条带，见图 6-5。这说明胃瘤菌的蛋白质已经被成功翻译，并且被分泌到细胞的外面。

启动子序列和被表达蛋白的编码序列的相互作用可能会影响表达效率。该研究设计的强启动子和强终止子能高效与目的序列作用，从而高效表达目的蛋白，大幅度提高黑曲霉纤维素外切酶和内切酶的活性。

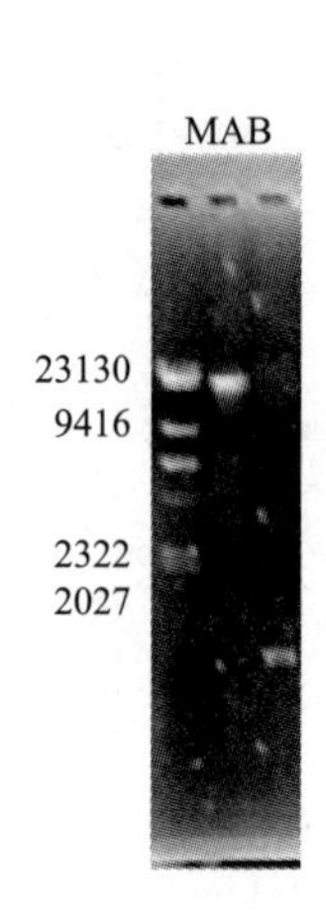

图 6-4 基因组和 PCR 产物电泳图

Figure 6-4 Electrophores of genomic DNA and PCR product

M：λ*Hin*d Ⅲ；A：基因组；B：PCR 产物

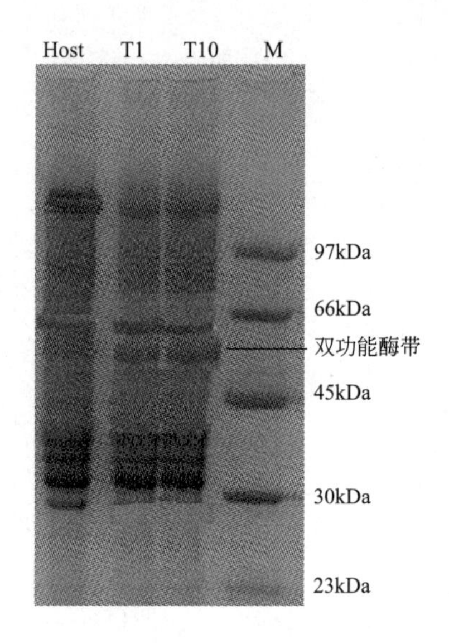

图 6-5 转化子第 1 代（T1）和第 10 代（T10）表达蛋白电泳图

4. 转化子 T98 与出发菌株的酶活比较

为了验证转化子 T98 对具有结晶结构的纤维素的降解能力，把转化子 T98 产生的纤维素酶与出发菌株产生的纤维素酶降解具有高度结晶度的小麦秸秆。出发菌株产生的纤维素酶释放 12.01g/L 的葡萄糖，构建的基因工程菌株产生的纤维素酶释放了 17.61g/L 葡萄糖。构建菌株的纤维素酶酶活是出发菌株纤维素酶酶活的 7.44 倍，见表 6-1。纤维素外切酶对破坏纤维素的晶体结构是非常重要的。出发菌株的外切酶酶活太低，而构建菌株的纤维素外切酶酶活大幅度提高，所以破坏纤维素天然晶体结构的能力提升。

表 6-1 构建菌株和出发菌株纤维素酶降解能力

菌株	时间/h	纤维素酶浓度/(g/L)	葡萄糖/(g/L)
出发菌株	10	20.0	12.01
转化子 T98	10	20.0	17.61

三、总结

通过构建高效地表达纤维素外切酶和内切酶双活性蛋白质的载体，在食品安全菌黑曲霉中高效表达了该蛋白质。构建菌株的纤维素酶活性大幅度提高。构建的菌株具有高外切酶活性。具有高外切酶活性的纤维素酶适宜于降解酿酒原料中结晶状态的纤维素。高外切酶活性的纤维素酶在提高酿酒的出酒率或酒体品质方面具有很好的应用前景。

第二节 耐受乙醇的纤维素内切酶催化特性

在白酒酿造过程中，酵母菌逐步把葡萄糖转化为乙醇，固态酒醅中的乙醇浓度逐步升高。对于普通纤维素酶，在乙醇溶液中会逐步丧失掉活性。具有乙醇耐受性的纤维素酶，能够在一定的酒精浓度之下保持较高的酶活性。因此，具有酒精耐受度的纤维素酶更适宜应用于酒的酿造。

关于乙醇耐受性纤维素酶的研究相对较少，现在的研究兴趣主要集中于提高纤维素酶的酶活，从而增加纤维素酶降解纤维素的效率。实际上，具有高纤维素酶活性和具有良好乙醇耐受性的纤维素酶是最适宜的酿酒纤维素酶。当然，在酿造温度下具有更好稳定性和更高活性的纤维素酶是酿酒的理想酶类。本节研究分离得到的黑曲霉纤维素内切酶的乙醇耐受性。

一、材料和方法

1. 菌株和试剂

黑曲霉：窖池底部分离得到的黑曲霉。化学试剂均为分析纯。

2. 培养基

黑曲霉保藏培养基：PDA 培养基。黑曲霉活化培养基：PDA 培养基。发酵产酶培养基。高粱粉 10g，稻谷壳 30g，麸皮 5g，自来水 90g。

3. 发酵产酶与酶液制备

黑曲霉孢子接种到 PDA 斜面上，在 37℃培养 96h，向斜面中加入灭菌的自来水，冲洗下孢子。调节孢子的浓度大约为 1×10^7 个/mL。黑曲霉孢子液加入到产酶培养基中，接种量为 5%。在 30℃培养 72h，得到发酵好的固体培养基。固体培养基加入 4 倍质量的灭菌自来水，然后用玻璃棒搅拌，用滤纸过滤得到纤维素酶液。

4. 纤维素酶的纯化

纤维素酶液加入（NH_4）$_2SO_4$ 达到 80%的饱和度，在 4℃保温过夜，5000r/min 离心 20min，然后去除上清液，在沉淀中加入柠檬酸缓冲液溶解沉淀。进行色谱分析，溶解液加入到用柠檬酸缓冲液预平衡的 DEAE SepharoseA50 柱子中，然后用 0～5mol/L NaCl 柠檬酸溶液洗脱色谱柱。每 0.5mL 作为一个收集段落。收集的段落用于测定纤维素内切酶的酶活，具有酶活性的进行琼脂糖凝胶电泳，分析纯化程度。

5. SDS-PAGE 电泳和 Zymogram 电泳染色

测定的具有纤维素内切酶活性的洗脱片段用来进行电泳。样液点样于凝胶。电泳的凝胶经过固定、染色、洗脱等。

Zymogram 电泳用 5.0%的浓缩胶、7.5%分离胶，进行天然 PAGE 凝胶电泳。天然凝胶电泳后在 Tris-glycine 溶液（pH8.3）电泳缓冲液中电泳。电泳后的胶片转移到 1%羟甲基纤维素的 50mmol/L 醋酸缓冲液中，pH5.0，50℃保温 1h，然后凝胶转移到 0.1%刚果红溶液中，在 25℃保温 15min，凝胶用 1mol/L NaCl 脱色。

6. 温度和 pH 对纤维素内切酶酶活的影响

在 pH5.0 的缓冲溶液中，测定不同温度（30℃、40℃、50℃、60℃、70℃等）下的酶活。以最高酶活为基准，计算不同温度下的相对酶活。

50℃，在不同 pH（pH3.0、pH4.0、pH5.0、pH6.0、pH7.0 等）的缓冲溶液中测定纤维素内切酶的酶活，以最高酶活为基准，计算不同 pH 下的相对酶活。

7. 乙醇浓度对纤维素内切酶酶活的影响

在白酒的固态发酵过程中，固态酒醅的最高浓度为 6%左右，因此测定在 2%、4%、

5%、6%、7%等乙醇浓度下的纤维素内切酶的酶活。液态发酵的乙醇浓度相对较高，测定在12%、14%、16%、18%、20%等乙醇浓度下的纤维素内切酶的酶活。测定的温度为50℃，测定缓冲液的pH为5.0。

8. 不同金属离子和溶剂对乙醇活性的影响

测定金属离子和不同有机溶剂对纤维素内切酶酶活性的影响。测定的金属离子有Na^{+}、K^{+}、Mg^{2+}、Cd^{2+}、Co^{2+}、Pb^{2+}、Cu^{2+}等。测定的溶剂有乙醇、丁醇、甲醇等。

9. 纤维素内切酶的底物特异性

配制不同底物浓度的缓冲液。测定纤维素内切酶底物特异性的底物有：纤维二糖、3,5-二硝基水杨酸、羟甲基纤维素钠、滤纸、棉花、微晶纤维素。纤维二糖、3,5-二硝基水杨酸、羟甲基纤维素钠、微晶纤维素等配制成浓度为1%溶液。滤纸或棉花用剪刀剪成2cm×1cm左右的长条，然后5个长条放入2mL缓冲溶液中，在50℃保温30min，测定释放的还原糖。

10. 不同乙醇浓度下的纤维素内切酶的热失活动力学

在温度为50℃、乙醇浓度为5%和12%、pH5.0的溶液中加入纯化的纤维素内切酶酶液，保温不同时间，测定纤维素内切酶的酶活。

纤维素内切酶的热失活动力学符合一阶反应动力学，一阶反应动力学方程为$\ln(E_d/E_0)=K_d t$。方程中E_d为酶失活一段时间后的酶活；E_0为初始酶活；K_d为一阶失活动力学常数。酶热失活的半衰期$t_{1/2}$用方程$t_{1/2}=\ln 2/K_d$计算。半衰期表示在一定温度下，酶丧失一半酶活的时间。

热失活的动力学常数包括活化能、熵变、焓变、吉布斯自由能等。

11. 不同乙醇浓度下纤维素内切酶熔点温度的测定

Aviv Model 400 spectrophotometer（AVIV Biomedical，USA）被用来测定不同乙醇浓度下纤维素内切酶的熔点温度。测定参数的设定为检测温度从30～90℃，温度变换频率为1℃/min。蛋白质的浓度被稀释到0.29mg/mL。

12. 不同乙醇浓度下纤维素内切酶的结构变化

纯化的纤维素内切酶，乙醇浓度为5%和12%，pH5.0的柠檬酸缓冲溶液，然后通过FT-IR测定溶液中纤维素内切酶的结构。FT-IR所用的检测器为mercury-cadmium-tellurium detector（MA，resolution，$4cm^{-1}$；number of scans，64）。数据用spectrometer software OPUS 4.2（Bruker，Germany）分析。所得到的数据点用OPUS4.2（Bruker Optik GmbH）进行拟合。

13. 酶活测定

纤维素内切酶的酶活测定以羟甲基纤维素钠为底物。1%羟甲基纤维素钠或可溶性底物溶解在柠檬酸缓冲液中，或滤纸、棉花、微晶纤维素加入到缓冲溶液中。测定酶活是0.5mL纯化的酶液加入到含底物的2.0mL缓冲溶液中，在50℃保温30min。释放的还原糖用DNS法测定。酶活定义为1min释放1μmol还原糖所需要的酶量为一个酶活单位（U）。

二、结果和讨论

1. 黑曲霉纤维素内切酶纯化

从电泳图6-6可以看出，分离的黑曲霉纤维素内切酶的分子大小约在50kDa。分离纯化的纤维素内切酶仅仅有一条电泳条带，这说明纤维素内切酶已经被纯化到电泳纯的级别。同大多数黑曲霉纤维素内切酶一样，分子质量在 40～50kDa。Native PAGE 的凝胶染色显示，有一个相对透明的条带，该条带大小约为 50kDa，这说明纯化的蛋白质具有纤维素内切酶活性。

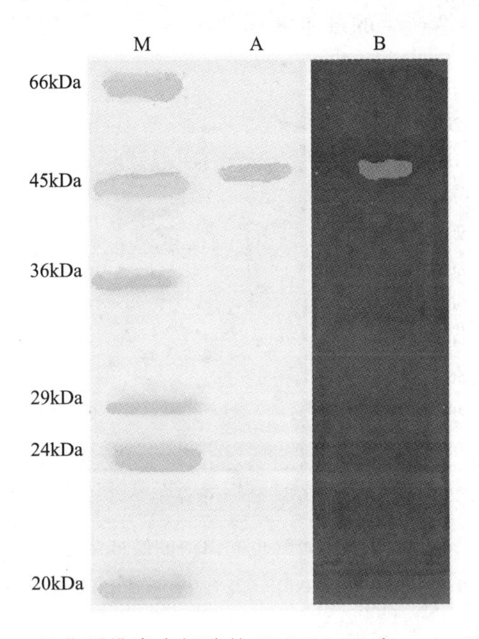

图 6-6 纯化纤维素内切酶的 SDS-PAGE 和 native PAGE

Figure 6-6 SDS-PAGE and native PAGE of purified endoglucanase

M：蛋白质标志物；A：纯化的纤维素内切酶；B：纯化的纤维素内切酶 native PAGE 的酶谱分析

2. pH 和温度对纤维素内切酶酶活的影响

从图 6-7 可以看出，从高酒精浓度环境下分离的黑曲霉，其酶活性最适 pH 在 5.0 左右，在 pH3.0～6.0 范围之内都具有相对较高的酶活性。结果表明来自高酒精度环境下的黑曲霉，产生的纤维素内切酶能在广泛的 pH 环境下保持较高的酶活性。固体发酵酒醅的 pH 一般在 4.5 左右，在此 pH 范围以内，该黑曲霉产生的纤维素内切酶能保持 90%以上的活性。该黑曲霉产生的纤维素内切酶较为适宜在固体酒醅的环境下高效降解纤维素。

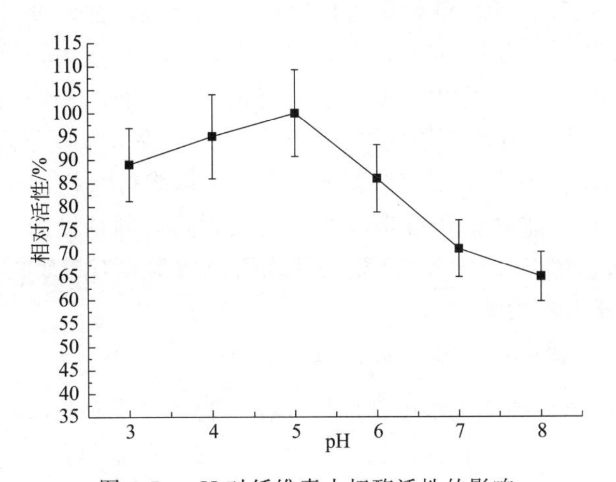

图 6-7 pH 对纤维素内切酶活性的影响

Figure 6-7 Effect of pH on endoglucanase activity

在不同温度下测定黑曲霉菌株产生的纤维素内切酶活性，从图 6-8 可以看出，该菌株产生的纤维素内切酶酶活最适宜温度为 60℃。最适宜酶活温度表明该菌株产生的纤维素内切酶为耐热的纤维素内切酶。该菌株产生的纤维素内切酶在 20～30℃范围内具有大约 30%的酶活性。这表明该黑曲霉菌株产生的纤维素内切酶在固体发酵醅的环境之下仍然具有一定的酶活性。

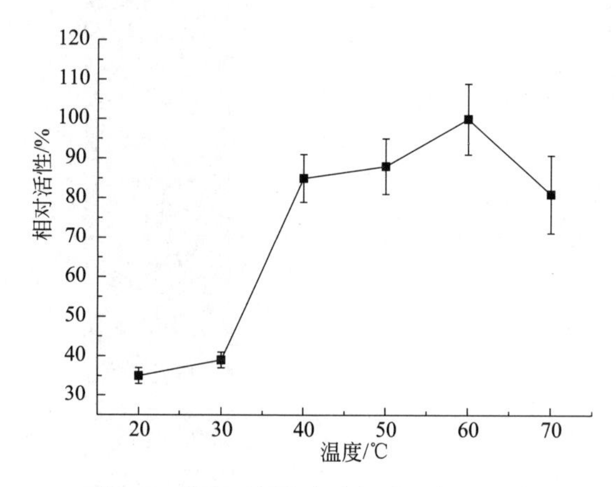

图 6-8 温度对纤维素内切酶活性的影响

Figure 6-8 Effect of temperature on endoglucanase activity

3. 乙醇浓度对纤维素内切酶酶活的影响

在固态发酵过程中，随着发酵时间增加，酒醅中的酒精度在不断上升。纤维素酶在固态酒醅的环境下降解纤维素，具有一定乙醇耐受性的纤维素酶是最适宜的酶。具有乙醇耐受性的纤维素酶为在一定范围的乙醇浓度下酶活性增加或者酶活性得到大部分保留的纤维素酶。

分离到两株黑曲霉菌株，从实验结果可以看出，不同黑曲霉菌株的纤维素内切酶的乙醇耐受性是完全不一样的。*Aspergillus niger* N1 产生的纤维素内切酶的乙醇耐受性要好于 *Aspergillus niger* F1。*Aspergillus niger* F1 产生的纤维素内切酶的乙醇耐受性相对较差。纤维素内切酶的酶学性质主要取决于其一级结构——氨基酸序列。耐受乙醇特性的差异，是由纤维素内切酶的氨基酸序列差异引起的。

Aspergillus niger N1 产生的纤维素内切酶在 0～6%的乙醇浓度范围内，几乎可以保留 100%的酶活性，见图 6-9。*Aspergillus niger* N1 产生的纤维素内切酶能耐受 6%的乙醇浓度。*Aspergillus niger* F1 产生的纤维素内切酶能耐受 4%的乙醇浓度。*Aspergillus niger* F1 菌株产生的纤维素内切酶在乙醇浓度高于 6%时，酶活性大幅度下降。*Aspergillus niger* N1 产生的纤维素内切酶在 16%的乙醇浓度下，仍然可以维持大约 40%的初始酶活性。

Aspergillus niger N1 产生的纤维素内切酶能在酒醅的酒精度为 5%左右的环境下保持较高的酶活性。*Aspergillus niger* N1 产生的纤维素内切酶具有一定的应用于降解酒醅中纤维素以提高出酒率或酒质的前景。

4. 金属离子对黑曲霉纤维素内切酶酶活的影响

金属离子在发酵的原料高粱或水中都广泛存在。金属离子对酶活有一定影响。尤其是金属酶催化底物需要金属离子的存在。从实验结果看，在水中常见的金属离子存在的条件下，纤维素内切酶的酶活性都有一定程度的降低，但是总体酶活都保持在 90%以上。

在重金属离子作用下，黑曲霉菌株产生的纤维素内切酶酶活大幅度下降。从表 6-2 可以

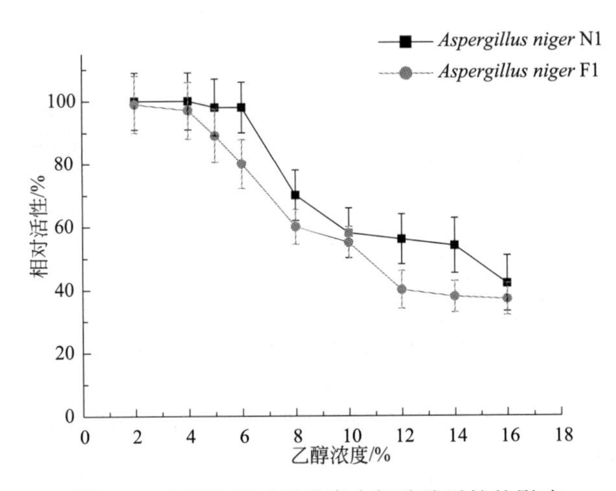

图 6-9　乙醇浓度对纤维素内切酶酶活性的影响

Figure 6-9　Effect of ethanol concentration on endoglucanase activity

看出，纤维素内切酶在非重金属离子作用下，能维持较高的酶活性。发酵酒醅中的金属离子主要以非重金属离子为主，因此在酒醅中金属离子作用下，该纤维素内切酶可以几乎保留90%以上的酶活性。

表 6-2　金属离子对纤维素内切酶酶活的影响

Table 6-2　Effect of ions on endoglucanase activity

金属离子(10mmol/L)	相对酶活/%	金属离子(10mmol/L)	相对酶活/%
对照	100	Pb^{2+}	65
K^{+}	98	Cu^{2+}	83
Mg^{2+}	95	Co^{2+}	31
Cd^{2+}	82	Na^{+}	97
Ca^{2+}	96	Fe^{2+}	91

5. 黑曲霉纤维素内切酶底物专一性

不同的纤维素内切酶具有不同的底物专一性。从表 6-3 可以看出，纤维素内切酶降解羟甲基纤维素钠的活性最高。对微晶纤维素和水杨酸没有降解活性，这说明纤维素内切酶没有外切酶活性和纤维二糖酶活性。

表 6-3　纤维素内切酶的底物专一性

Table 6-3　Substrates specificity of endoglucanase

底物	相对酶活/%	底物	相对酶活/%
滤纸	12	微晶纤维素	0
CMCNa	100	棉花	3
纤维二糖	0	水杨酸	0

已经有报道，一些纤维素酶具有外切活性和内切活性。该黑曲霉菌株仅仅具有纤维素内切酶活性。酶活性的差异表明纤维素酶的三维空间结构不一样，同时也说明纤维素内切酶的序列不同于具有两种酶活性的纤维素酶。

6. 不同乙醇浓度下纤维素内切酶的熔点温度

从测定的纤维素内切酶的熔点温度图 6-10 可以看出，该纤维素内切酶的熔点温度在46.1℃。该纤维素内切酶的熔点温度接近于 50℃，表明该纤维素内切酶为热稳定性纤维素内切酶。

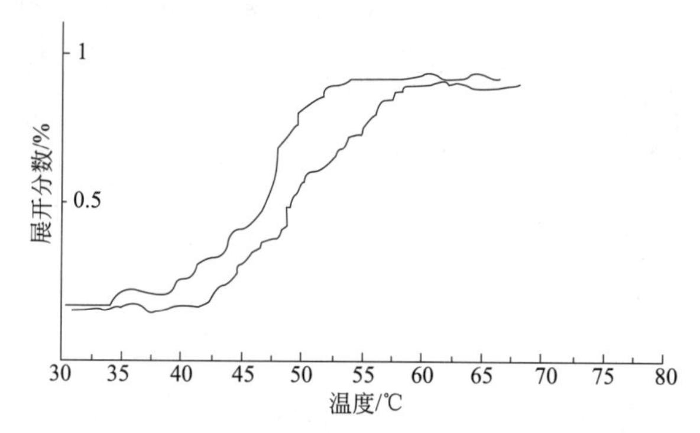

图 6-10 纤维素内切酶在不同乙醇浓度下的熔点温度

Figure 6-10 Melt points of endoglucanase in different concentrations of ethanol solution

在 5%的乙醇浓度下，该纤维素内切酶的酶活性熔点温度为 48.0℃，该熔点温度比在无乙醇浓度下的熔点温度高 1.9℃。在乙醇溶液中的熔点温度较高，这表明该黑曲霉菌株产生的纤维素内切酶酶活在乙醇溶液中具有更好的热稳定性。

在 5%的乙醇溶液中，该黑曲霉菌株产生的纤维素内切酶酶活基本保持不变；在 5%的乙醇溶液中，该黑曲霉菌株产生的纤维素内切酶具有更好的热稳定性，黑曲霉产生的纤维素内切酶适宜在 5%的乙醇环境中降解纤维素。

7. 不同乙醇浓度下纤维素内切酶的热力学失活参数

在 0%和 5%的乙醇溶液中测定纤维素内切酶的稳定性，依靠纤维素酶的热失活动力学参数来评估。ΔG，吉布斯自由能的变化是反应蛋白质热稳定性最重要的参数。热失活的吉布斯自由能越大，表明失活蛋白质需要消耗更多的能量，蛋白质越稳定。从表 6-4 分析发现，在 5%的乙醇浓度下的 ΔG 比 0%乙醇浓度下的 ΔG 要大，该结果表明，该纤维素内切酶在 5%的乙醇浓度下具有更好的热稳定性。

表 6-4 不同乙醇浓度下的热失活的吉布斯自由能

Table 6-4 Gibbs free energy of endoglucanase in different concentrations of ethanol solution

T/K	ΔG/(kJ/mol)	
	乙醇浓度 0%	乙醇浓度 5%
318.15	66.700	69.203
323.15	67.067	67.812
328.15	65.816	66.537
333.15	64.765	65.17

8. 不同乙醇浓度下纤维素内切酶的结构

测定在不同的乙醇浓度下，筛选的黑曲霉菌株产生的纤维素内切酶的二级结构变化。从 FT-IR 扫描数据图 6-11 可以看出，在不同的乙醇浓度下的二级结构几乎相同，仅仅在 1650～1640cm^{-1}有微小的变化。在 5%的乙醇浓度下，在 1650～1640cm^{-1}吸光度略微上升。1650～1640cm^{-1}对应的区域为 α 螺旋。这表明在 5%乙醇浓度下，该黑曲霉菌株产生的纤维素内切酶的 α 螺旋略微增加。已有大量研究表明，α 螺旋结构的增加，能提高蛋白质的热力学稳定性。

FT-IR 仅仅显示 α 螺旋、β 折叠、无规则卷曲等的变化，不能反映氢键、离子键、疏水键等键数目的变化。氢键、离子键、疏水键等键数目的变化对蛋白质的热稳定性具有重要的

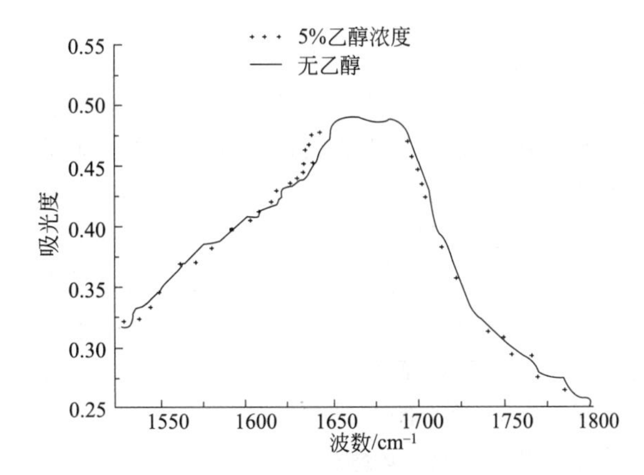

图 6-11　不同乙醇浓度下纤维素内切酶 FT-IR 扫描曲线

Figure 6-11　Scan curverves of endoglucanase in different concentrations of ethanol solution by FT-IR

影响。

利用高分辨率的冷冻电子显微镜或 NMR 分析蛋白质结晶的构象。尤其是 NMR 可以分析溶液中的蛋白质三维结构，而且能消除背景值，测定不同溶液中的构象，对分析该黑曲霉菌株产生的纤维素内切酶具有良好乙醇耐受性具有重要的意义。

小角散射技术也可以分析溶液环境中蛋白质的构象，但是由于分辨率相对较低，从 FT-IR 结果分析，蛋白质的构象发生大幅度变化的可能性不是很大，所以 NMR 是一个相对理想的技术。

三、结论

筛选的黑曲霉菌株产生的纤维素内切酶在乙醇浓度 5%以下时，具有相对较高的活性。热失活动力学研究表明筛选的黑曲霉菌株产生的纤维素内切酶在 5%乙醇浓度下具有更好的热稳定性。在低于 5%乙醇浓度下，筛选的黑曲霉菌株产生的纤维素内切酶能保持较高的酶活性和更好的热力学稳定性。

酶稳定性增加的原因可能是 α 螺旋含量增加，从而导致该纤维素内切酶热稳定性增加。但是，由于 α 螺旋含量增加得很少，分析该纤维素内切酶热稳定性增加的原因可能是氢键、离子键、疏水键等键数目的变化，从而导致热稳定性的改变。

利用 NMR 分析纤维素内切酶在乙醇溶液中构象的变化，是分析解析筛选的黑曲霉菌株产生的纤维素内切酶在乙醇溶液中具有更好热稳定性的较好方法。

第三节　高盐环境下降解纤维素的纤维素酶

有许多纤维素在高盐度环境之下，例如海洋中的藻类，造纸厂生产排放的黑液废水等。特别是海洋环境中的藻类含有一定量的纤维素，海洋藻类纤维素降解产生的葡萄糖可以作为液态发酵或固态发酵酿酒的碳源。

利用复合酶类降解藻类，例如降解多糖的酶类，降解蛋白质的酶类，降解纤维素的酶类等复合降解海洋藻类，降解产物含有微生物发酵所需要的碳源和氮源，以及各种生长因子等。而且，海洋藻类的降解产物中含有大量的保健类物质：寡糖、低聚糖等。因此，利用高盐下的海洋藻类，生产具有保健功能的酒，具有一定的研究意义。

纤维素的绿色高效降解，需要高活性的纤维素酶。纤维素酶一般由三种酶类组成：外切酶、内切酶、β-葡糖苷酶等。外切酶首先把结晶态的纤维素变为可溶的小片段纤维素，内切酶把可溶性的小片段降解为纤维二糖，纤维二糖被β-葡糖苷酶降解为葡糖糖。对于降解天然纤维素而言，纤维素外切酶具有最重要的作用。纤维素外切酶吸附在结晶态的天然纤维素上，然后破坏天然纤维素的结晶结构，把纤维素降解为可溶性的小片段。纤维素外切酶的吸附和对结晶结构的破坏是降解天然纤维素的限速步骤。同样，在高盐度下具有高活性的纤维素外切酶对于海洋藻类中的纤维素的降解具有重要的作用。在高盐度下，高效降解海洋藻类中的纤维素需要在高盐下保持较高活力的纤维素外切酶。

高盐度对纤维素酶的活性有影响。非耐盐的纤维素酶，在高盐度下会丧失或降低酶活性。高盐度通过影响纤维素酶的肽链折叠从而影响纤维素酶的活性，普通纤维素酶由于肽链折叠的变化而丧失或降低活性。

耐盐纤维素酶能在较高盐度下保持较高的活性。耐盐的纤维素酶能在高盐度下保持较高稳定性，从而能有效降解高盐度下的纤维素。

一、方法和材料

1. 菌株

黑曲霉菌株，从东海的海泥中分离得到，根据 18S rDNA 序列鉴定为黑曲霉。选育的海洋黑曲霉菌株 18S rDNA 序列提交给 GenBank，序列号为 HM446586。选育的海洋黑曲霉在 CCTCC 的保藏号为 CCTCCM2010132。

2. 培养基

发酵培养基：30.0g 麸皮，10.0g 稻谷壳粉末，0.4g NH_4Cl，300mL 人工海水。麸皮和稻谷壳被粉碎成 60 目大小。

PDA 培养基：200mL 土豆浸提液（200.0g 土豆在沸水中煮沸 30min，用纱布过滤），24g 葡萄糖，20g 琼脂，1.0L 人工海水。

人工海水的组成：24.54g/L NaCl，11.10g/L $MgCl_2 \cdot 6H_2O$，4.09g/L Na_2SO_4，1.16g/L $CaCl_2$，0.69g/L KCl，0.2g/L $NaHCO_3$，0.03g/L H_3BO_3，0.058g/L $SrCl_2 \cdot 6H_2O$，0.03g/L NaF。

3. 固态发酵生产纤维素外切酶

海洋黑曲霉在 PDA 培养基上 37℃ 培养 96h。黑曲霉产生的孢子用灭菌的人工海水洗脱，洗脱的孢子液稀释到 1.0×10^8 孢子/mL，孢子悬浮液转移到发酵培养基中，发酵培养基中孢子的浓度为 5.0×10^6 孢子/g 发酵培养基。在 37℃ 发酵 96h。

4. 外切酶纯化

发酵结束后，在发酵基质中加入 0.05mol/L 醋酸缓冲液，悬浮液用滤纸过滤。过滤的滤液 5000r/min 离心 15min，上层液体加入 $(NH_4)_2SO_4$ 至 92%的饱和度，过夜。沉淀用乙酸钠缓冲液透析，透析袋截留的分子质量为 70.0kDa 或 45kDa。DEAEFF 离子交换柱先用 50mmol/L 乙酸钠平衡，取在两层透析膜之间的液体上柱，上柱液体的体积为 8mL。然后用 0.1～0.5mol/L NaCl 溶液洗脱，洗脱液上 Sephacryl HR 200 凝胶柱，凝胶柱用

0.1mol/L NaCl 洗脱。每 0.5mL 的洗脱液被收集。

5. 外切酶酶活的测定

纤维素外切酶酶活的测定用对硝基苯基-β-D-吡喃葡萄糖苷（pNPG；Sigma）作为底物。25mmol/L 乙酸钠溶解 0.25% pNPG，适当稀释的洗脱液作为测定的酶样液。在 50℃水浴 30min，加入 1mol/L 酒石酸钾钠溶液终止反应。释放的苯酚用分光光度计测量，测量波长为 400nm。释放的还原糖用 DNS 法测量。

6. 温度和 pH 对酶活性的影响

在三种缓冲溶液中测定纤维素外切酶的酶活，三种缓冲液为：磷酸缓冲液（pH2.0～3.0），乙酸缓冲液（pH4.0～5.0），磷酸缓冲液（pH6.0～8.0）。

在不同温度下的酶活被测定，以相对最高酶活的百分数表示相对酶活的高低。

7. 盐度对纤维素外切酶酶活的影响

在不同盐度下测定纤维素外切酶的酶活，以最大酶活为比照，相对百分率表示酶活的高低。

8. 纤维素外切酶在不同盐度下的热失活动力学

纤维素外切酶的热失活动力学符合一阶反应动力学，一阶反应动力学方程为 $\ln(E_d/E_0)=K_d t$。方程中 E_d为酶失活一段时间后的酶活；E_0为初始酶活；K_d为一阶失活动力学常数。酶热失活的半衰期 $t_{1/2}$用方程：$t_{1/2}=\ln2/K_d$计算。半衰期表示在一定温度下，酶丧失一半酶活的时间。

热失活的动力学常数包括活化能、熵变、焓变、吉布斯自由能等。

9. 不同盐度下纤维外切酶熔点温度的测定

Aviv Model 400 spectrophotometer（AVIV Biomedical，USA）被用来测定不同盐度下纤维素外切酶的熔点温度。测定参数的设定为检测温度从 30～90℃，温度变换频率为 1℃/min。蛋白质的浓度被稀释到 0.29mg/mL。

10. 不同盐度下纤维素外切酶的结构变化

纯化的纤维素外切酶，通过 FT-IR 测定溶液中纤维素外切酶的结构。FT-IR 所用的检测器为 mercury-cadmium-tellurium detector（MA，resolution，4cm^{-1}；number of scans，64）。数据用 spectrometer software OPUS 4.2（Bruker，Germany）分析。所得到的数据点用 OPUS4.2（Bruker Optik GmbH）进行拟合。

二、结果和讨论

1. 纤维素外切酶纯化

纯化的纤维素外切酶电泳图如图 6-12，从图 6-12 中可以看出仅仅有一条电泳条带。该电泳条带大约在 55kDa。来自海洋黑曲霉的纤维素外切酶的分子质量比来自 *Aspergillus fumigatus* 纤维素外切酶的分子质量（48.62kDa）大一些，比来自 *Trichoderma viride* 纤维素外切酶的分子质量（62kDa）要小一些。不同的分子质量，可能显示不同来源的纤维素外切酶具有不同的氨基酸序列长度。

2. pH 和温度对纤维素外切酶酶活性的影响

在 pH4.0～8.0 的范围内，pH 对纤维素外切酶活性的影响被检测分析。从结果（图

6-13）可以看出，最适酶活性 pH 为 5.0。来自其他黑曲霉菌株的纤维素外切酶在 pH5.5 显示了最大酶活性；来自 *Aspergillus fumigatus* 的纤维素外切酶在 pH4.8 显示了最大酶活性。

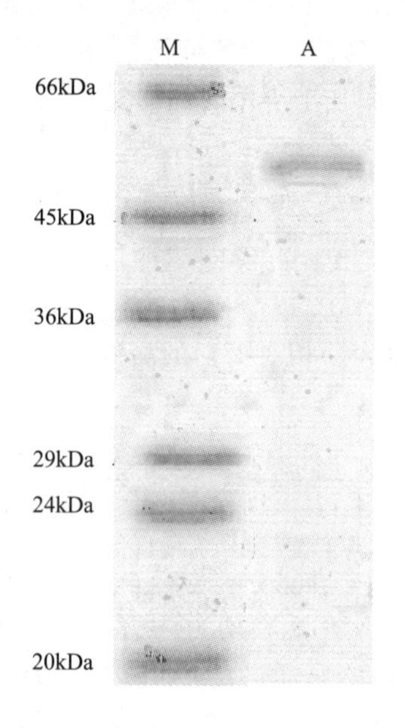

图 6-12 纯化的纤维素外切酶 SDS-PAGE 电泳图

Figure 6-12 SDS-PAGE of purified exoglucanase

A：纯化的纤维素外切酶；M：蛋白质标志物

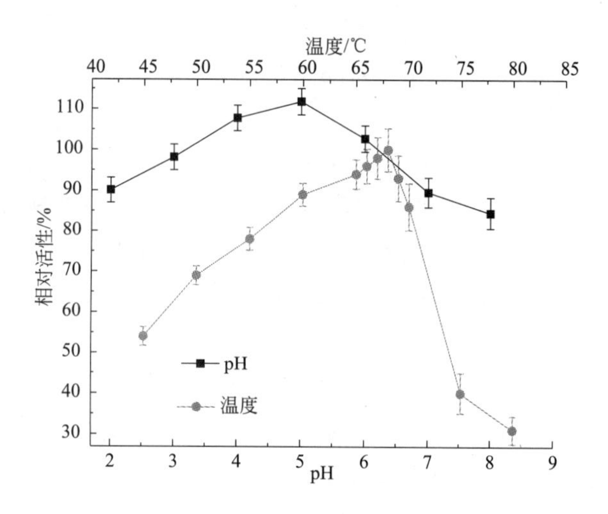

图 6-13 pH 和温度对纤维素外切酶酶活性的影响

Figure 6-13 Effect of pH and temperature on exoglucanase activity

从图 6-13 可知，海洋黑曲霉纤维素外切酶在 68℃显示了最大酶活性，这表明来自海洋黑曲霉的纤维素外切酶是耐热的纤维素外切酶。海洋黑曲霉纤维素外切酶的最适宜活性温度比来自其他黑曲霉菌株的最适温度（50℃）高，比来自 *Aspergillus fumigatus* 纤维素外切酶的最适宜活性温度 55℃、来自 *Clostridium thermocellum* 最适活性温度 67℃都要高一些。较高的最适活性温度，预示海洋黑曲霉纤维素外切酶具有更好的热稳定性。

3. 盐度对海洋黑曲霉纤维素外切酶酶活的影响

在 0～18g/100mL NaCl 浓度范围内，分析了 NaCl 对纤维素外切酶酶活性的影响。研究结果如图 6-14，从图 6-14 中可以看出，在 12g/100mL NaCl 浓度下，海洋黑曲霉产生的纤维素外切酶具有最高的酶活性。海洋黑曲霉产生的纤维素外切酶酶活的最适盐度为 12g/100mL NaCl 对应的盐度。在 0～18g/100mL NaCl 浓度范围内，海洋黑曲霉产生的纤维素外切酶都具有一定的酶活性，这表示该纤维素外切酶能够在较广泛的盐度环境下使用。

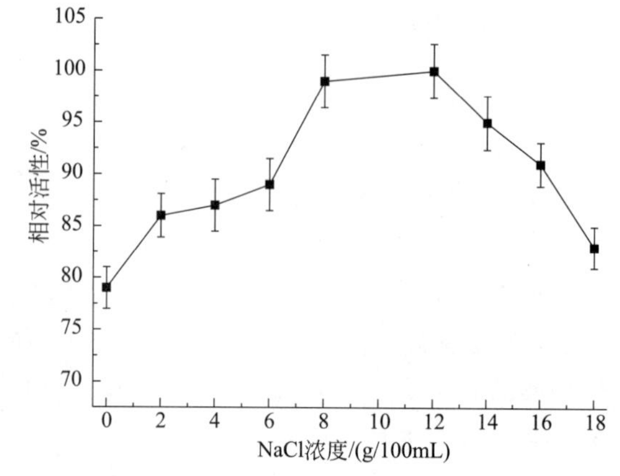

图 6-14 盐度对纤维素外切酶酶活的影响

Figure 6-14 Effect of salinities on exoglcuanase activity

海洋黑曲霉产生的纤维素外切酶酶活性随着盐度增加而增加的原因是：可能在蛋白质分子表面存在大量的酸性氨基酸残基，酸性氨基酸残基能够在酶分子表面提供一个大量的负电荷，从而阻止了在高盐度环境下的蛋白质分子相互聚集进而产生的沉淀。

海洋黑曲霉产生的纤维素外切酶在12g/100mL NaCl溶液中具有最大的酶活性，最适的酶活盐度与来自*Gracilibacillus* sp. SK1的纤维素酶的最适盐度相同。来自*Bacillus licheniformis* AU01的纤维素外切酶在10g/100mL NaCl浓度下显示了最高的酶活性。海洋黑曲霉产生的纤维素外切酶比*Bacillus licheniformis* AU01产生的纤维素外切酶耐受更高的盐度。海洋黑曲霉产生的纤维素外切酶在没有NaCl的溶液中也能应用。三维结构决定了酶的活性，在高盐活性下的三维结构使海洋黑曲霉纤维素外切酶具有更高的酶活性。

4. 海洋黑曲霉纤维素外切酶在不同盐度下的热失活动力学常数和半衰期

如表6-5，K_d在高盐度下比在无NaCl的盐度下相对较小。海洋黑曲霉纤维素外切酶在0g/100mL、4g/100mL、12g/100mL NaCl溶液中被分析。从分析结果（表6-6）可以看出，在4g/100mL NaCl和12g/100mL NaCl溶液中的半衰期比0g/100mL NaCl溶液中的半衰期长。

表6-5 不同盐度下的热失活动力学常数

Table 6-5 Thermodynamics parameters at different salinities

温度/K NaCl/(g/100mL)	318.15	323.15	328.15	333.15
	K_d/h^{-1}			
0	0.0450	0.1190	0.2635	0.6132
4	0.0360	0.1108	0.2272	0.5096
12	0.0320	0.0976	0.1914	0.3572

表6-6 不同盐度下的热失活半衰期

Table 6-6 Half life time of denaturation at different salinities

温度/K NaCl/(g/100mL)	318.15	323.15	328.15	333.15
	$t_{1/2}/h$			
0	15.40	5.80	2.63	1.13
4	19.25	6.25	3.05	1.36
12	21.65	7.10	3.62	1.94

注：$t_{1/2}$，半衰期。K，Kelvin，热力学温度单位。

在45℃、50℃、55℃和60℃，在12g/100mL NaCl溶液中海洋黑曲霉纤维素外切酶的半衰期分别是0g/100mL NaCl溶液中的1.41倍、1.22倍、1.37倍和1.72倍。研究结果表明海洋黑曲霉纤维素外切酶具有更好地稳定性。海洋黑曲霉纤维素外切酶能够在高盐度下更好地降解纤维素。高盐度很可能改变了海洋黑曲霉纤维素外切酶的结构，从而使其具有更高的热稳定性。

5. 海洋黑曲霉纤维素外切酶在不同盐度下吉布斯自由能的变化

如表6-7所示，海洋黑曲霉纤维素外切酶的活化能（E_a）在4g/100mL或12g/100mL NaCl溶液中比没有NaCl溶液中更高。在12g/100mL NaCl溶液的活化能为131.59kJ/mol，该值比在没有NaCl溶液中的值高23.41kJ/mol。在不同的盐度下，海洋黑曲霉纤维素外切酶具有不同的结构，结构差异是导致活化能不同的原因。

表 6-7 不同盐度下的活化能

Table 6-7 Active energy at different salinities

NaCl/(g/100mL)	0	4	12
E_a/(kJ/mol)	108.18	112.25	131.59

吉布斯自由能（ΔG），相对于其他热力学参数而言，更能反映酶在不同环境下的稳定性。吉布斯自由能越小，预示蛋白质的稳定性越差。分析了海洋黑曲霉纤维素外切酶在没有NaCl、4g/100mL NaCl和12g/100mL NaCl溶液中吉布斯自由能，结果见表6-8。从分析结果可以看出，在45℃、50℃、55℃和60℃，ΔG 在4g/100mL NaCl溶液中的值比在没有NaCl溶液中的值高0.59kJ/mol、0.19kJ/mol、0.40kJ/mol、0.48kJ/mol。

表 6-8 不同盐度下的热失活的吉布斯自由能

Table 6-8 Gibbs free energy at different salinities

T/K	ΔG/(kJ/mol)		
	NaCl浓度/(g/100mL)		
	0	4	12
318.15	62.628	65.218	65.530
323.15	63.073	63.265	63.606
328.15	61.922	62.327	62.794
333.15	60.568	61.081	62.065

在45℃、50℃、55℃和60℃，ΔG 在12g/100mL NaCl溶液中的值比在没有NaCl溶液中的值高0.90kJ/mol、0.53kJ/mol、0.72kJ/mol、1.50kJ/mol。

从分析结果可以看出，海洋黑曲霉纤维素外切酶在高盐度下具有更好的稳定性。纤维素外切酶与高盐度环境中的离子作用，可能是其稳定性增加的原因。

6. 海洋黑曲霉纤维素外切酶在不同盐度下的熔点温度

酶的熔点温度（T_m）在12g/100mL NaCl溶液中为48.02℃，在没有NaCl溶液中为44.70℃。在12g/100mL NaCl溶液中的熔点温度比在没有NaCl溶液中高3.32℃。此研究结果与已有的报道相似。一些研究发现具有耐盐性的酶也具有更好的热稳定性。一些研究发现耐盐的酶在高盐度下具有更好的热稳定性。很多研究结果表明高盐度能够增加酶的热稳定性。高盐度增加酶稳定性的原因可能是酶分子表面的电荷与离子的相互作用使酶具有更好的热稳定性。

在45～60℃，氢键、离子键、疏水键等弱键数目能大幅度降低蛋白质的失活速率。如图6-15所示，在高温下，纤维素外切酶在12g/100mL NaCl溶液中失活速率明显比在没有NaCl溶液中低。这种结果表明弱键数目可能被改变，从而导致海洋黑曲霉纤维素外切酶二级结构的改变。二级结构的改变导致纤维素外切酶热稳定性的增加。

7. 海洋黑曲霉纤维素外切酶在不同盐度下的二级结构

β折叠、无规则卷曲、α螺旋的含量可以在1670cm^{-1}、1660cm^{-1}、1650～1640cm^{-1}测量。如图6-16所示，β折叠和α螺旋的浓度在高盐度增加。无规则卷曲的浓度在高盐度下下降。很多研究证实，β折叠和α螺旋浓度增加能够提高蛋白质的热稳定性。如图6-16所示，吸光度在1670cm^{-1}和1650～1660cm^{-1}增加，这预示着β折叠和α螺旋浓度增加。在1670cm^{-1}的吸光度略微降低，这显示无规则卷曲的浓度可能略微降低。高盐度增加了β折叠和α螺旋的含量，从而提高了蛋白质在高盐度下的热稳定性。

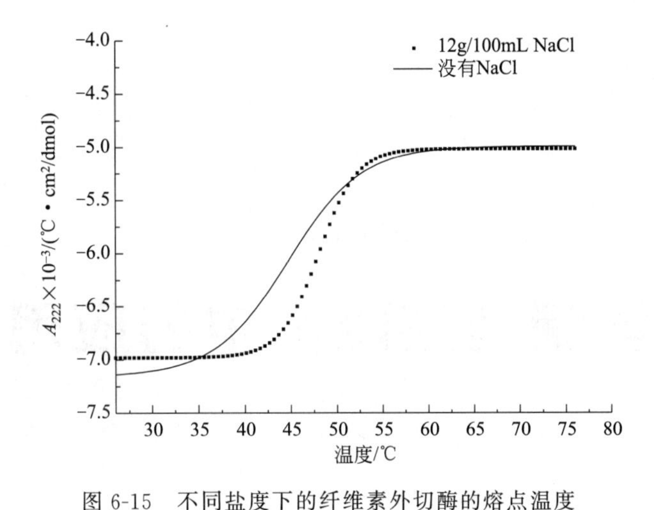

图 6-15　不同盐度下的纤维素外切酶的熔点温度

Figure 6-15　Melt points of exoglucanase different salinities

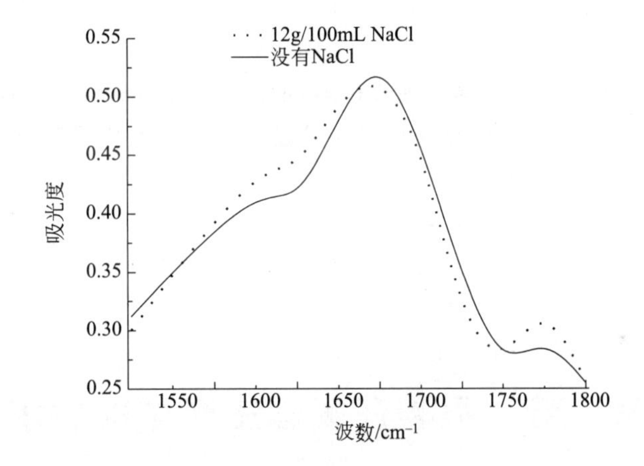

图 6-16　不同盐度下的纤维素外切酶 FT-IR 扫描曲线

Figure 6-16　Scan curvers of exoglucanase by FI-IR at different salinities

三、结论

海洋黑曲霉产生的纤维素外切酶在高盐度下具有更高的活性和更好的热稳定性。高盐度导致了海洋黑曲霉产生的纤维素外切酶结构改变，β 折叠和 α 螺旋的含量增加。

利用 NMR 进一步分析高盐度下的蛋白质结构，对比不同盐度下的结构差异，对揭示海洋黑曲霉产生的纤维素外切酶耐盐性机理具有重要意义。

第七章
酶制剂在酿酒中的应用

酿酒通过“料”“曲”“艺”“器”等改进或创新来提升酒的保健价值或开发风味不同的酒有很大的局限性。利用新型酶制剂提升酒的保健价值，或者利用新型酶制剂开发新品种或新风味的酒是一条值得探索的途径。

在本章，基于作者多年的研究成果来论述酶制剂在酿酒中的应用。通过举例固态发酵白酒、液态酿造白酒和果酒的酿造新工艺，从而阐述酶制剂对酒保健价值提升和新品白酒开发的价值。

第一节　脲酶在黄酒生产中的应用

在前面已经对脲酶的结构和催化特性做了论述。中国黄酒营养价值高，口感风味独特，在国内深受消费者喜爱。然而，在国外的市场一直得不到很大的拓展。其中的一个原因是黄酒中含有氨基甲酸乙酯。利用脲酶降解发酵过程中产生的尿素，可以降低黄酒中氨基甲酸乙酯的含量。降低黄酒中尿素含量一般是在黄酒中直接加入脲酶，这样工艺的缺点是不能阻止在发酵过程中氨基甲酸乙酯的形成。

利用筛选到产脲酶的 *Lactobacillus* sp. 菌株，添加到黄酒的发酵体系中，研究菌株的添加对黄酒发酵去除尿素的影响。

一、材料和方法

1. 菌株和培养基

Lactobacillus sp. 保藏于甘油管内。

保藏培养基（g/L）：葡萄糖 20，CH_3COONa 2.5，KH_2PO_4 1.5，NaCl 4，$(NH_4)_2SO_4$ 10，HCl 调 pH 到 5.0。

活化培养基（g/L）：葡萄糖 20，蛋白胨 10，酵母提取物 5，KH_2PO_4 2，NaCl 5，

CH_3COONa 2，$MnSO_4 \cdot 4H_2O$ 0.05，$NiSO_4 \cdot H_2O$ 0.05，pH6.8。

2. 其他材料

糯米：市购。活性干酵母：安琪酵母。

3. 仪器与设备

全温摇床，离心机，气相色谱-质谱联用仪［QP-2010GC/MS，EI离子源，配AOC-20I自动进样器，日本岛津公司，配RTX-WAX毛细管色谱柱（30m×0.25mm×0.25μm）］，旋涡振荡器（江苏省荣华仪器有限公司），固相萃取装置（天津奥特塞恩斯仪器有限公司），氮吹仪（MD200-1，杭州奥盛仪器有限公司）。

4. 黄酒酿造工艺

糯米室温浸米24h，蒸米20min左右，摊凉至室温。烧开的热水冷却到室温后，加入质量4/5摊凉的糯米，得到糯米与水混合液。

酵母活化：2g蔗糖，100mL蒸馏水，40℃活化40min，初始酵母菌的数量为10^7个/g，得到酵母活化菌液。酵母活化菌液按照0.2%的量加入到糯米与水混合液中，加入糯米质量17%的麦曲。前酵4天温度25℃，后酵5天温度20℃，放置在全温摇床内控制温度。

5. 尿素含量测定

取发酵液体20mL，加无菌水30mL，混匀超声20min，离心取上清液测定尿素含量。

呫吨醇配制：称取9-羟基呫吨醇0.198g溶于50mL甲醇，2～4℃避光保存。

盐酸溶液：浓盐酸用超纯水稀释成1.5mol/L。

流动相A：1.640g乙酸钠溶于1000mL超纯水，浓度为0.02mol/L，体积分数1%乙酸溶液调pH7.2，溶液用0.22μm滤膜过滤。

流动相B：乙腈（HPLC）。

衍生反应：取待测样品400μL，加600μL呫吨醇溶液，加100μL盐酸溶液，混匀后反应30min。反应液过有机滤膜，HPLC进样测定。

色谱条件：色谱柱为Gemini-NX 5uC_{18}（250mm×4.6mm）；柱温35℃；流速1mL/min；流动相A为0.02mol/L乙酸钠溶液，流动相B为乙腈，流动相C为纯水。

6. 氨基甲酸乙酯含量测定

取12mL硅藻土固相萃取小柱，发酵酒醅加入3倍体积的水稀释，微孔滤膜过滤，酒样2.5mL，加入0.04mL氨基甲酸乙酯标准液，混匀后装入固相萃取柱中，用蒸馏水冲洗烧杯，冲洗用水注入固相萃取柱。静置后，用二氯甲烷洗脱，收集洗脱液，在30℃下，氮吹浓缩至干后用丙酮定容至1mL，0.45μm滤膜过滤，GC-MS分析。进样口温度200℃。升温程序：初温60℃，保持3min，然后以10℃/min升至200℃。载气为高纯氦气（99.999%），流速1.0mL/min，分流比1∶10分流进样，进样量1.0μL。EI离子源温度230℃，电子能量70eV，接口温度220℃，监测离子62、74、89，定量离子62，溶剂延迟3min。

7. *Lactobacillus* sp. 接入量对尿素含量的影响

Lactobacillus sp. 从甘油管中取出，加入到50mL活化培养基中，28℃培养16h，然后按照0.1%、0.3%、0.5%、0.7%、0.9%、1.1%接种量（接入液态菌液的质量与糯米和水的质量比），混合均匀。然后酵母活化菌液按照0.2%的量加入到糯米与水混合液中，加入糯米质量17%的麦曲。前酵4天温度25℃，后酵5天温度20℃，放置在全温摇床内控制温度，在发酵9天测定发酵体系中的尿素含量。

8. *Lactobacillus* sp. 接入时间对尿素含量的影响

酵母活化菌液按照0.2%的量加入到糯米与水混合液中，加入糯米质量17%的麦曲。前酵4天温度25℃，后酵5天温度20℃。0.5%活化的*Lactobacillus* sp. 在发酵的第1天、第2天、第3天、第4天加入，加入后搅拌均匀。

9. *Lactobacillus* sp. 接入对氨基甲酸乙酯含量的影响

酵母活化菌液按照0.2%的量加入到糯米与水混合液中，加入糯米质量17%的麦曲。前酵4天温度25℃，后酵5天温度20℃。不同接种量的*Lactobacillus* sp. 在发酵的第1天加入后搅拌均匀，发酵9天测定发酵醅中氨基甲酸乙酯的含量。

二、结果和讨论

1. *Lactobacillus* sp. 接入量对尿素含量的影响

从图7-1可以看出，*Lactobacillus* sp. 在第1天接入的量为0.5%时，发酵第9天酒醅中尿素含量最低。当接种量大于0.5%时，尿素含量没有继续降低。分析原因，当*Lactobacillus* sp. 产生的脲酶降解尿素的速率达到最大后，尿素的含量就不会再继续下降。尿素有一部分是酵母代谢产生的，酵母代谢尿素的速率随发酵环境变化而变化，脲酶降解尿素的速率也随发酵环境的变化而变化。残留的尿素浓度是在一定发酵环境下生成速率和降解速率差值的体现。

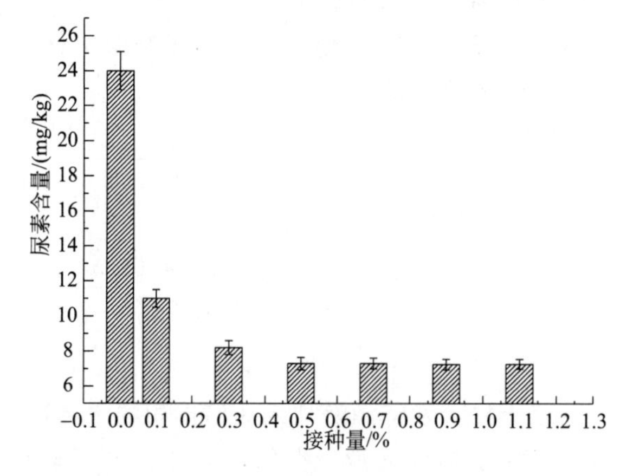

图7-1 接种量对尿素含量的影响

Figure 7-1 Effect of inoculmn on urease concentration

2. *Lactobacillus* sp. 接入时间对尿素含量的影响

从图7-2可以看出，第1天接入*Lactobacillus* sp. 酒醅中的尿素含量最少。分析其原因可能是*Lactobacillus* sp. 接入后就开始生产，菌体增殖速率较快，在菌体增殖后就开始产生脲酶，脲酶降解整个发酵过程中的尿素。酵母菌在整个发酵期间都代谢产生尿素，脲酶降解尿素的时间越长，尿素在发酵过程中就累计得越少。第3天、第4天、第5天接入*Lactobacillus* sp. 后尿素含量比第1天接入*Lactobacillus* sp. 少，原因可能是此时的发酵环境更利于*Lactobacillus* sp. 产酶和脲酶降解尿素。但是发酵第1天加入*Lactobacillus* sp. 能与麦曲一起接入，操作便利。因此，最佳接入时间定为第1天。

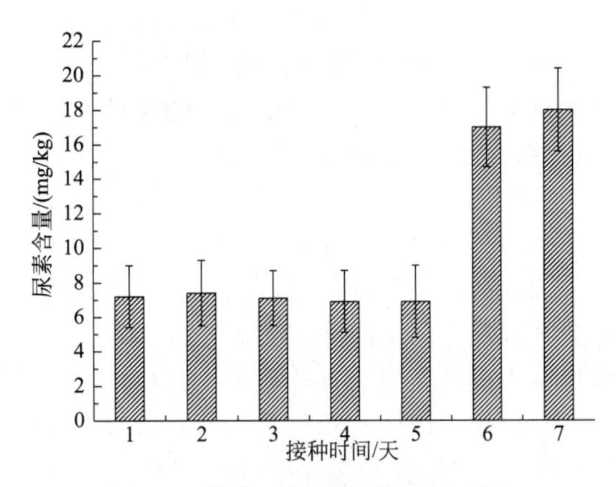

图 7-2　接种时间对尿素含量的影响

Figure 7-2　Effect of inoculmn time on urease concentration

3. *Lactobacillus* sp. 接入量对氨基甲酸乙酯含量的影响

从图 7-3 可以看出，*Lactobacillus* sp. 在第 1 天接入量为 0.5%时，发酵体系中的氨基甲酸乙酯含量最小。随着接种量的增加，产生的脲酶量增加，降解氨基甲酸乙酯的前体尿素的速率也增加，所以氨基甲酸乙酯含量减少。随着接种量增加，脲酶的产量不再增加。菌体大量接入后，其他途径形成氨基甲酸乙酯的量增加，所以氨基甲酸乙酯的量略有增加。

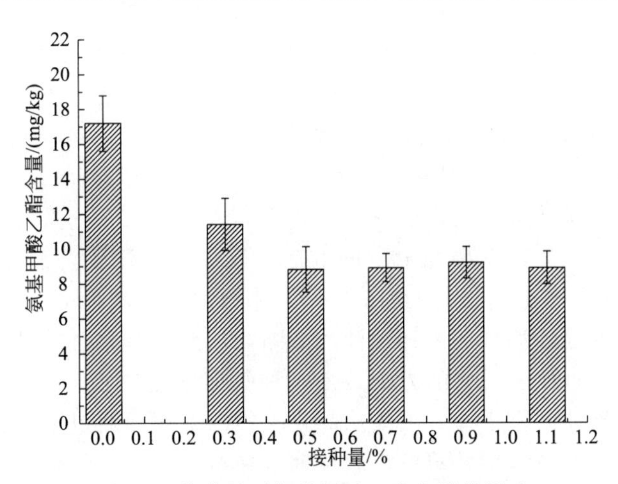

图 7-3　接种量对氨基甲酸乙酯含量的影响

Figure 7-3　Effect of inoculmn on ethyl carbamate

三、总结

本研究的结果对利用产生脲酶的菌株降解尿素，对降低发酵醅中氨基甲酸乙酯的含量具有一定的参考意义。本研究的局限性在于发酵时间较短，仅仅关注于氨基甲酸乙酯含量和尿素的含量。最优的实验方案应该是在实际生产的环境下，通过添加 *Lactobacillus* sp. 等菌来降低黄酒中的氨基甲酸乙酯含量。黄酒的风味对其质量也有重要的影响，菌体添加后不仅要考察菌体的添加对氨基甲酸乙酯含量的影响，也要研究对风味的影响。本研究仅仅是初步考察 *Lactobacillus* sp. 降解黄酒发酵体系中氨基甲酸乙酯的性能。由于没有长时间的发酵，没有煎酒等工艺，所以测定的黄酒中的氨基甲酸乙酯含量可能与实际工艺生产的黄酒有较大出入。已有大量的研究发现，随着发酵时间的延长，氨基甲酸乙酯的含量会大幅度上升。在后期的煎酒工艺，更是会大幅度增加酒体中氨基甲酸乙酯的含量。因此，本文前期的发酵添加降解菌来降低黄酒中氨基甲酸乙酯的含量具有局限性。

降低氨基甲酸乙酯的前体物质含量，从而降低氨基甲酸乙酯的含量具有一定的局限性。第一，氨基甲酸乙酯的前体物质种类较多，氨基甲酰磷酸和乙醇反应形成氨基甲酸乙酯的途径中，氨甲酰磷酸、尿素、瓜氨酸、氨甲酸、天冬氨酸等都属于氨甲酰化合物，这些物质的醇解都会产生氨基甲酸乙酯，因此单一地降低尿素的含量，不能完全消除氨基甲酸乙酯的生成。第二，发酵工艺对酵母菌生成尿素的含量有影响，大规模发酵的工艺不能精确控制，这为脲酶高效降解尿素带来一定限制。因此，利用氨基甲酸乙酯降解酶降解酒体中的氨基甲酸乙酯的含量具有一定的比较优势。首先，可以在煎酒后的酒体中添加降解酶降解氨基甲酸乙酯，这种工艺受发酵工艺的影响较小。其次，可以利用固定化技术等消除酶的添加对酒体稳定性和风味的影响。虽然一些吸附材料能降低氨基甲酸乙酯的含量，但是效果有限，而且成本和可操作性相对较差。

第二节　葡萄糖氧化酶在干型葡萄酒生产中的应用

一些消费者偏爱低醇葡萄酒，市场对低醇葡萄酒需求逐渐增加，特别是欧洲和北美洲的消费者对低醇葡萄酒的需求增加较大。从某种程度上讲，这是由于人们越来越关注健康，越来越重视食品安全，以及了解酒精对人体健康、驾驶和社会因素的影响等导致的消费理念的变化。通常低醇葡萄酒按酒精含量可以分为无醇葡萄酒（<0.5%体积分数）、低醇葡萄酒（0.5%～1.2%体积分数）和降醇葡萄酒（1.2%～5.5%或1.2%～6.5%体积分数）。无醇葡萄酒或者低醇葡萄酒是葡萄酒生产的一个重要方向。

蒸发和蒸馏是常用的生产低醇葡萄酒的方法。通过加热使葡萄酒蒸发50%～70%，酒精含量低于0.5%（体积分数）。常用设备有压力沸腾锅，在较低温度下进行单步或多步的蒸发设备。在处理后的葡萄酒中加入葡萄汁或浓缩汁，调节其感官质量。

旋转锥体柱法是一种比较现代的方法，是一种气液联用装置，由垂直的逆流系统组成，通过静止或旋转金属锥体间歇工作，液体从静止锥体的上表面通过重力流到旋转锥体的下表面，在离心力的作用下形成薄层，蒸汽流通过柱子穿过旋转锥体的整个空间蒸发液体。旋转锥体柱法蒸发效率高，液体滞留时间短，乙醇以雾沫状蒸发出去，热损伤小，能有效地处理黏稠汁，可以生产无醇、低醇或降醇葡萄酒。蒸馏方法生产无醇、低醇或降醇葡萄酒口感相对较差，由于蒸馏过程中部分香味成分的损失，造成口感不饱满。

葡萄酒冷冻形成结晶，然后除去葡萄酒中的水分，再解冻，蒸汽蒸馏法除去乙醇，这种方法成本较高。

反向渗透是目前葡萄酒降醇过程中应用最广的技术，原理是葡萄酒经过压滤，乙醇和水通过多孔渗透膜渗出，而大部分可溶性干浸出物不能渗出。但有些香气成分，如酯类、醛类、有机酸及钾元素也随着乙醇渗出。反向渗透能将葡萄酒的乙醇含量降到所需的程度，具有环保和节约能源的优势。许多国家禁止往葡萄酒中加水，采取反向渗透需要处理加水，这牵涉是否合法问题。

有机溶剂如戊烷或乙烷直接提取，或者葡萄酒经蒸发后提取含有乙醇及香气组分的冷凝物，这两种方式，溶液中都存在大量的香气组分。葡萄酒直接提取的缺点是热损伤大，在提取过程中出现溶剂残留，这种方式不适于工业化生产。未成熟的果实，含糖量低，酿造的葡萄酒酒度低，但香气差，酸度高，葡萄酒质量差。

葡萄糖氧化酶能氧化葡萄糖，使发酵体系中的葡萄糖被氧化后不能被酵母菌发酵生产乙醇。利用添加葡萄糖氧化酶生产低醇葡萄酒是一种安全生产低醇葡萄酒的有效方法。而且这种方法能最大限度地保留酒体的果香味，口感相对更饱满舒适，风味更独特。

一、材料和方法

1. 材料

葡萄：市场购买的甜葡萄。葡萄酒酵母：筛选的葡萄酒酵母。葡萄糖氧化酶：酶活力268U/mg。

2. 葡萄汁制备

葡萄用自来水清洗干净，去掉梗，用纱布包裹葡萄，捏成葡萄汁。

3. 葡萄酒酵母活化

葡萄酒酵母接种于葡萄汁中，接种量为3环/50mL，28℃培养28h。

4. 接种葡萄汁发酵

接种的葡萄汁按照2mL/300mL接种量接入葡萄汁，装于500mL三角瓶内，室温下发酵。

5. 葡萄汁葡萄糖氧化酶处理

在葡萄汁中接入葡萄酒酵母后，在设定的时间加入不同量的葡萄糖氧化酶。

6. 工艺流程

葡萄汁稀释后，接入葡萄酒酵母，在不同时间加入葡萄糖氧化酶，装入三角瓶中，放置在培养箱中发酵。

7. 检测分析

酒精度用酒精计测量，总酸、总SO_2、总糖的测定均按照GB/T 15038—2006中的分析方法测定。葡萄糖用分光光度法检测；可溶性固形物用糖度折光仪测定。可滴定酸（以酒石酸盐计算）增加量来测定葡萄糖酸。

8. pH对葡萄糖氧化酶在葡萄汁中酶活性的影响

用酒石酸调节葡萄汁的pH为2.8、3.3、3.8等，然后加入葡萄糖氧化酶。测定葡萄糖醛酸的含量。

9. 温度对葡萄糖氧化酶在葡萄汁中酶活性的影响

用酒石酸调节葡萄汁的pH为3.8，然后加入葡萄糖氧化酶，在20℃、25℃、28℃测定生成的葡萄糖醛酸的含量。

10. 葡萄糖氧化酶添加量对氧化葡萄糖生成葡萄糖醛酸量的影响

用酒石酸调节葡萄汁的pH为3.8，然后加入葡萄糖氧化酶到终点浓度2mg/L、3mg/L、4mg/L、5mg/L，然后在25℃保温48h。

11. 葡萄糖氧化酶添加时间对氧化葡萄糖生成葡萄糖醛酸量的影响

用酒石酸调节葡萄汁的 pH 为 3.8，然后加入葡萄糖氧化酶到终点浓度 4mg/L，然后在 25℃保温 48h。

12. 发酵过程中葡萄糖醛酸含量的变化

用酒石酸调节葡萄汁的 pH 为 3.8，加入葡萄糖氧化酶到终点浓度 4mg/L，在 25℃接入葡萄酒酵母，发酵储酒 100 天，检测葡萄糖醛酸的含量。

二、结果和讨论

1. pH 对葡萄糖氧化酶活性的影响

已有文献报道，葡萄糖氧化酶的最适 pH 在 5.0～6.0 之间，但是葡萄酒酿造的酸度相对较低。从图 7-4 可以看出随着 pH 的升高，葡萄糖氧化酶的活性越高。在较低酸度下，葡萄糖氧化酶仍然具有一定的活性，这说明葡萄糖氧化酶能适应葡萄酒酿造的低酸环境，在低酸度下氧化葡萄糖。在 pH3.8 时氧化葡萄糖的效率较高，所以选用 pH3.8 为最佳 pH 值。

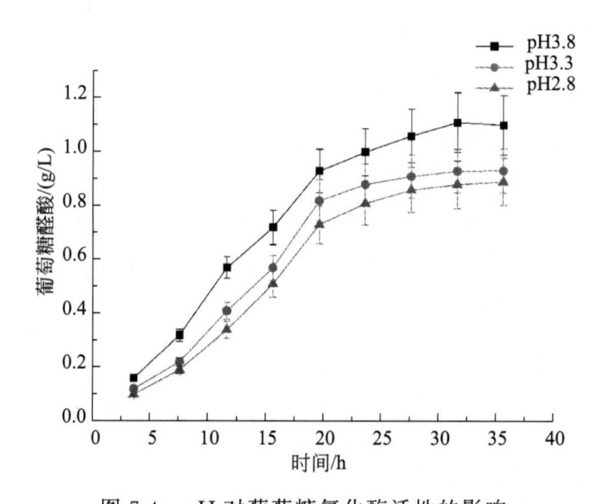

图 7-4 pH 对葡萄糖氧化酶活性的影响

Figure 7-4 Effect of pH on glucose oxidase activity

2. 温度对葡萄糖氧化酶在葡萄汁中酶活性的影响

酶由于降低了反应的活化能，一般反应的最适温度都相对较低。温度对酶的活性影响较大，酶活性随温度的升高而增加。从图 7-5 可以看出，葡萄糖氧化酶并没有随温度的升高而增加其酶活性。原因是葡萄糖氧化酶氧化葡萄糖还需要氧气的参与。反应温度的变化意味着反应中底物浓度和氧气浓度平衡的变化。当温度升高时，反应体系中氧的溶解度下降，并且氧气是难溶的气体，极低的浓度让氧气成为反应的最大限制性因素。氧气浓度降低将抵消由于温度升高导致的速率增加。氧气浓度此时成为影响酶催化活性的首要因素。低温处理可能由于其抑菌作用和保持葡萄汁质量的作用反而有利于发酵。基于这种结果，为了更好地保留葡萄香气，可以让发酵尽量控制在较低温度。

3. 酶添加量对氧化葡萄糖效率的影响

酶的浓度越大，催化反应的速率越高。但是随着葡萄汁中氧气的减少，以及催化生成产

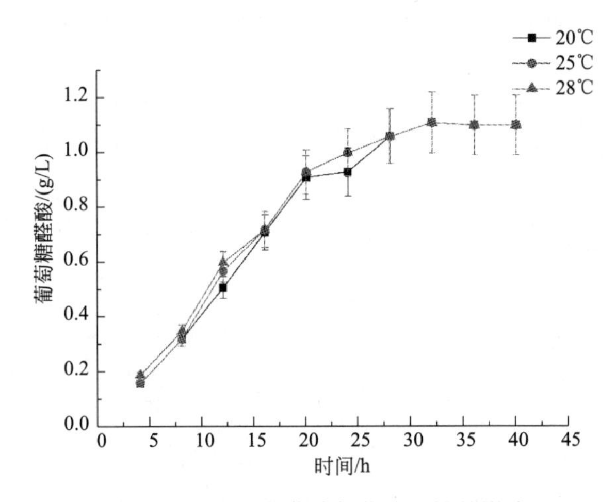

图 7-5　温度对葡萄糖氧化酶活性的影响

Figure 7-5　Effect of temperature on glucose oxidase activity

物的反馈抑制作用，反应速率减慢。特别是葡萄汁中的氧气是葡萄糖氧化酶催化速率的限制因素，酶的浓度与反应速率的关系是非线性的。从图 7-6 可以看出，当酶的量为 3mg/L 时催化反应速率远远低于酶量为 4mg/L 和 5mg/L 的速率。分析原因可能是酶的量为 3mg/L 时，氧气的浓度相对富余，因此反应速率随着酶量逐步上升。当酶的量为 4mg/L 的时候，氧气的量已经相对不足，所以当酶的量增加到 5mg/L，葡萄糖氧化酶氧化葡萄糖的速率没有增加很多。为节约低醇葡萄酒的生产成本，采用 4mg/L 葡萄糖氧化酶氧化葡萄汁中的葡萄糖。

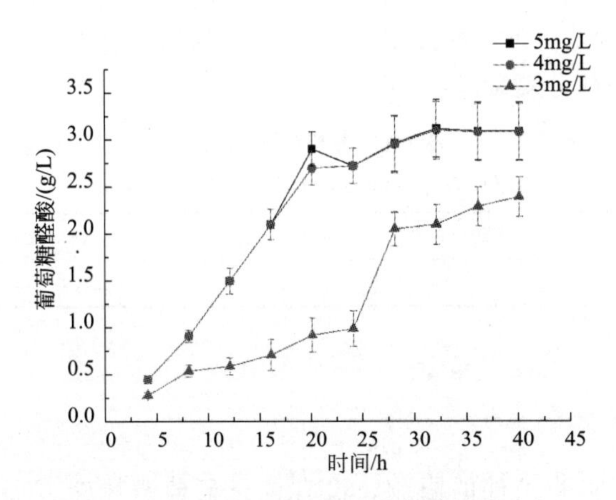

图 7-6　酶添加量对氧化葡萄糖的影响

Figure 7-6　Effect of glucose oxidase concentration on glucose oxidation

4. 葡萄酒酿造过程中葡萄糖醛酸的含量变化

在发酵过程中，葡萄糖被葡萄酒酵母和葡萄糖氧化酶不断消耗。理论上在一定时间后，葡萄糖醛酸的含量不会再增加。从图 7-7 可以看出，发酵 40～70h 葡萄糖醛酸的含量不断增加，到 80h 后葡萄糖醛酸的量不再增加。原因可能是氧气消耗尽，或者葡萄糖氧化酶失活，或者葡萄糖消耗尽。最有可能的原因是氧气消耗尽。发酵 80h，超过 10.0g/L 的葡萄糖醛酸生成，这表明在发酵过程中葡萄糖氧化酶有效地把葡萄糖氧化为葡萄糖醛酸。葡萄酒酵母不能代谢葡萄糖醛酸，葡萄糖醛酸含量的增加预示添加葡萄糖氧化酶能降低酵母菌代谢产生酒精的量。

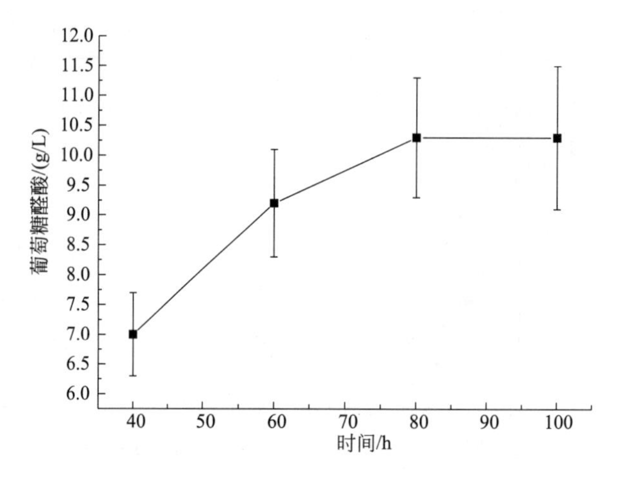

图 7-7　发酵过程中葡萄糖醛酸含量的变化

Figure 7-7　Variation of gluconic acid concentration during fermentation

5. 酿造葡萄酒的成分分析

从表 7-1 可以看出，葡萄酒的酒精度低于 12%，说明加入葡萄糖氧化酶后酒精度明显降低。酒精度还没有降低到理想的水平，这可能与葡萄酒酵母加入得过早有关。由于在三角瓶内发酵，氧气的溶解速度有限，这也限制了葡萄糖氧化酶氧化葡萄糖生成葡萄糖醛酸的速度。因此，低醇葡萄酒可以考虑先加入葡萄糖氧化酶，并适度通入氧气，充分氧化葡萄糖后再加入酵母菌。其次，可以考虑将不产生酒精的风味菌加入到葡萄汁中，利用菌体的代谢也可以消耗掉一部分葡萄糖。

表 7-1　葡萄酒品质分析

Table 7-1　Quality analysis of grape wine

检测指标	总酸/(g/L)	总糖/(g/L)	挥发酸/(g/L)	总 SO_2/(mg/L)	pH	酒精度
酒体	7.9	1.5	0.11	63.1	3.4	7.1%

三、总结

在本实验中，由于实验条件的限制，没有进行葡萄酒风味方面的检测和分析。从实验结果看，通过添加葡萄糖氧化酶，能降低葡萄酒的酒精度。葡萄酒的品质主要在其风味、口感和保健功效，品质分析应该增加风味和保健成分的检测分析。

通过添加葡萄糖氧化酶生产低醇葡萄酒是一个安全和能保留葡萄酒口感风味的方法。高效氧化葡萄糖的氧化酶的研发对降低成本和工艺技术的推广具有重要的理论意义和实际应用意义。利用葡萄糖氧化酶生产低醇葡萄酒是应用新型酶制剂生产新品酒的一个很好范例。

通过酶固定化技术降低酶的使用成本，或者利用蛋白质工程强化葡萄糖氧化酶的效率或絮凝性能，对葡萄糖氧化酶在生产低醇葡萄酒中的应用具有实际意义。

第三节　新型淀粉酶和纤维素酶在浓香型白酒生产中的应用

小曲白酒的缺点是杂醇油含量比较高，饮用后容易上头。酱香型白酒价格相对较高。在中国所有香型白酒中，浓香型白酒的产量和销量最大，原因是浓香型白酒的风格和口感消费者接受度较高，性价比较高。浓香型白酒生产过程中，会产生大量的丢糟。丢糟中含有10%以上的淀粉。充分利用原料中的淀粉，提高浓香型白酒的出酒率是一个降低浓香型白酒生产成本值得探索的方法。

常见的提高白酒出酒率的方法，是添加高活性的淀粉酶和纤维素酶，期望通过充分降解淀粉从而提高淀粉的利用效率。单单着眼于淀粉酶的高活性并不是充分降解浓香型白酒发酵过程中淀粉的有效方法。高活性的淀粉酶对原料中淀粉的快速降解反而会造成发酵速度过快，对酒质产生影响。维持一个相对较低的降解淀粉的速率，同时在较长的发酵周期内都具有适宜酶活性的淀粉酶是较适宜用于提升浓香型白酒出酒率的酶。低活性高稳定性淀粉酶不会造成发酵速率过快，而且高稳定性可以让其在较长的发酵过程中持续降解淀粉。为消除纤维素对淀粉酶降解淀粉的阻扰，从而充分降解淀粉，在发酵过程中添加纤维素酶也是一个值得探索的方法。

浓香型白酒品质因素中风味和口感也是一个重要指标，本实验重点研究酶制剂的添加对出酒率的影响，对风味和口感仅评定其浓香型风味的典型性。

一、材料和方法

1. 酒曲和酶

酒曲：浓香型高温大曲。淀粉酶：低活性高稳定性的淀粉酶。纤维素酶：黑曲霉产生的纤维素酶。

2. 浓香型白酒酿造工艺流程

糯高粱用辊式粉碎机进行粉碎，粉碎度为4～6瓣，过40目筛。用高温曲或中温曲发酵，大曲用锤式粉碎机粗碎，再用钢磨磨成曲粉，粒度如芝麻大小。

稻壳清蒸30～40min，然后出甑晾干，使含水量在13%以下。

每个窖中一般有6甑物料，最上面一甑回糟（面糟），下面五甑粮糟。起糟出窖时先去窖泥，先起面糟，再起母糟。面糟用自动机器人上甑，单独蒸馏，蒸后作丢糟处理，蒸得的丢糟酒，再回醅发酵。然后起出五甑粮糟，配入高粱粉，五甑粮糟和一甑红糟分别蒸酒，重新入窖池发酵。

当起糟到一定的深度会出现黄水。将粮糟移到窖底较高的一端，让黄水滴入较低部，滴出黄水，滴窖12h，用泵抽出黄水。

每甑投入原料120kg，粮醅比为1∶4，稻壳量为原料量的122%。粉碎成4～6瓣的高粱渣先进行清蒸，在配料前泼入原料量18%～20%的40℃热水润料，待圆汽后再蒸10min，立即出甑摊凉，再配料。出窖后用螺旋输送机配料后进行润料。原料和酒醅拌匀并堆积在润料箱内1h，在表面撒上一层稻壳。

蒸面糟，将蒸馏设备洗干净，黄水倒入底锅与面糟一起蒸馏。蒸得的黄水丢糟酒，稀释到20%（体积分数）左右，泼回窖内再次发酵。

蒸完面糟后蒸粮糟。在酒甑均匀进汽、缓火蒸馏、低温馏酒，使酒醅中5%（体积分数）左右的酒精成分浓缩到65%（体积分数）左右。

蒸馏时要控制馏酒温度在25℃左右。馏酒时间约20min截取酒尾。

用来蒸红糟的酒醅在上甑时，要提前20min左右拌入稻壳，摊凉加曲，拌匀入窖，作为下排的面糟。

粮糟蒸馏后立即加入85℃热水，水分达到54%，堆积20min。然后用摊凉机摊凉，摊凉的粮糟应加入原料量20%大曲粉。粮糟入窖前，在窖底撒1.5kg大曲粉，每入完一甑料，踩紧踩平。入窖完毕，撒上一层稻壳，再入面糟，扒平踩紧，封窖发酵。

3. 浓香型白酒加酶酿造工艺

除了在面糟和红糟中加入淀粉酶和纤维素酶外，浓香型白酒加酶酿造工艺与非加酶工艺基本相同。淀粉酶的加入量为面糟或粮糟干高粱的0.3%，纤维素酶加入量为面糟或粮糟干高粱的0.05%。加入淀粉酶和纤维素酶后，面糟或粮糟搅拌均匀。

4. 酿造过程中理化指标的检测

温度：数显温度计测定窖内固态糟醅中层温度。含水量：烘干法。酸度：酸碱滴定法。淀粉和还原糖：斐林试剂法测定。

5. 风味成分检测

乙醇浓度及香气成分的测定：取100 g糟醅，加水200mL，用500mL全玻璃蒸馏器蒸馏出100mL溶液，用密度仪测定酒精含量，气相色谱仪测定香气成分组成和含量，风味成分用内标法气相色谱测定。

二、结果和讨论

1. 发酵过程中酒醅的温度变化

发酵窖池的温度是衡量发酵状况的一个非常重要的指标，发酵温度适宜是酒质好的一个最基本前提。发酵窖池的温度是发酵热最重要的外在指标。发酵热的数值与大曲的加入量、酿造微生物的代谢活动强弱相关联。酿造微生物整体代谢活动强烈，温度高；酿造微生物整体代谢活动低，温度升高得慢。对于浓香型白酒的温度而言，升温速率和糟醅温度对酒体的口感和风味有很大的影响。温度过高，酵母菌生长繁殖旺盛，酒体中的杂醇油含量相对高。

由图7-8可知，发酵前期，糟醅中有一定的氧气，酵母菌吸收氧气进行生长繁殖，产生大量的生物热。发酵中期，进行产酒精代谢，温度平稳。发酵后期，随着酵母菌的衰亡，产生的生物热逐渐减少，温度逐渐下降。对比分析添加酶和不添加酶的温度变化。在整个发酵期间，添加了淀粉酶和纤维素酶的窖池温度略高于没有添加酶的窖池温度。分析原因可能是淀粉酶和纤维素酶的添加，加速了淀粉的降解。由于大曲的糖化力本身较低，淀粉的水解速率相对较低，葡萄糖的浓度也较低。加入淀粉酶后，淀粉的水解速率加快，葡萄糖浓度高，酵母菌的代谢强度略微增加，进而导致温度升高。由于添加的是低活力高稳定性的淀粉酶，所以能稍微增加酵母菌的代谢强度，不会导致温度升高得过快或过高而导致酒体的口感和风味下降。淀粉酶的热稳定性很好，在整个发酵期间都能够略微增加淀粉的水解速率，所以整个发酵期间添加淀粉酶和纤维素酶的窖池温度都略微高一些。

2. 发酵过程中酒精含量变化

添加淀粉酶和纤维素酶增加淀粉的水解程度，增加出酒率。从图7-9可以看出，在整个

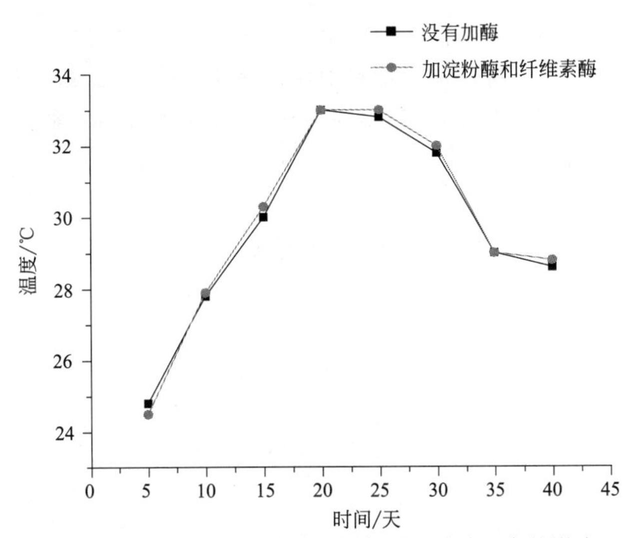

图 7-8　淀粉酶和纤维素酶的添加对发酵醅温度的影响

Figure 7-8　Effect of adding amylase and cellulase on temperature of fermentation mixture

发酵期间，添加淀粉酶和纤维素酶糟醅的酒精度略微比不加淀粉酶和纤维素酶的糟醅高。分析原因是淀粉水解速率的略微增加，导致酵母菌代谢产生的酒精也相对应地略微增加。酒精度没有大幅度增加的原因可能为：添加淀粉酶的催化能力维持在一个较低的水平；发酵糟醅中除酵母菌的代谢外，还有其他微生物的代谢，这些微生物的代谢强度可能也会增加，从而消耗掉一部分葡萄糖。

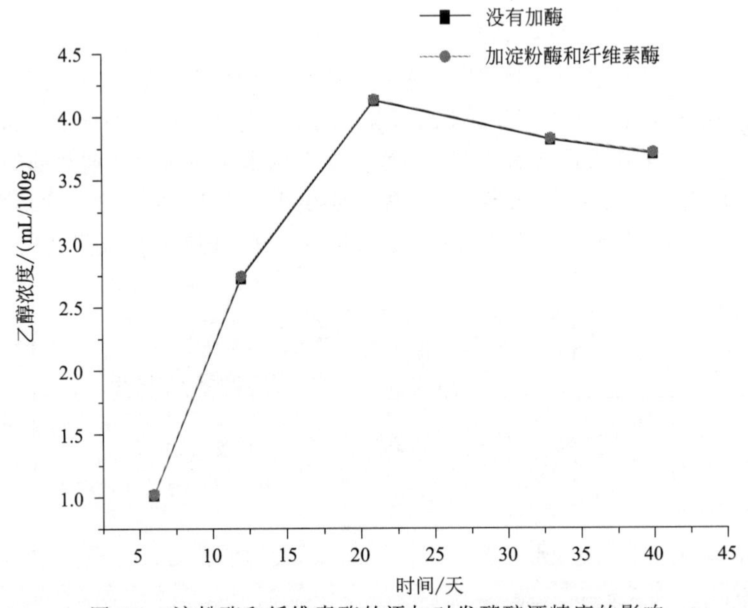

图 7-9　淀粉酶和纤维素酶的添加对发酵醅酒精度的影响

Figure7-9　Effect of adding amylase and cellulase on ethanol concentrations in fermentation mixture

3. 发酵过程中淀粉含量的变化

发酵过程中淀粉含量的变化最能体现添加淀粉酶和纤维素酶的效果。从图 7-10 可以看出，在发酵前期，添加淀粉酶和纤维素酶的糟醅与不添加淀粉酶和纤维素酶的糟醅的淀粉含量几乎都保持在一样的水平。但是在发酵后期，添加淀粉酶和纤维素酶的糟醅中的淀粉含量略微低一些。分析原因可能是发酵前期酿造微生物产生的淀粉酶的活力较高，添加淀粉酶和纤维素酶的活力相对较低。发酵后期，糟醅中酿造微生物产生的淀粉酶很少或者已经失活，添加的淀粉酶和纤维素酶的活性这时候相对高一些，进而能更彻底地降解原料中的淀粉，所以糟醅中的淀粉浓度相对要低一些。

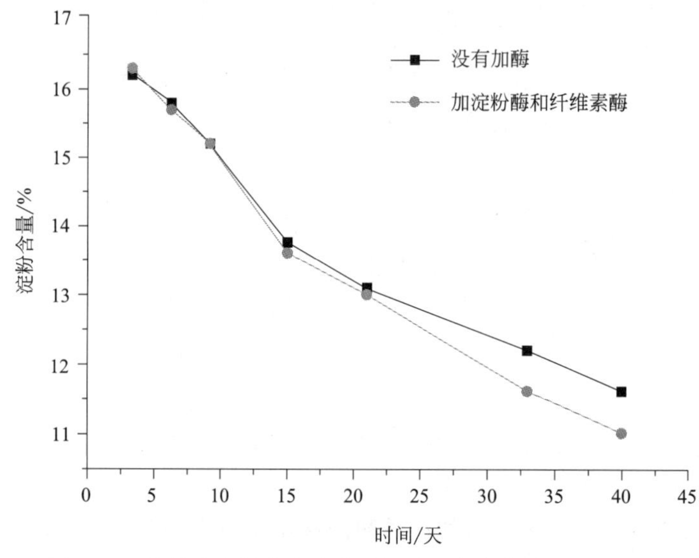

图 7-10 淀粉酶和纤维素酶的添加对发酵醅淀粉含量的影响

Figure 7-10 Effect of adding amylase and cellulase on starch concentration in fermentation mixture

4. 发酵过程中还原糖含量的变化

还原糖含量是淀粉水解速率与淀粉消耗速率二者差值的体现。从图 7-11 可以看出，在发酵过程中前 10 天还原糖含量急剧下降，后面还原糖含量的变化趋于平缓。在前 10 天，酵母菌的生长和产生酒精代谢旺盛，消耗大量的葡萄糖；糟醅中淀粉酶水解淀粉生产葡萄糖的速率逐渐下降，葡萄糖生成速率下降，消耗速率增加导致前期葡萄糖浓度的急速下降。在发酵后期，酵母菌逐渐衰亡，葡萄糖消耗速率下降淀粉被水解的速率也大幅度下降，还原糖的含量变化不大。

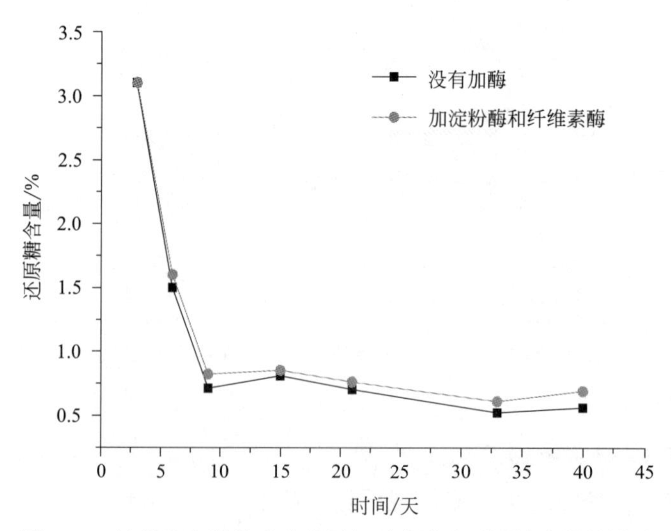

图 7-11 淀粉酶和纤维素酶的添加对发酵醅还原糖含量的影响

Figure 7-11 Effect of adding amylase and cellulase on reducing sugar in fermentation mixture

5. 发酵过程中己酸乙酯含量的变化

浓香型白酒典型的风味成分为己酸乙酯，己酸乙酯含量高底是评价浓香型白酒品质的一个重要指标。己酸乙酯的形成是一个复杂的过程，受多种因素的影响。从图 7-12 可以看出，在发酵过程中添加了淀粉酶和纤维素酶窖池糟醅中己酸乙酯含量略微低于没有添加淀粉酶和纤维素酶窖池糟醅中己酸乙酯含量。分析原因，可能是淀粉酶的添加造成酵母代谢的变化，进而导致己酸乙酯含量的略微下降。己酸乙酯下降量微乎其微，对酒体品质产生的影响几乎可以忽略。己酸乙酯含量下降的另外一个原因可能是添加的淀粉酶和纤维素酶含有的微生物对酿造产生影响，从而降低己酸乙酯含量。

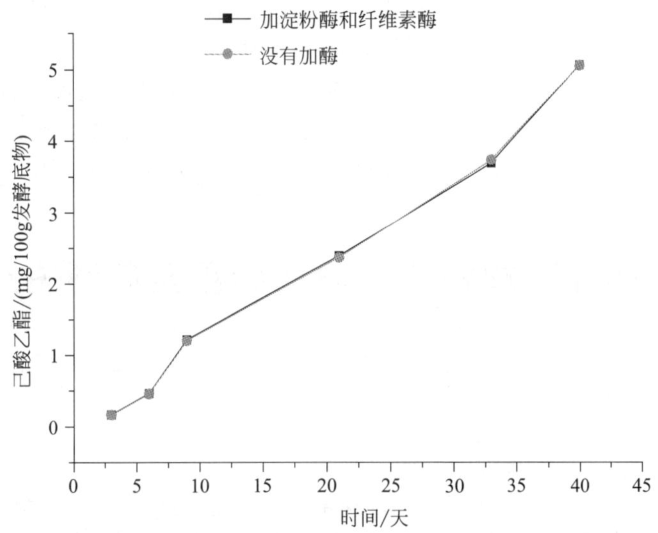

图 7-12 淀粉酶和纤维素酶的添加对发酵醅己酸乙酯含量的影响

Figure 7-12 Effect of adding amylase and cellulase ethyl acetate concentration in fermentation mixture

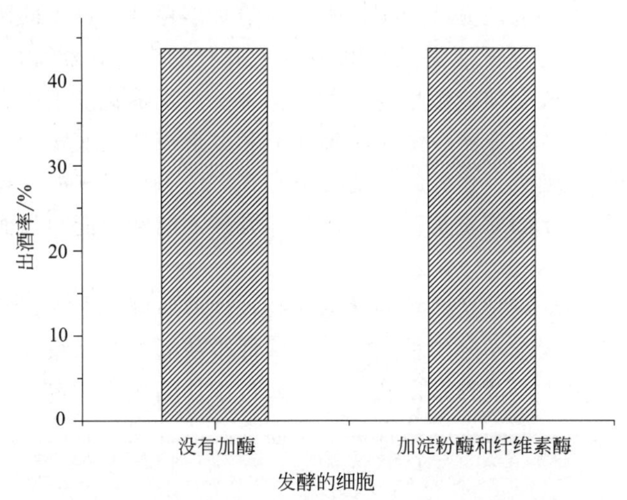

图 7-13 淀粉酶和纤维素酶的添加对出酒率的影响

Figure 7-13 Effect of adding amylase and cellulase on wine yield percentage

6. 淀粉酶和纤维素酶添加对出酒率的影响

从图 7-13 看出，不添加淀粉酶和纤维素酶的窖池的出酒率为 43.6%（以 54 度酒计），添加淀粉酶和纤维素酶的窖池的出酒率为 43.8%（以 54 度酒计），通过添加淀粉酶和纤维素酶提升了出酒率0.2%。这说明淀粉酶和纤维素酶的添加确实可以提高出酒率。出酒率的增加，意味着对原料利用效率的增加。纤维素酶的添加还可以提升丢糟作为饲料应用的适口性。由于纤维素酶的添加量少，没有分析纤维素酶的添加对原料中纤维素的降解情况，纤维素酶对淀粉酶降解淀粉辅助效果也没有专门研究。淀粉酶和纤维素酶的添加，能增加出酒率。

三、总结

从实验结果看，添加淀粉酶和纤维素酶能提高出酒率，对发酵糟醅中己酸乙酯的含量影响不大。低活力高热稳定性的淀粉酶对提高浓香型白酒的出酒率具有一定的实际应用意义。浓香型白酒单窖投料量大，所以本实验没有做平行对照。为确保两个实验具有可比性，在各个环节精确控制，以求实验具有可比性。相关研究发现，同一个厂的同一批次不同窖池的淀粉浓度、酒精浓度、酒体风味成分等都有较大差距。作者在不同的窖池内，添加相同量的纤维素酶和淀粉酶，得到的结果有较大差异。非精确控制的窖池内的实验结果仍然具有一定的参考意义。

第四节　低温淀粉酶和酯化酶在清香型白酒生产中的应用

固态发酵酿造白酒一个最大的缺点是发酵周期长，而且由于固态发酵传质和传热系数小，传热和传质效果差。这些决定了固态发酵的设备体积不可能很大。同时，固态发酵设备如糟车等，设备密闭性较差，很难做到完全封闭发酵。

清香型白酒的口感特征是清字当头，净字到底。固态发酵为了便于蒸馏及发酵的传质和传热，往往添加稻壳。稻壳的添加不利于清香型白酒口感清纯爽净特征呈现。液态发酵不需要添加稻壳，因而有利于清纯爽净风格的呈现。

液态发酵白酒也有不利的地方。液态发酵生产清香型白酒，最大的瓶颈在于风味成分含量少，造成口感不饱满。为提升液态发酵酒中风味成分的含量，添加酯化菌是一个常用措施，但是酯化菌的添加会改变酿造微生物的种群体系。利用酯化酶来提高液态发酵中风味物质的种类和浓度是一个有效的方法。酯化酶催化酸和醇形成酯类底物专一性相对较差，同时催化多种酸和醇形成多种酯类。多种酯类的过量存在对清香型风味的呈现反而不利。适宜于清香型白酒液态酿造的酯化酶应该是对乙酸乙酯和乳酸乙酯酯化能力强而对其他酯类酯化能力相对较弱的酯化酶。

液态发酵一个最大的缺点是高级醇的含量偏高，饮酒后容易上头。而且小曲清香型本身的高级醇含量就高，因此液态发酵的重点之一是降低小曲酒中的高级醇含量。

本实验利用液态发酵生产清香型白酒，同时通过添加酯化酶，定向酯化合成乙酸乙酯和乳酸乙酯，通过各种工艺降低高级醇的含量，从而提升清香型小曲白酒的口感和风味。

一、材料和方法

1. 菌株和原料

酒精酵母：实验室保藏。东方伊萨酵母：实验室保藏。毕氏酵母：实验室保藏。枯草芽孢杆菌：实验室保藏。高粱：市购。

2. 酶制剂

糖化酶：湖南鸿鹰祥生物工程股份有限公司。α-淀粉酶：北京东华强盛生物技术有限公司。

低温糖化酶：海洋分离菌株产生的低温糖化酶。低温酯化酶：海洋菌株产生的低温酯化酶。

3. 酿造工艺

传统液态酿造工艺：高粱粉碎后过 40 目筛，然后加入 3 倍质量的水，煮沸 10min 糊化。冷却后加入 α-淀粉酶进行液化，每升加入 0.5g，85℃保温 60min。然后每升加入 4mL 糖化酶，85℃保温 40min，冷却到室温后接入酒精酵母、东方伊萨酵母、毕氏酵母等，20℃发酵 96h。

新型酿造工艺：高粱粉碎后过 40 目筛，然后加入 3 倍质量的水，煮沸 10min 糊化。冷却后加入 α-淀粉酶进行液化，每升加入 0.5g，85℃保温 60min，冷却到室温后，然后加入低温糖化酶和低温酯化酶，接入酒精酵母、东方伊萨酵母、毕氏酵母等，20℃发酵 96h。

4. 感官评定

蒸馏的酒体采用感官评定的方法。满分为 10 分，9～10 分为优，8～9 分为良，7～8 分为中，6～7 为差，6 分以下为很差。评定时先根据口感划分等级，然后再打分，打分最小分值为 0.1 分。

5. 高级醇含量测定

高级醇含量测定用气相色谱内标法检测。

二、结果和讨论

1. 发酵温度对酒体口感的影响

清香型白酒作为酒精饮料，消费者对其第一印象是口感和风格。口感直接决定了清香型白酒能否被消费者接受。从图 7-14 可知，低温酿造更有利于清香型白酒典型风味的呈现，随着温度的升高，清香型白酒的典型风味逐渐下降。液态酿造的清香型白酒与固态小曲白酒相比，口感寡淡，水味较重。

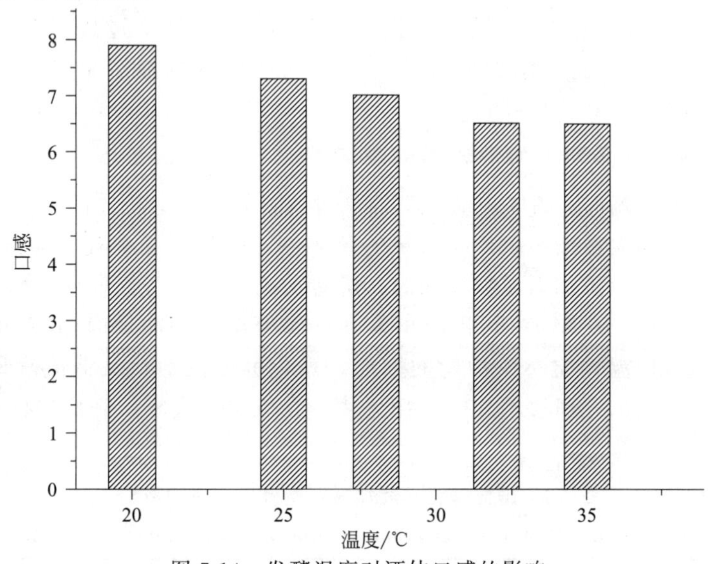

图 7-14　发酵温度对酒体口感的影响

Figure 7-14　Effect of fermentation temperature on wine mouthfeel

2. 低温糖化酶添加量对酒体口感的影响

与不添加低温糖化酶酿造的白酒相比较，添加低温糖化酶的酒体相对要饱满一些。从图7-15可看出，随着低温糖化酶的添加，酒体口感较好。当低温糖化酶添加量超过3g/L时，酒体口感急剧下降。低温糖化酶能够在低温下缓慢降解淀粉，从而为酵母菌等其他菌体的代谢提供适宜的碳源，让菌体的代谢产物能突显清香型白酒的典型风味。随着低温糖化酶量的增加，糖化速率增加，酵母菌增殖和代谢旺盛，酿造微生物过于旺盛的代谢又不利于酒体典型风味的呈现。

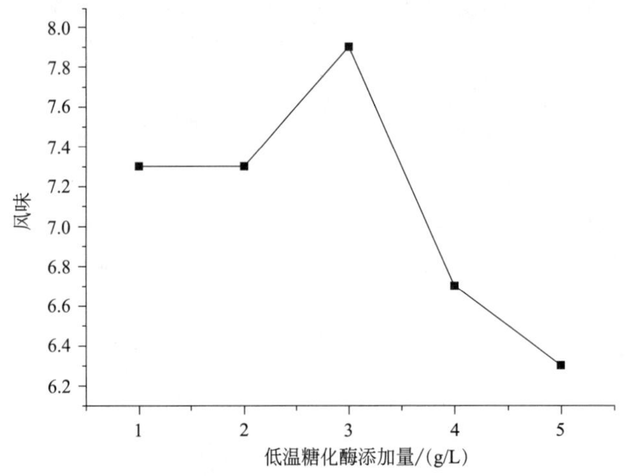

图7-15 低温糖化酶添加量对酒体口感的影响

Figure 7-14 Effect of added glucoamylase amount on wine mouthfeel

3. 低温酯化酶添加量对酒体口感的影响

添加低温酯化酶的酒体风味总体而言比不添加低温酯化酶的酒体风味要饱满柔和一些。从图7-16可以看出，随着低温酯化酶添加量的增加，酒体口感逐步变得更为饱满。当低温酯化酶添加量超过1.5 g/L时，酒体口感变得不协调。分析原因为：低温酯化酶添加后，加速了乙醇与酸的酯化，从而使酒体中的酯类物质浓度增加，所以酒体口感相对更饱满一些。当低温酯化酶添加量很大时，酒体中的酯类物质过量，造成酯类物质含量相对超标，酒体不协调。通过添加低温酯化酶，能在较低的酿造温度下酯化醇和酸，增加酒体的口感饱满性。

4. 低温糖化酶添加量对杂醇油含量的影响

当不添加低温糖化酶时，酒体中的杂醇油含量明显要高，分析原因为传统工艺初期的直接糖化，造成酵母快速大量增殖，产生大量的杂醇油，在葡萄糖消耗完后酵母菌快速衰亡，又产生大量的杂醇油。当添加低温糖化酶时，酵母菌初期的增殖数量少，增殖缓慢，所以产生的杂醇油量相对较少。从表7-2可以看出，当低温糖化酶添加量为3g/L时，酒体中杂醇油的含量最少。随着低温糖化酶添加量的增加，糖化速率的加快又造成酵母增殖速率的增加，产生的杂醇油量增加。通过添加低温糖化酶，在低温下发酵，降低酵母菌的增殖数量从而降低酒体中的杂醇油含量。

表7-2 低温糖化酶添加量对杂醇油含量的影响

Table 7-2 Effect of added glucoamylase amount on fusel oil concentration

低温糖化酶添加量	正丙醇/(g/L)	异丁醇/(g/L)	异戊醇/(g/L)
0g/L	0.52	0.37	1.21

续表

低温糖化酶添加量	正丙醇/(g/L)	异丁醇/(g/L)	异戊醇/(g/L)
2g/L	0.45	0.29	1.32
3g/L	0.35	0.31	0.91
4g/L	0.45	0.33	1.10

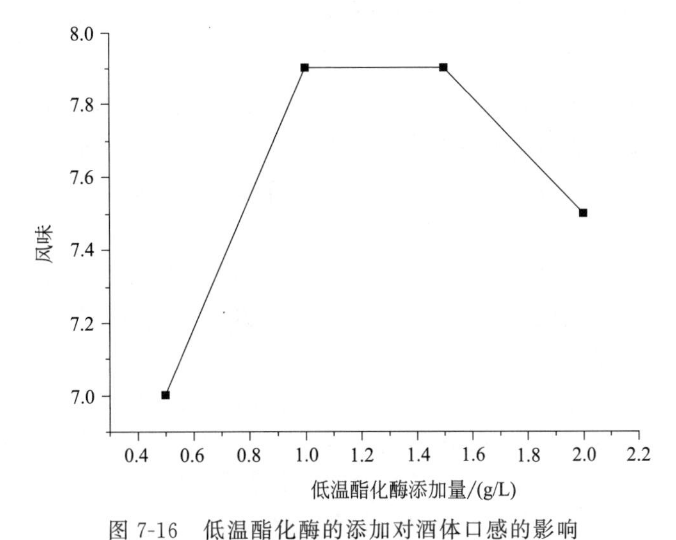

图 7-16 低温酯化酶的添加对酒体口感的影响

Figure 7-16 Effect of added esterase mount on wine mouthfeel

5. 低温酯化酶添加量对杂醇油含量的影响

从表 7-3 可以看出，低温酯化酶的添加对酒体中杂醇油的影响并不大。当低温酯化酶的添加量为 1.5g/L 时，杂醇油的含量稍微降低。分析原因可能是低温酯化酶对杂醇油的三类醇的酯化能力很弱，不能高效把低浓度的杂醇油酯化为酯类。或者低温酯化酶对杂醇油形成的酯类主要是酯解作用。当添加量为 1.5 g/L 时，杂醇油含量下降的原因可能是此时低温酯化酶降解产生的氨基酸改变了液体中氮源的浓度，从而使酵母菌代谢产生的杂醇油的量减少。

表 7-3 低温酯化酶添加量对杂醇油含量的影响

Table 7-3 Effect of added esterase amount on fusel oil amount

低温酯化酶添加量	正丙醇/(g/L)	异丁醇/(g/L)	异戊醇/(g/L)
0.5 g/L	1.42	0.31	1.21
1.0g/L	1.42	0.30	1.21
1.5g/L	1.39	0.29	1.18
2.0g/L	1.39	0.29	1.18

三、总结

从实验结果可以看出，通过添加低温糖化酶和低温酯化酶，能提升液态酿造清香型白酒的口感，降低酒体中杂醇油的含量。但是，液态酿造的酒体口感仍然不饱满，口感寡淡，杂醇油的含量仍然远高于固态酿造白酒杂醇油的含量。今后液态酿造的主要方向为通过菌株的优选和复配、原料的复配和预处理、发酵工艺的创新型设计、蒸馏方式的改进等来提升液态清香型白酒中风味物质的含量和组成，降低酒体中杂醇油的含量。可以尝试通过低温糖化酶、低温酯化酶、低温蛋白酶等的优化组合，提升液态酿造的口感和风味，降低液态酿造酒中杂醇油的含量。

第五节　新型淀粉酶和纤维素酶在苦荞酒酿造中的应用

荞麦为蓼科荞麦属一年生草本植物，包括甜荞和苦荞两个品种。苦荞麦又名鞑靼荞麦、野荞麦、万年荞。苦荞含有丰富的蛋白质、脂肪、淀粉、矿物质和维生素，还含有叶绿素和生物类黄酮。苦荞黄酮、苦荞蛋白、苦荞糖醇等能降血糖和血脂，具有抗疲劳、抗衰老、抑制肿瘤细胞等作用。

苦荞有很高的营养保健价值，但苦荞酒的生产一般为固态发酵的基酒加入苦荞提取物，或者固态发酵生产的基酒浸提整粒荞麦。已有的生产方法，不能发挥苦荞的最大保健功能，因为提取或浸提的仅仅是部分保健功能成分。

液态发酵在淀粉被充分降解后，能释放多种营养成分，因此液态酿造苦荞酒具有一定优势。液态酿造的缺点是高级醇含量高，风味成分少，口感差。为提升苦荞酒的口感饱满度，添加低温酯化酶。为降低高级醇含量，添加低温糖化酶和纤维素酶缓慢降解淀粉，降低酵母代谢强度，从而降低杂醇油含量。添加低温蛋白酶，调节碳氮比，降低高级醇的生成量。

一、材料和方法

1. 材料

酵母：实验室保藏。α-淀粉酶：市购淀粉酶。纤维素酶：实验室保存。低温糖化酶：实验室保藏。酯化酶：实验室保存。苦荞：市购苦荞。

2. 工艺流程

苦荞首先用粉碎机粉碎，粉碎后按照1∶4料液比加入水糊化，然后加入0.2%α-淀粉酶液化，得到苦荞液化液。液化液冷却后加入糖化酶或低温糖化酶糖化，用2mol/L柠檬酸调节pH值为6.0，然后加入纤维素酶和酯化酶，接入一定量的酵母活化液，在设定温度下发酵96h，滤纸过滤，得到发酵酒液。

3. 酵母活化

酵母接种在苦荞糖化液中，在28℃培养18h，得到酵母活化液。苦荞糖化液制备：高粱粉碎过40目筛，加入3倍体积的水，煮沸20min，按照2g/100mL加入0.1%α-淀粉酶，60℃保温3h，然后加入糖化酶，60℃保温1h，冷却得到苦荞糖化液。

4. 酒精度、黄酮、总酸、氨基酸态氮等测定

酒精度用GB/T 13662—2008《黄酒》中的比重计方法测定乙醇的体积分数计量。黄酮浓度用GB/T 20574—2006《蜂胶中总黄酮含量的测定方法》。pH值用pH计测。总酸用GB/T 12456—2008《食品中总酸的测定》中的酸碱滴定法。氨基酸态氮：采用GB/T 13662—2008《黄酒》中的酸度计法。

5. 杂醇油含量的测定

（1）2%单标储备液的配制 精确吸取200μL色谱纯单标物质，用60%乙醇溶液定容至10mL做2%单标储备液。

（2）混标溶液的配制 精确吸取200μL 2%色谱纯的单标储备液，用60%乙醇溶液定容至10mL做混标溶液。

（3）样品处理 用0.2μm有机微孔滤膜过滤白酒样品，加入200μL 2%乙酸正戊酯溶液定容至10mL。

（4）进样 用微量进样器取0.6μL加到气相色谱仪进样器中。

（5）色谱条件 柱温：起始柱温35℃，保持4min后以4℃/min的速度升到60℃，再以10℃/min的速度升温到130℃，最后以15℃/min升温到210℃，持续20min。检测温度：260℃。汽化温度：260℃。分流比：40∶1。

6. 不同发酵温度对苦荞酒口感的影响

液化液冷却后加入0.1%低温糖化酶，用2mol/L柠檬酸调节pH值为6.0，然后加入0.01%纤维素酶和0.03%酯化酶，接入3%的酵母活化液，在设定温度下发酵96h，滤纸过滤，得到发酵酒液。发酵酒液在15℃、20℃、25℃、30℃、35℃澄清5天，上清液在室温放置1个月。口感评分满分为10分，优级为9～10分，良级为8～9分，中等为6～8分，差为6分以下。

7. 不同类型糖化酶的添加对苦荞酒口感和黄酮含量的影响

液化液冷却后加入0%、0.1%、0.15%低温糖化酶，用2mol/L柠檬酸调节pH值为6.0，然后加入0.01%纤维素酶和0.03%酯化酶，接入3%的酵母活化液，在设定温度下发酵96h，滤纸过滤，得到发酵酒液，发酵酒液在20℃澄清5天，上清液在室温放置1个月陈酿，口感品尝陈酿酒。

液化液冷却后加入0%、0.1%、0.15%高温糖化酶，用2mol/L柠檬酸调节pH值为6.0，60℃保温2h，然后加入0.01%纤维素酶和0.03%酯化酶，接入3%的酵母活化液，在设定温度下发酵96h，滤纸过滤，得到发酵酒液，发酵酒液在20℃澄清5天，上清液在室温放置1个月。

8. 纤维素酶的添加对苦荞酒黄酮含量的影响

液化液冷却后加入0.1%低温糖化酶，用2mol/L柠檬酸调节pH值为6.0，然后加入0%、0.005%、0.01%、0.015%纤维素酶，然后加0.03%酯化酶，接入3%的酵母活化液，在设定温度下发酵96h，滤纸过滤，得到发酵酒液，发酵酒液在20℃澄清5天，上清液在室温放置1个月陈酿。

9. 酯化酶的添加对苦荞酒口感和黄酮含量的影响

液化液冷却后加入0.1%低温糖化酶，用2mol/L柠檬酸调节pH值为6.0，然后加入0.01%纤维素酶，然后加0.01%、0.02%、0.03%酯化酶，接入3%的酵母活化液，在设定温度下发酵96h，滤纸过滤，得到发酵酒液，发酵酒液在20℃澄清5天，上清液在室温放置1个月。

10. 不同类型糖化酶的添加对苦荞酒中高级醇含量的影响

液化液冷却后加入0%、0.1%、0.15%低温糖化酶，用2mol/L柠檬酸调节pH值为6.0，然后加入0.01%纤维素酶和0.03%酯化酶，接入3%的酵母活化液，在设定温度下发酵 96h，滤纸过滤，得到发酵酒液，发酵酒液在 20℃澄清 5 天，上清液在室温放置 1 个月，测定酒体中高级醇含量。

11. 蛋白酶的添加对苦荞酒中高级醇含量的影响

液化液冷却后加入 0.1%低温糖化酶，用 2mol/L 柠檬酸调节 pH 值为 6.0，然后加入 0.01%纤维素酶，然后加 0.02%酯化酶，加入 0.05%、0.08%、0.012%的低温蛋白酶，接入 3%的酵母活化液，在设定温度下发酵 96h，滤纸过滤，得到发酵酒液，发酵酒液在 20℃澄清 5 天，上清液在室温放置 1 个月。

二、结果和讨论

1. 温度对苦荞酒口感的影响

从图 7-17 可以看出，在温度为 20℃酒体的口感最好。在温度 15℃的酒体非常寡淡，几乎全部为水的味道。在温度 25℃时口感略显粗糙，30℃和 35℃口感暴烈。分析原因，15℃温度太低，酵母菌代谢不旺盛，酒精和风味物质含量太低，所以口感寡淡。当温度过高时，酵母代谢过于旺盛，酵母味道太重。总体而言，温度为 20℃口感相对较好，但是与固态发酵酒相比，仍然口感较差，风味不协调，稍微有一丝丝辛辣的味道。

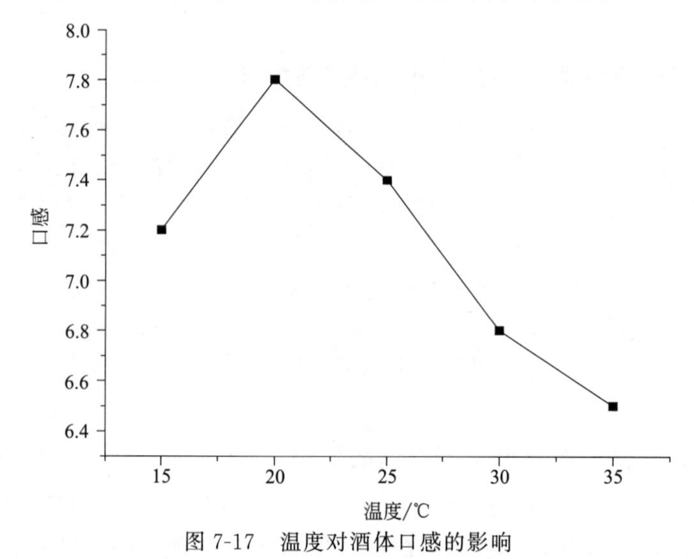

图 7-17 温度对酒体口感的影响

Figure 7-17 Effect of temperature on wine mouthfeel

2. 不同类型糖化酶的添加对苦荞酒口感和黄酮含量的影响

从图 7-18 可以看出，添加低温糖化酶苦荞酒的口感要比添加高温糖化酶的口感要好。分析原因为：添加低温糖化酶后不需要加热糖化，减少了加热过程中焦煳味的产生，所以低温糖化酶酿造的苦荞酒更清更净。添加低温糖化酶的苦荞酒，口感更柔和，杂味相对少一些。分析原因可能为：高温糖化酶在高温糖化时，一次性把淀粉转化为葡萄糖，酵母菌在高浓度葡萄糖下快速增殖，产生的代谢物不利于酒体的风味呈现。低温糖化酶在整个发酵期间，糖化淀粉是一个缓慢持续的过程，缓慢释放的葡萄糖被酵母菌吸收，酵母菌代谢缓慢，增殖相对较少，衰亡的酵母数量相对较少，所以口感相对柔和清爽一些。添加低温糖化酶的量超过 0.1%时，苦荞酒的口感相对较差，原因是过多的低温糖化酶水解释放的葡萄糖过多，造成酵母菌的增殖过快，从而造成酒体口感较差。

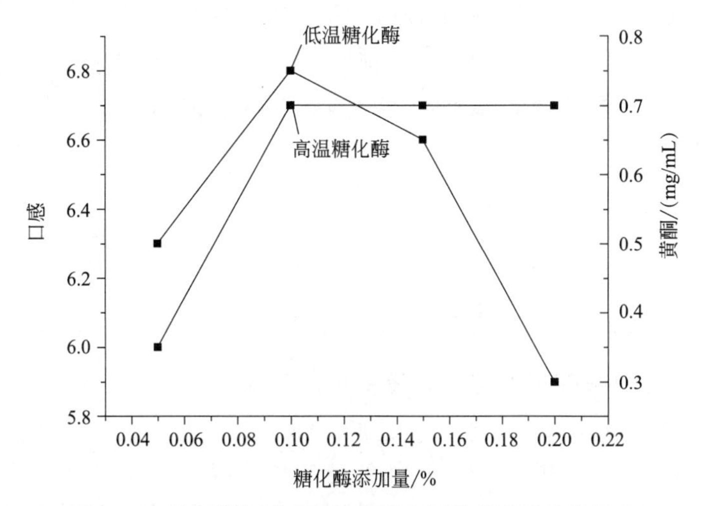

图 7-18　添加糖化酶对酒体口感和酒醅黄酮含量的影响

图 7-18　Effect of cold adapt amylase on wine mouthfeel and flavone concentrations

从图 7-18 可以看出，添加高温糖化酶和低温糖化酶释放出的黄酮最大量都在 0.7mg/mL 左右。分析原因，当添加的高温糖化酶或低温糖化酶能比较充分地降解苦荞时，苦荞中的黄酮类物质都能比较充分地释放出来。

3. 纤维素酶的添加对苦荞酒黄酮含量的影响

从图 7-19 可以看出，随着纤维素酶的含量增加，释放的黄酮含量略微增加；当纤维素酶增加到 0.01%时，黄酮的含量不再增加。实验结果表明，纤维素酶的添加对黄酮的含量影响不大。原因为，苦荞中纤维素含量少，纤维素的降解对淀粉的水解程度的增加影响不是很大。

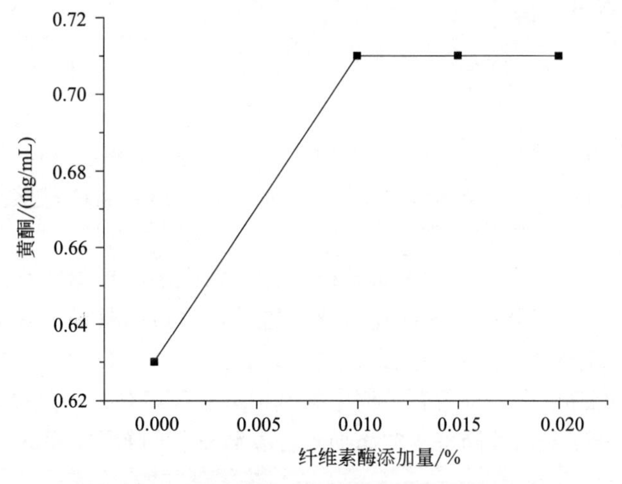

图 7-19　纤维素酶的添加量对黄酮含量的影响

Figure 7-19　Effect of added cellulase amount on starch concentration

4. 蛋白酶的添加对苦荞酒中高级醇含量的影响

实验添加蛋白酶的目的，希望通过添加蛋白酶能够降解发酵体系中的蛋白质成为酵母菌能利用的氮源，从而调节发酵体系中的碳氮比，优化发酵菌株的代谢，从而减少发酵苦荞酒中高级醇的含量。从表 7-4 可以看出，随着蛋白酶含量的增加，对酒体中高级醇含量的降低确实有一定效果，当蛋白酶的添加量为0.08%时，苦荞酒中高级醇含量相对少一些；当蛋白酶的添加量超过0.08%时，酒体中高级醇含量反而略微有些升高。液体发酵苦荞酒中高级醇含量比固态酒要高，通过添加蛋白酶，能降低酒体中的高级醇。

表 7-4 蛋白酶添加量对杂醇油含量的影响

Table 7-4 Effect of added proteinase amount on fusel oil concentrations

蛋白酶添加量	正丁醇/(g/L)	异丙醇/(g/L)	异戊醇/(g/L)
0	1.33	0.28	0.59
0.05%	1.23	0.26	0.53
0.08%	1.20	0.27	0.52
0.12%	1.22	0.26	0.52

5. 酯化酶的添加对苦荞酒中酯类物质含量的影响

液态酿造酒的缺点之一是风味物质含量低，种类少。为增加液态酿造酒风味物质的含量，添加酯化酶。从表7-5可以看出，添加低温酯化酶以后，酒体中的甲酸乙酯、乙酸乙酯、乳酸乙酯等含量都有不同程度的增加。甲酸乙酯、乙酸乙酯、乳酸乙酯等三种酯类的增加幅度不一样，这是由酯化酶的底物专一性和酶催化的外界环境差异造成的。酯类物质浓度增加幅度最大的为甲酸乙酯，增加幅度最小的为乳酸乙酯。

表 7-5 酯化酶添加量对酯类含量的影响

Table 7-5 Effect of added esterase amount on ester concentrations

酯化酶添加量/%	甲酸乙酯/(g/L)	乙酸乙酯/(g/L)	乳酸乙酯/(g/L)
0	0.021	0.054	0.743
0.05	0.027	0.0598	0.793
0.08	0.031	0.0623	0.882
0.11	0.032	0.0628	0.889

三、总结

苦荞酒液态酿造的目的为提升口感和保健价值，降低酒体中杂醇油的含量。通过实验发现，低温发酵和低温糖化酶、低温酯化酶等的添加，能够提升酒体口感。同样，通过添加纤维素酶，能够增加酒体中黄酮的含量。

本实验缺点在于没有多批次、大批量地研究低温糖化酶、低温酯化酶、纤维素酶等添加对苦荞酒发酵的影响。苦荞酒的苦荞酿造口感不饱满，通过与其他原料的复配，多粮发酵苦荞酒，提高苦荞酒的口感是一个值得探索的途径。

利用氨基甲酸乙酯降解酶，降解苦荞酒中氨基甲酸乙酯等含量，是提升苦荞酒品质必需的步骤。研究脲酶或氨基甲酸乙酯降解酶的添加对苦荞酒发酵的影响，是一个值得探索的方向。

第六节 低温蛋白酶和淀粉酶在豆香多肽液态酒生产中的应用

保健酒必定会成为未来市场的主流酒，随着消费者对保健酒的重视，口感舒适、风格特异的低度酒会成为市场的主流。

大豆多肽具有降胆固醇、降血压、促进脂肪代谢等功能，易溶于水的特点也使其为生产低度多肽酒奠定了基础。同前面所述一样，液态发酵能很好地保留发酵体系中的营养成分，但是液态发酵的杂醇油含量高，因此消费者饮用后的舒适感欠佳。低温发酵和酵母菌的缓慢代谢能降低杂醇油的含量，因此低温发酵和淀粉的缓慢糖化就成为关键。利用低温淀粉酶酶解淀粉，是控制酵母代谢的一个较好方法。

一、材料和方法

1. 菌株和酶制剂

酵母菌：甘油管保藏。酶制剂：低温冷冻保存的低温中性蛋白酶。低温淀粉酶：实验室海洋菌生产的低温淀粉酶。

2. 原料

大豆为市售黑豆和绿豆。大米：市售大米。芝麻为市售白芝麻。

3. 酵母菌活化

大米用清水漂洗，然后粉碎过 30 目筛，加入 3 倍质量的水，煮沸 30min，补足水分，冷却到室温。然后按照 3 环/100mL 接种量接种到大米液中，25℃培养 24h，然后离心过滤，收集酵母菌体，用等体积的煮沸冷却的自来水重新悬浮菌体，再次离心，再次用煮沸冷却的自来水悬浮菌体，按照 12%接种量接种到大豆预处理液中。

4. 大豆预处理液制备

大豆先在高温炉中焙焦 20min，粉碎后过 40 目筛，加入 2 倍体积的水，煮沸 30min，然后加入大米液，混合均匀，冷却到室温，然后加入粉碎的芝麻粉。

5. 发酵

酵母活化液接入大豆预处理液，在设定温度下发酵。发酵液装入三角瓶，用薄膜封口，放置在恒温培养箱内发酵。

6. 杂醇油分析

（1）2%单标储备液的配制　精确吸取 200μL 色谱纯单标物质，用 60%乙醇溶液定容至 10mL 做 2%单标储备液。

（2）混标溶液的配制　精确吸取 200μL 2%色谱纯单标储备液，用 60%乙醇溶液定容至 10mL 做混标溶液。

（3）样品处理　用 0.2 μm 有机微孔滤膜过滤白酒样品，加入 200μL 2%乙酸正戊酯溶液定容至 10mL。

（4）进样　用微量进样器取 0.6μL 进入气相色谱仪进行检测。

（5）色谱条件　柱温：起始柱温 35℃，保持 4min 后以 4℃/min 的速度升到 60℃，再以 10℃/min 的速度升温到 130℃，最后以 15℃/min 升温到 210℃，持续 20min。检测温度：260℃。汽化温度：260℃。分流比：40∶1。

7. 多肽含量测定

取酒液，用 G-15 葡聚糖凝胶柱分离上清液，收集分子量＜2000 范围内的分离液，合并后再真空浓缩，干燥即为大豆多肽成品。

8. 酒体口感分析

滤纸过滤，得到发酵酒液，发酵酒液在 15℃、20℃、25℃、30℃、35℃ 澄清 5 天，上清液在室温放置1个月。口感评分满分为10分，优级为9～10分，良级为8～9分，中等为6～8分，差为6分以下。

二、结果和讨论

1. 温度对酒体口感的影响

酒体品评中，以口感舒适协调为主要指标，口感的饱满度为第二指标。品评时不以任何一种香型为参照。品评时三个酒杯，分为三天品尝，每次打分，然后取平均值。评分时不同时间，评定的分数有较大差异。从图7-20看，在低温下发酵，酒体口感相对较好；当温度较高时，酒体的口感很差。低温发酵，酵母异味小，豆香味重一些，口感相对更协调。实际上，根据作者经验，低度液态酒，低温酿造口感都相对要好一些。低温下酵母衰亡的速率小，相对于高温酿造的酵母异味小，所以口感更好一些。

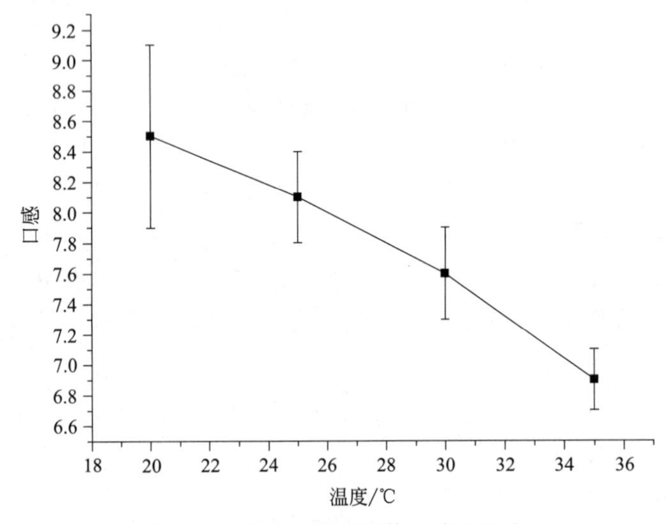

图7-20 发酵温度对酒体口感的影响

Figure 7-20 Effect of fermentation temperature on mouthfeel

豆香低度酒是一个新品种酒，其口感和风格与传统的香型白酒有显著的不同，因此其评定标准也不参照传统的标准。此新品种低度酒的水味较重，饱满度相对欠缺，入口微微有点粗糙。原因可能是新酿造的酒，还需要陈酿一段时间。

2. 低温蛋白酶加入量对酒体口感的影响

从图7-21可以看出低温蛋白酶的添加，能提高酒体的口感。分析原因，低温蛋白酶能在低温环境下高效降解大豆中的蛋白质，降解的氨基酸能够被酵母菌作为营养物质吸收和利用，从而加速酒精代谢和风味物质的形成。加入蛋白酶后，酒体的口感饱满一些，但是酒体的苦味反而稍微重一些。苦味的增加也许有利于提升酒体的饱满程度和爽口程度，苦味冒头稍微不利于酒体的协调性。苦味的呈现最主要原因是一些苦味肽或者一些苦味氨基酸引起的。

3. 低温淀粉酶加入量对酒体口感的影响

从图7-22可以看出，当淀粉酶的添加量为0.4%时，豆香液态发酵酒的口感最好。当淀粉酶的添加量超过0.4%时，酒体口感下降。当添加量为0.4%时，酒体中具有淡淡的豆香味。当淀粉酶的添加量超过0.4%时，酒体酵母臭味较重。分析原因可能为，当葡萄糖含量

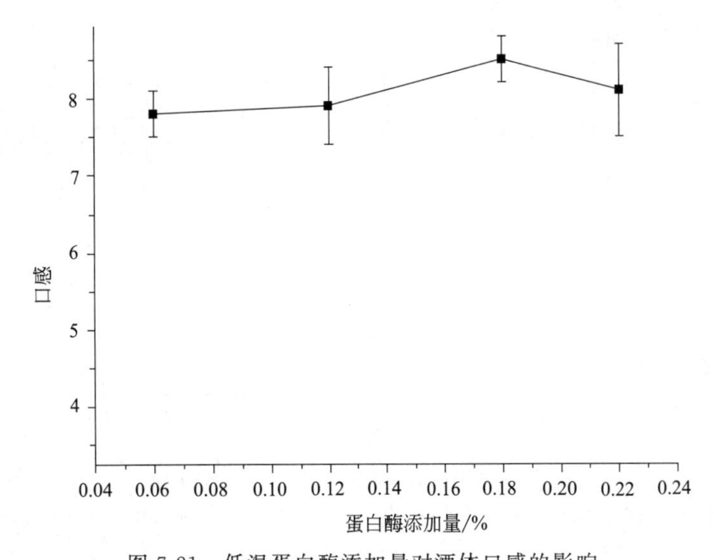

图 7-21 低温蛋白酶添加量对酒体口感的影响

Figure 7-21 Effect of added cold adapt mount on mouthfeel

高时，酵母菌生长较快，当葡萄糖消耗尽后，酵母菌衰亡，所以有酵母臭味。当淀粉酶的添加量为 0.2%时，酒体口味寡淡，酒体中的酒精度较低。淀粉酶酶活较低，造成酵母增殖少，酒精度低。淀粉酶和蛋白酶的酶活相互适应，保持适宜的碳氮比，是维持酵母代谢产物具有较好风味的基础。

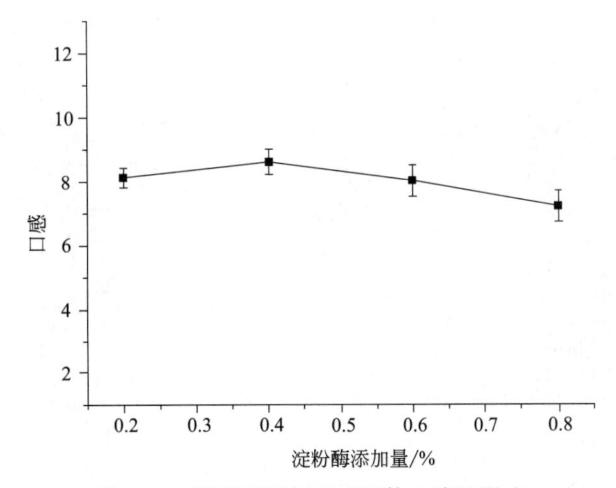

图 7-22 淀粉酶添加量对酒体口感的影响

Figure 7-22 Effect of added amylase amount on mouthfeel

4. 低温淀粉酶加入量对酒体中多肽含量的影响

从图 7-23 可以看出，当淀粉酶添加量超过 0.4%时，酒体中的多肽含量基本不变。当淀粉酶的添加量为 0.2%时，多肽的含量较低，原因是淀粉水解速率较慢，减缓了对大豆中蛋白质的降解，所以多肽的含量降低。添加较多量的淀粉酶可能有利于蛋白质初期的溶出，有利于蛋白酶初期高效降解蛋白质为多肽。但是由于发酵的时间相对较长，淀粉在发酵过程中逐步被水解，蛋白酶最后会逐步降解蛋白质为多肽，所以当淀粉酶添加量大于 0.4%时，多肽含量基本相同。

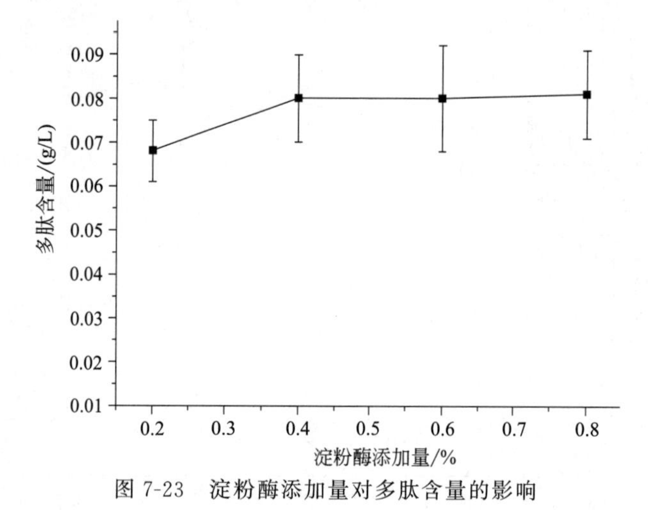

图 7-23 淀粉酶添加量对多肽含量的影响

Figure 7-23 Effect of added amylase amount on polypeptide concentration

5. 低温蛋白酶加入量对酒体中多肽含量的影响

低温蛋白酶把大豆中释放的蛋白质切割成多肽。一般而言，不同蛋白酶的切割位点是不一样的，利用多种酶复合降解蛋白质是获得小分子多肽的较佳途径。从图 7-24 可以发现，随着蛋白酶添加量的增加，多肽的含量也逐步增加。当蛋白酶的量超过 0.12%时，多肽的含量不再增加。当蛋白酶的添加量为 0.22%时，多肽的量又稍微增加，原因可能是蛋白酶的自身降解产生的多肽。添加适量的蛋白酶能增加多肽的含量。低温蛋白酶能在较低温度下降解大豆中的蛋白质，由于其稳定性好，所以能在较长的发酵时间内降解蛋白质从而产生大量的多肽，提升酒体的营养和保健价值。

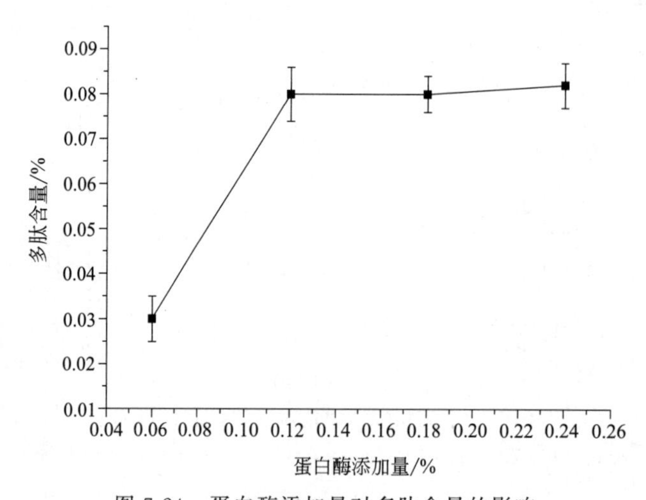

图 7-24 蛋白酶添加量对多肽含量的影响

Figure 7-24 Effect of added proteinase amount on polypeptide concentrations

6. 低温蛋白酶加入量对酒体中杂醇油含量的影响

杂醇油含量较高是液态发酵非蒸馏酒弊端之一。表 7-6 数据分析发现，蛋白酶的添加对杂醇油的含量有影响。用大豆生产液态发酵非蒸馏酒，酒体中的杂醇油含量很高。当添加蛋白酶的量为 0.05%时，能降低酒体中的杂醇油。当蛋白酶添加量超过 0.05%时，杂醇油的含量反而上升。分析原因，蛋白酶的添加对酵母菌对氮源的吸收和利用速率有影响，较多的蛋白酶降解生成的氨基酸较多，从而让酵母菌的代谢向生成更多杂醇油的方向迁移。

表 7-6　蛋白酶添加量对酒体中杂醇油含量的影响

Table 7-6　Effect of added proteinase amount on fusel oil concentrations in wine

蛋白酶添加量	正丁醇/(g/L)	异丙醇/(g/L)	异戊醇/(g/L)
0	1.45	0.37	0.66
0.05%	1.40	0.28	0.56
0.08%	1.47	0.37	0.67
0.12%	1.46	0.38	0.60

三、总结

豆香型保健酒为新品白酒，大豆多肽具有较好的水溶性和较好的保健功能。通过低温发酵，低温淀粉酶低速降解淀粉，低温蛋白酶低温下降解大豆蛋白等，增加了大豆液态酿造酒中多肽的含量。低温蛋白酶的添加能在一定程度上降低大豆酒中杂醇油含量。

值得继续探索的研究为，研究酯化酶或脂肪酶的添加对酒体中风味物质组成和口感的影响。大豆含有较多的油脂，这为液态非蒸馏酒的口感带来不利的影响，可以考虑通过原料的压榨处理等预先除去一部分豆油，这样既可以提高大豆的利用价值，又可以提高大豆酒的风味和口感。

液态大豆保健酒还应该分析其他风味成分，以及重点检测发酵过程中农药残留或氨基甲酸乙酯等。添加脲酶或氨基甲酸乙酯降解酶是获得保健价值高、品质好的豆香白酒的途径之一。

第七节　柚苷酶和果胶酶在柚子酒生产中的应用

橘科类水果都含有较多的苦味物质，橘科类果酒具有较重的苦味，口感不愉快。通过添加调味剂，调出的果酒仍然有苦味，而且往往掩蔽剂为糖类物质，高糖本身不利于保健。同时酒体的澄清也是一个难题，酒体浑浊不利于酒体的观赏性。利用柚苷酶和果胶酶去除柚子酒的苦味，增加酒体的澄清度。

柚子为常绿果树的果实，柚子性味辛、苦、甘。医药学研究发现，柚肉中含有非常丰富的维生素 C 以及类胰岛素等成分，故有降糖、降血脂、减肥、美肤养容等功效。选用小胡柚酿造保健酒，提高胡柚的价值，酿造出具有良好口感和保健功能的柚子酒。

一、材料和方法

1. 柚子、酶制剂和菌株

市售新鲜的柚子，无破损，无霉变，无溃烂。柚苷酶：低温柚苷酶。果胶酶：低温果胶酶。酵母：甘油管保存酵母。

2. 发酵工艺流程

柚子先用清水漂洗干净，洗掉表面所有的灰尘和泥土等，切开柚子后去掉柚子皮，用打浆机对所有的果肉打浆，打浆以后加入果胶酶酶解，酶解液过滤后加入 13% 葡萄糖，加入

0.1%的酵母菌，在20℃发酵3天，然后加入果胶酶和柚苷酶，20℃后发酵1天，上清液加入壳聚糖后8℃保存1天，澄清上清液为酒样。

3. 酒体口感评定

口感品尝酒样，口感评分满分为10分，优级为9～10分，良级为8～9分，中等为6～8分，差为6分以下。

4. 总酸、酒精度和残糖分析

果酒理化指标测定残糖、总酸、酒精度参照GB /T15038葡萄酒、果酒通用分析方法检测。

5. GC-MS分析

取经处理的样品60mL，用30mL、20mL、10mL二氯甲烷分别萃取3次，合并有机相，然后再取经处理的样品60mL，将有机相按以上操作重复萃取样品后用无水硫酸钠干燥过夜，再用旋转蒸发仪浓缩至1mL，供GC-MS分析。

色谱条件为色谱柱：Rt-WAX型弹性石英毛细管柱（30m×0.25mm×0.25μm）。程序升温：起始温度42℃，保持8min，以5℃/min的速率升至130℃，后以14℃/min升至220℃，保持12min，再以20℃/min升至240℃，保持2min。氦气（He）流速：1.2mL/min。进样量1μL。分流比70∶1。进样口温度250℃。质谱条件为色谱-质谱接口温度：250℃；离子源温度200℃；EI源电子能量：70eV；质量扫描范围：40～450amu/s。

6. 苦味物质含量测定

在10mL具塞比色管中，各取0.1mL、0.2mL、0.3mL、0.4mL、0.5mL、0.6mL、0.7mL、0.8mL、0.9mL、1.0mL标准柚苷溶液，另外取样品溶液0.1mL。于以上各管加5mL 90%二苷醇、0.1mL 4mol/L NaOH溶液，摇晃均匀后加入双蒸水定容到10mL，在40℃水浴锅中保温10min，在420nm检测透光率。

二、结果和讨论

1. 果胶酶加入量对出汁率和可溶性固形物的影响

柚子中含有较多的果胶，果胶阻碍果汁的渗出，同时加入果胶还可以溶出较多的固形物，从而有利于果汁的澄清。从表7-7可以看出，随着果胶酶加入量的增加，果汁的出汁率逐渐增加。当果胶酶的用量为95mg/L时，出汁液率达到67.2%，可溶性固形物的含量也达到18.6%。虽然继续增加果胶酶的用量，出汁率略微有所增加，但是付出的成本较高，所以果胶酶初次的添加量在95mg/L为最优。添加果胶酶能提高出汁率和可溶性固形物的浸出率，从而有利于提高柚子酒的出酒率。许多研究文献得到相似的结果，通过添加果胶酶，出汁率和可溶性固形物浸出率都得到提高。

表7-7 果胶酶用量对出汁率和可溶性固形物含量的影响

Table7-7 Effect of added pectinase amount on juice yield percentage and soluble solid materials

项目	果胶酶用量/(mg/L)			
	55	75	95	115
出汁率/%	47.1	60.5	67.2	67.9
可溶性固形物/%	13.1	15.6	18.6	18.8

2. 柚苷酶脱苦效果

柚苷酶脱苦的作用是脱去汁液中的柚苷，从而降低柚子酒的苦味。从表 7-8 可以看出，随着柚苷酶用量的增加，酒体中的苦味物质逐渐下降。实际上当苦味物质的含量低于 280mg/L 的时候，苦味已经非常不明显，柚子的香气浮现出来。从经济成本考虑，柚苷酶的添加量为 60mg/L，酶解 6h 为最佳条件。

表 7-8　柚苷酶用量和处理时间对苦味物质含量的影响

Table 7-8　Effect of added pectinase amount on removing bitter components

处理时间/h	苦味物质含量/(mg/L)				
	柚苷酶添加量/(mg/L)				
	20	40	60	80	100
3	490	480	471	460	410
4	420	430	411	401	358
5	360	335	315	302	294
6	315	305	289	280	275

3. 发酵温度对柚子酒口感的影响

从图 7-25 可以看出，当发酵温度在 20℃时，柚子酒的柚子香气和果香味道较为协调。当温度低于 20℃，柚子的香气一般，果香味较为寡淡，同时口感极度不饱满。当发酵温度超过 30℃时，柚子酒的果香味突出，但是酵母带来的异味也较为突出。

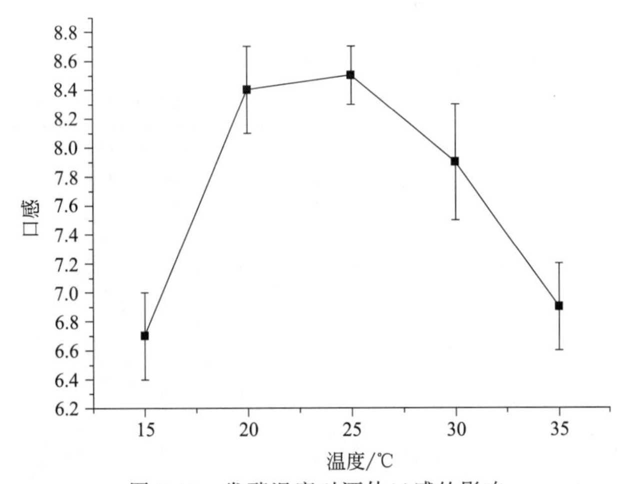

图 7-25　发酵温度对酒体口感的影响

Figure 7-25　Effect of fermentation temperatue on mouthfeel

4. 果胶酶的添加对柚子酒口感的影响

果胶酶的添加对出汁有影响，出汁率对柚子酒有较大影响。出汁率与柚子中各种组分的浸出效率有关系。从图 7-26 可以看出，当果胶酶的添加量超过 75mg/L 的时候，柚子酒的口感没有太大变化。这说明 75mg/L 的果胶酶添加量已经可以在低温下高效降解柚子瓣中的果胶，从而释放出果胶中的风味物质。当果胶酶的添加量继续增加，酒体的口感稍微有一点增加。原因可能是果胶酶充分降解果胶，从而使固形物中的物质充分释放出来，增加了柚子酒的口感饱满度。从这里分析也可以看出，果酒的口感饱满度不仅仅与传统的白酒风味物质有关，而且与白酒中不含的风味物质有关。利用果实中的非白酒风味物质，呈现舒适协调的口感是生产新品白酒一个重要可行途径。

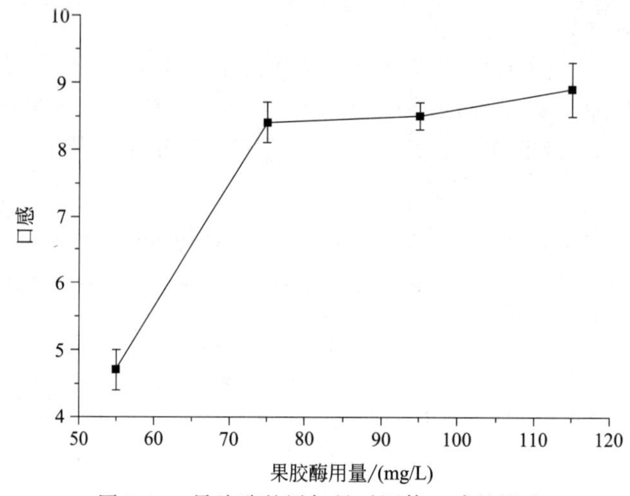

图 7-26 果胶酶的添加量对酒体口感的影响

Figure7-26 Effect of added pectinase amount on mouthfeel

5. 果胶酶的添加对柚子酒风味物质含量的影响

添加果胶酶有利于果胶中风味物质的释放，从而增加酒体的风味。分析表 7-9 发现，随着果胶酶含量的增加，酒体中风味物质的含量也逐步增加。果胶酶添加到果汁中后，风味物质的含量增加，让酒体的口感相对更加饱满。

表 7-9 果胶酶添加量对酒体风味物质含量的影响

Table 7-9 Effect of added pectinase amount on components of wine flavor

化合物名称	酒中风味物质相对百分含量/%	
	果胶酶添加量	
	0.005%	0.015%
二氢苯呋喃	0.95	1.17
对甲基苯乙醇	0.21	0.24
棕榈酸甲酯	0.15	0.17
丁内酯	0.58	0.67
甲基丁酸	0.36	0.34
对甲氧基苯乙醇	0.16	0.19
氢苯并呋喃	0.76	0.84
9-癸烯酸	0.003	0.006
丁二酸二乙酯	7.88	7.16

6. 柚苷酶的添加对柚子酒风味物质含量的影响

从表 7-10 可以发现，柚苷酶的加入对柚子酒的风味成分没有很大的影响。在添加柚苷酶后没有改变风味物质的含量。相对于果胶酶的添加而言，柚苷酶对酒体其他非苦味风味物质的影响较小。

表 7-10 柚苷酶的添加对柚子酒风味物质含量的影响

Table 7-10 Effect of added naringinase amount on components concentrations of wine flavor

化合物名称	酒中风味物质相对百分含量/%	
	柚苷酶添加量/(mg/L)	
	40	60
二氢苯呋喃	1.17	1.17

续表

化合物名称	酒中风味物质相对百分含量/%	
	柚苷酶添加量/(mg/L)	
	40	60
对甲基苯乙醇	0.24	0.24
棕榈酸甲酯	0.17	0.17
丁内酯	0.67	0.67
甲基丁酸	0.35	0.34
对甲氧基苯乙醇	0.18	0.19
氢苯并呋喃	0.83	0.84
9-癸烯酸	0.006	0.006
丁二酸二乙酯	7.17	7.16

7. 发酵后期柚苷酶的添加对苦味物质含量的影响

从表7-11可以看出，在发酵后期，继续加入低温柚苷酶，苦味物质含量持续降低。但是在柚苷酶酶解4h后，苦味物质含量几乎相同。原因是此时液体中的柚苷含量非常低，柚苷被充分降解。而且当柚苷的含量低于200mg/L以后，酒体中已经没有苦味突显。因此加入10mg/L柚苷酶，酶解4h就能得到较好的效果。

表7-11 柚苷酶的后期添加对柚子酒苦味物质含量的影响

Table 7-11 Effect of added naringinase amount during the later fermentation on components concentrations of wine flavor

处理时间/h	苦味物质含量/(mg/L)			
	柚苷酶添加量/(mg/L)			
	10	20	30	40
1	256	231	213	190
2	230	211	200	198
3	215	205	193	189
4	205	187	183	181

三、总结

柚子酒具有很好的保健功能，具有较好的市场前景。柚子中柚苷的苦味和果肉中较多的果胶是开发保健酒最不利的因素。通过添加果胶酶和柚苷酶，能充分降解柚子汁中的果胶和柚苷，生产出口感较为舒适的柚子酒。柚子酒的苦味基本消失，具有一定的柚子果香味道。低温发酵、低温果胶酶和低温柚苷酶是生产口感舒适柚子酒的关键。

酯化酶的添加对酒体口感和风味含量的影响应该进一步研究。柚子酒的保健价值和功能成分应该进一步分析。同时，应该通过工艺条件优化、原料处理、后期酒体处理等降低杂醇油的含量。

第八节 酒精耐受葡糖苷酶在多萜类葡萄酒生产中的应用

葡萄酒的品质主要集中在两个方面：口感和保健功能。以前人们追捧的葡萄酒为陈酿时间长的葡萄酒，现在对新鲜酿制葡萄酒的需求逐步增加。葡萄酒的风味物质主要包括两类：

挥发性的风味物质和非挥发性的风味物质。挥发性的风味物质一般包括醇、醛、酸、酯等。非挥发性的风味物质对葡萄酒的口感也有重要影响，非挥发性的风味物质包括萜类物质。萜类物质具有重要的保健价值。萜类物质一般通过糖苷键和糖类物质连接在一起。

一般用水解酶水解糖苷键释放萜类物质。水解酶包括阿拉伯木糖酶、β-葡糖苷酶等多种酶。在葡萄酒的发酵过程中，发酵醪的酒精度逐渐升高，因此具有一定酒精耐受度的β-葡糖苷酶是释放萜类物质的理想酶类。同时，在酒精发酵过程中，温度保持在较低的温度，因此适宜释放萜类物质的酶应该是低温下仍有催化活性的酶。利用分离海洋菌产生的耐受酒精的β-葡糖苷酶来增加葡萄酒中萜类物质的含量，提升葡萄酒的口感和保健功能。

一、材料和方法

1. 菌株和酶制剂

葡萄酒酵母：甘油管保存。葡萄：市场购买。β-葡糖苷酶：海洋芽孢杆菌产生的葡糖苷酶。

2. 温度对β-葡糖苷酶酶活的影响

粗酶制剂在pH4.5的缓冲溶液中，在15℃ 、20℃、25℃、30℃、35℃测定不同温度下的酶活。

3. 乙醇浓度对β-葡糖苷酶酶活的影响

粗酶制剂在pH4.5的缓冲溶液中，20℃在含有0%、1%、3%、5%、7%、9%乙醇溶液中，测定不同乙醇浓度下的酶活。

4. 酒体中萜类物质含量的检测

酒中萜类物质的检测用气相色谱检测。萜类物质用标准品的保留时间定性，通过外标物的峰面积与酒体检测峰面积比值来定量。载气为氦气，离子检测器的电压为75eV，温度为235℃。

5. β-葡糖苷酶酶活测定

以3,5-二硝基水杨酸为底物，在pH4.5的缓冲溶液中水解3,5-二硝基水杨酸，利用DNS法测定还原糖的含量。

6. 酿造工艺

葡萄先用水漂洗掉污泥或杂质，然后用自来水漂洗20min，放掉水后沥干葡萄。葡萄捣碎后连同汁液一起放置在三角瓶中，加入0.5%的葡萄酒酵母，用薄膜封口，防止漏气或进气。在20℃发酵15天后捞出葡萄皮或渣，然后用纱布过滤，再继续后酵5天，滤纸过滤得到新鲜的葡萄酒。

为分析β-葡糖苷酶对葡萄酒酿造的影响，在葡萄汁捣碎后加入β-葡糖苷酶，加入0.5%的葡萄酒酵母，搅拌均匀，用薄膜封口，防止漏气或进气。在20℃发酵15天后捞出葡萄皮或渣，然后用纱布过滤，再继续后酵5天，滤纸过滤得到新鲜的葡萄酒。

7. 酒体口感分析

口感品尝酒样，口感评分满分为10分，优级为9～10分，良级为8～9分，中等为6～8分，差为6分以下。

8. 酒体澄清度

酒体在评酒杯中，观察酒体的透光率。

二、结果和讨论

1. 温度对 β-葡糖苷酶酶活的影响

大多数 β-葡糖苷酶都为耐热的酶，最适宜温度在 50℃以上，低温 β-葡糖苷酶的最适宜温度在 30℃以下。从图 7-27 可以看出，β-葡糖苷酶的最适宜温度虽然在 50℃，但是其在 30℃以下仍然具有相对较高的酶活，这对在低温下催化降解具有重要的意义。葡萄酒在低温下发酵，能增加新鲜葡萄酒的舒适度。因此，在低温下具有较高酶活的 β-葡糖苷酶适宜在葡萄酒酿造的低温环境下发挥催化效用。采用粗酶制剂，主要是为了降低使用的成本。

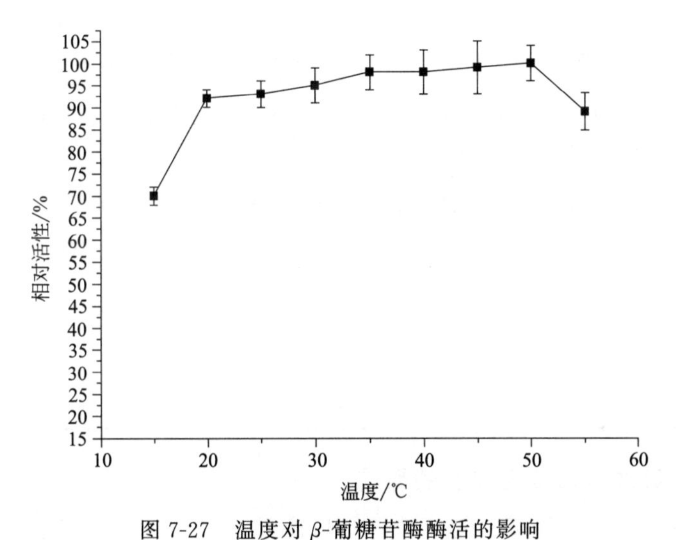

图 7-27　温度对 β-葡糖苷酶酶活的影响

Figure 7-27　Effect of temperature on β-glucosidase activity

2. 酒精度对 β-葡糖苷酶酶活的影响

在葡萄酒酿造过程中，随着酵母菌把可发酵性的糖转化为乙醇，发酵醪液中的酒精浓度逐步增加。普通的 β-葡糖苷酶在酒精溶液中的活性和稳定性会降低，逐步丧失催化性能。在发酵中使用的 β-葡糖苷酶在酒精溶液中具有较好的催化活性。从图 7-28 可以看出，在 9%的乙醇溶液中都能保持与无乙醇溶液中相当的活性，在 7%的乙醇溶液中活性是无乙醇溶液中活性的 1.5 倍以上。当乙醇浓度大于 9%时，β-葡糖苷酶的活性急剧下降。该 β-葡糖苷酶为耐受乙醇的酶，能在酒精溶液中保持较高的活性，因此在葡萄酒酿造过程中，能免受酒精的影响，保持较高的催化活性和稳定性。β-葡糖苷酶乙醇耐受性的差异是由 β-葡糖苷酶不同的一级结构差异决定的，氨基酸序列的差异导致酒精耐受性的差异。不同种属微生物产生的 β-葡糖苷酶的序列有差异，因而其耐受酒精能力也有差异。耐受乙醇的 β-葡糖苷酶还没有报道。

3. β-葡糖苷酶的添加对萜类物质含量的影响

萜类物质具有优异的保健功能，萜类物质含量是葡萄酒保健功能的重要指标。从表 7-12 数据可以发现，添加 β-葡糖苷酶的酒体中沉香醇、α-松油醇、橙花醇、香叶醇等萜类物质的含量明显增加。β-葡糖苷酶能在较低的发酵温度下，在酒精存在的环境下，高效降解与

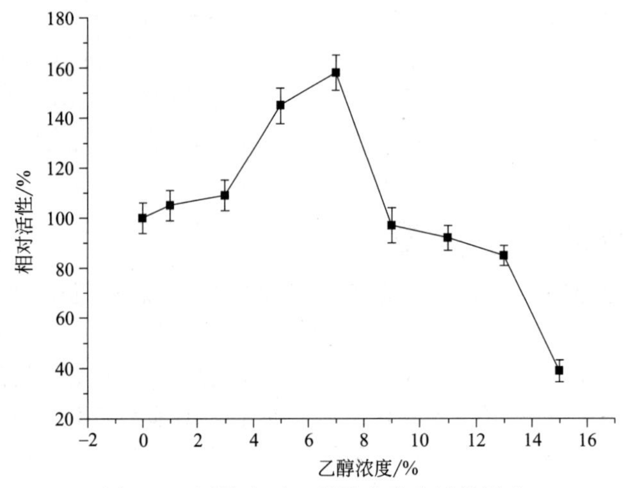

图 7-28 酒精度对 β-葡糖苷酶酶活的影响

Figure 7-28 Effect of ethanol concentration on β-glucosidase activity

糖类物质结合的萜类物质，从而提高葡萄酒的保健价值。结果说明新型的 β-葡糖苷酶对葡萄酒的低温酿造具有较好的实际应用意义。

表 7-12 β-葡糖苷酶添加对萜类物质含量的影响

Table 7-12 Effect of added β-glucosidase amount on terpenoids concentrations

化合物名称	不添加 β-葡糖苷酶/(mg/L)	添加 β-葡糖苷酶/(mg/L)
沉香醇	0.6	0.78
α-松油醇	0.2	0.24
橙花醇	0.2	0.26
香叶醇	0.1	0.14

4. β-葡糖苷酶添加对葡萄酒口感的影响

对添加或不添加 β-葡糖苷酶的葡萄酒进行口感品评。通过品评发现添加或不添加 β-葡糖苷酶对葡萄酒的口感影响不是很大（图 7-29）。葡萄酒在添加 β-葡糖苷酶后，口感稍微饱满一些。不添加 β-葡糖苷酶的葡萄酒口感稍微清爽一些。导致这些口感稍微有差异的原因是，β-葡糖苷酶添加后增加了萜类物质的含量，相对于液态发酵中风味物质含量较低而言，能相对增加口感的饱满度。但是 β-葡糖苷酶添加后，促进其他一些非萜类物质进入到酒体当中，使酒体显得稍微浓厚一些，不利于葡萄酒典型风味的呈现。

5. β-葡糖苷酶添加对酒体澄清度的影响

从表 7-13 可以看出，β-葡糖苷酶添加或不添加对酒体的澄清度影响不大。添加 β-葡糖苷酶虽然增加了酒体中蛋白质的含量，理论上会对酒体的澄清度有影响。但是由于 β-葡糖苷酶的添加量很少，β-葡糖苷酶在发酵过程中可能被吸附到葡萄渣或酵母的表面，因而能减少对葡萄酒澄清度的影响。β-葡糖苷酶在低温下具有较高的活性，对酒精具有一定耐受性，是 β-葡糖苷酶能够应用于葡萄酒酿造、增加葡萄酒保健功能的基础。

表 7-13 β-葡糖苷酶添加对酒体澄清度的影响

Table 7-13 Effect of added β-glucosidase amount on wine clarity

项目	酒体絮状物	酒体澄清度
不添加 β-葡糖苷酶	无絮状物	酒体较为澄清
添加 β-葡糖苷酶	无絮状物	酒体较为澄清

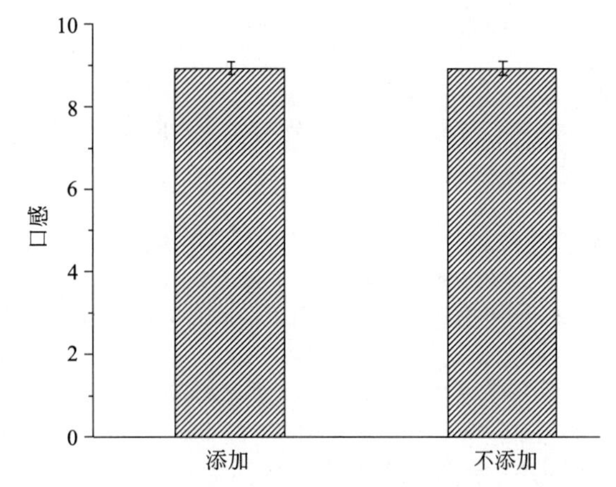

图 7-29　β-葡糖苷酶添加对酒体口感的影响

Figure 7-29　Effect of added β-glucosidase amount on mouthfeel

三、结论

在葡萄酒的发酵过程中添加 β-葡糖苷酶能够增加萜类物质的含量，能提升葡萄酒的保健价值。在葡萄酒的酿造过程中，添加 β-葡糖苷酶对葡萄酒口感没有明显的影响，添加 β-葡糖苷酶对酒体的澄清度没有很大影响。低温下具有较高活性的 β-葡糖苷酶，以及其耐受酒精的性能，让其在较高的酒精浓度下保持较高的催化活性，从而能增加葡萄酒中萜类物质的含量。β-葡糖苷酶与其他酶的协同作用应该进一步研究，探讨其他水解酶的添加对葡萄酒保健功能成分的影响具有重要的意义。

参考文献

[1] 杨铭铎．谷物膨化机理的研究［J］．食品与发酵工业，1988，14（4）：7-16.

[2] 秦含章．葡萄酒酿造的科学技术：第一册［M］．北京：全国食品与发酵工业科技情报站，1989.

[3] 林汝法．中国荞麦［M］．北京：中国农业出版社，1994：12.

[4] 翟瑞文．玉米渣中蛋白质的酶水解［J］．食品工业科技，1997（3）：38-40.

[5] 凌健斌，郑建仙．酶在果酒生产中的应用与研究［J］．四川食品与发酵，2000（1）：22-24.

[6] 张建军，罗勤慧．木质素酶及其化学模拟的研究进展［J］．化学通报，2001（8）：470-202.

[7] 吕正兵，张方，夏颖．一种适合芽孢杆菌质粒 DNA 提取的改良裂解法［J］．安徽师范大学学报，2002（1）：630-634.

[8] 汪建国．酶制剂在酿造行业应用的研究及其发展前景［J］．中国酿造，2004（1）：1-4.

[9] 罗惠波，李再新，赵金松．鹿龟酒鹿骨胶酶水解工艺条件的研究［J］．酿酒科技，2005（10）：79-80.

[10] 沈怡方．白酒风味质量形成的主要因素［J］．酿酒科技，2005（11）：30-34.

[11] 王福荣．酿酒分析与检测［M］．北京：化学工业出版社，2005.

[12] 王敏，魏益民，高锦明．苦荞麦总黄酮对高脂血大鼠血脂和抗氧化作用的影响［J］．营养学报，2006，28（6）：502-509.

[13] 董明奇．产低温脂肪酶菌株的筛选及酶学性质研究［D］．四川：四川大学，2007.

[14] 何进武，黄惠华．酶工程在酿酒工业中的应用［J］．酿酒，2007，34（3）：57-60.

[15] 李聪．分子动力学模拟研究脂肪酶的催化机理［D］．北京：北京化工大学，2007.

[16] 江凌，吴海珍，韦超海，梁世中．白腐菌降解木质素酶系的特征及其应用［J］．化工进展，2007，26（2）：198-203.

[17] 高强．海洋芽孢杆菌酯酶 BSE-1 的分离纯化和生化性质研究［D］．山东：青岛科技大学，2008.

[18] 黄丹，刘清斌，刘达玉，阚思洋，张拓．一株产己酸乙酯酯化酶霉菌的分离鉴定及产酶条件研究［J］．酿酒科技，2008（2）：27-29.

[19] 李大和，刘念，李国红．浓香型大曲酒酿造中酯化菌研究的现状与展望［J］．酿酒科技，2008（2）：92-98.

[20] 潘志友，韩双艳，林影，郑穗平．南极假丝酵母脂肪酶 B 的酿酒酵母表面展示及其催化己酸乙酯的合成［J］．生物工程学报，2008（4）：673-678.

[21] 王晶，李江华，房峻，陆健，堵国成，陈坚．转氨酶产生菌的筛选鉴定及其摇瓶发酵条件的优化［J］．微生物学通报，2008（9）：1341-1347.

[22] 苑博华．伯克霍尔德菌的筛选、鉴定及其发酵产低温脂肪酶的研究［D］．江苏：江南大学，2008.

[23] 张影陆，郝慧英，徐岩，刘俊．苹果酒的酶促与非酶促氧化褐变研究［J］．食品与发酵工业，2008，34（12）：26-29.

[24] 胡春和．多酚氧化酶的研究现状［J］．中国高新技术企业，2009（3）：73-75.

[25] 卢中明．气相色谱内标法测定浓香型白酒己酸乙酯含量的不确定度评定［J］．酿酒，2009（5）：53-55.

[26] 潘名志．红曲霉产酯化酶特性及其酶学性质的研究［D］．四川：贵州大学，2009.

[27] 吴衍庸．酯化酶技术在米香型白酒生产上的应用［J］．酿酒科技，2009（8）：62-64.

[28] 吴世嘉，王洪新．发酵食品中氨基甲酸乙酯的研究进展［J］．化学与生物工程，2009（9）：15-19.

[29] 赵月菊，薛燕芬，马延和．β-甘露聚糖酶的结构生物学和研究现状［J］．微生物学报，2009，49（9）：1131-1137.

[30] 胡普信．纯生黄酒工艺的研究［J］．食品与发酵工业，2010，36（8）：93-96.

[31] 任旭荣．蜗牛肝脏木葡聚糖的分离与纯化［D］．内蒙古：内蒙古农业大学，2010.

[32] 崔维东，李勇．米香型白酒机械化发展之路［J］．酿酒科技，2011（2）：77-80.

[33] 刘佟，崔艳华，张兰威，曲晓军．凝乳酶的研究进展［J］．中国乳品工业，2011，39（8）：38-43.

[34] 宋毓雪，黄凯丰．苦荞营养保健成分研究［J］．安徽农业科学，2011，39（1）：100-102.

[35] 王小军，敖宗华，沈才萍，许德富，邬捷锋，徐勇，陕小虎，李长江．浓香型大曲酒丢糟用于制曲的研究进展［J］．酿酒科技，2011（8）：104-109.

[36] 吴生文，张志刚，陈飞．特型大曲蛋白酶活力对特型酒微量成分影响的研究［J］．酿酒科技，2011（8）：24-27.

[37] 张功．论酒文化与酒文明［J］．酿酒科技，2011（6）：113-115.

[38] 赵宏宇，李珺，赵玥，王馨，蔡禄．4 种酵母基因组提取方法的比较［J］．食品科学，2011（9）：170-177.

[39] 方军，张恒义．浓香型白酒发酵过程中各因子动态变化研究［J］．酿酒科技，2012，211（1）：47-50.

[40] 黄平，黄永光，姜螢，张肖克，杨国华．论酒文化与酒业发展的关系 [J]．酿酒科技，2012（10）：17-26.

[41] 胡靖，胥思霞，王晓丹，周鸿翔，吴鑫颖，吴海，陶菡，邱树毅，胡鹏刚．一株产己酸乙酯香酯液的生产菌株的鉴定及其生理生化特性研究 [J]．酿酒科技，2012（9）：46-50.

[42] 李艳松．果胶酶对葡萄酒酿制过程中甲醇及杂醇油含量的影响 [D]．广西：广西大学，2012.

[43] 刘俊，赵光鳌，徐岩．黄酒中氨基甲酸乙酯直接减除技术的研究 [J]．食品与生物技术学报，2012（2）：171-176.

[44] 孙金旭，朱会霞．蛋白酶对酱香型白酒中杂醇油含量的影响 [J]．现代食品科技，2012（9）：1146-1148.

[45] 艾合麦提·艾尔肯，古丽柯子·艾尔肯，潘丽梅，戴玄．柚子复合保健酒的研制 [J]．中国酿造，2013（7）：137-139.

[46] 陈帅，赵金松，郑佳，刘琨毅，黄钧，周荣清．红曲与产酯酵母酯化黄水代谢物的特征 [J]．食品科学，2013（7）：1-5.

[47] 谷晓蕾，田亚平．变幻青霉氨基甲酸乙酯降解酶产酶条件优化及酶的底物特异性 [J]．食品与生物技术学报，2013（6）：603-607.

[48] 郇惠杰，钟泓波，雷芬芬，等．产蛋白酶海洋细菌的筛选、鉴定及发酵培养基的研究 [J]．食品工业科技，2013，34（24）：181-185.

[49] 刘阳．中高温大曲中产酯化酶细菌的选育 [D]．安徽：安徽工程大学，2013.

[50] 蒲春，胡沂淮，贾亚伟，严启梅．产酯酵母的筛选及其发酵特性研究 [J]．酿酒科技，2013（3）：47-49.

[51] 沈志毅，李记明，于英，姜文广．酿酒微生物和果胶酶对葡萄酒甲醇和杂醇油生成的影响 [J]．鲁东大学学报：自然科学版，2013（2）：155-158.

[52] 陶新功，吴平谷，沈向红，管健，孙国昌．黄酒生产过程中氨基甲酸乙酯含量变化的研究 [J]．酿酒，2013（2）：63-65.

[53] 王军仁．南极大磷虾（*Euphausia superba*）胰蛋白酶适冷性酶学性质和结构分析 [D]．山东：中国海洋大学，2013.

[54] 王涛，姚韬，李涛，游玲，周瑞平，王松，冯瑞章．浓香型白酒酿造相关酵母发酵糟醅产己酸乙酯的研究 [J]．食品与发酵工业，2013（1）：41-45.

[55] 张磊，张华玲，刘绪，王超凯，彭奎，常少健，周荣华，桑其明，刘念．红曲霉产酯化酶条件的研究 [J]．酿酒科技，2013（9）：68-70.

[56] 梁秋艳．低温脂肪酶产生菌株的筛选、发酵条件优化及其酶学性质研究 [D]．新疆：石河子大学，2014.

[57] 李焱．产低温脂肪酶菌株发酵条件优化及酶学性质的初步研究 [D]．河北：河北科技大学，2014.

[58] 黄卫红，耿平兰，程化鹏，张倩，张吉敏．SPE-GC/MS 法测定酱香型白酒中的氨基甲酸乙酯 [J]．酿酒科技，2014（8）：105-108.

[59] 刘波．红曲霉生淀粉酶发酵优化、分离纯化及其酶学性质研究 [D]．四川：四川农业大学，2014.

[60] 孙璐，刘志文，邹丹，李丹，潘博，丛丽娜．海参溶菌酶枯草芽孢杆菌基因工程菌构建 [J]．生物技术通报，2014（6）：150-154.

[61] 查小红，杨广明，田亚平．一种天然材料复合体系固定化酒用双功能酶的研究 [J]．食品工业科技，2014：186-196.

[62] 郭通航，陈建新．GC 双内标法同时测定发酵液中己酸和己酸乙酯的含量 [J]．酿酒科技，2015（2）：114-117.

[63] 郭通航，王沙莉，夏海锋，陈建新．伯克霍尔德氏菌胞外酯酶催化己酸乙酯合成的研究 [J]．酿酒科技，2015（7）：51-55.

[64] 唐取来，李晶晶，李玲玲，刘彩霞，胡雪娇，肖冬光．新型液态发酵生产米香型白酒的研究 [J]．酿酒科技，2015（9）：8-11.

[65] 朱旭平．RAGAZZINI 蠕动泵在新工艺米香型白酒生产中的应用 [J]．酿酒科技，2015，249（3）：99-101.

[66] 邓辉，陈存武，韦传宝．葡萄糖异构酶的结构特征及其工业（高产）用酶发掘 [J]．中国生物化学与分子生物学报，2016，32（5）：510 -517.

[67] 王勇，蒋跃恩，王利民，文继富．如何降低米香型白酒中的苦味 [J]．轻工科技，2016（2）：21-32.

[68] 朱艳蕾．细菌生长曲线测定实验方法的研究 [J]．微生物学杂志，2016（5）：108-112.

[69] 刘雪，杨爱华，张学梅，曹建全，孙丽臻．华根霉生物酶法合成己酸乙酯条件的研究 [J]．酿酒科技，2017（2）：57-60.

[70] Miller G L. Analytical Chemistry [J]，1959，31：426-429.

[71] Miller G L. Use of dinitrosalicylic acid reagent for determination of reducing sugar [J] . Anal Chem, 1959, 31: 426-428.

[72] Bradford M M. A rapid and sensitive method for the quantitation of microgram quantities of protein utilizing the principle of protein-dye binding [J] . Anal Biochem, 1976, 72: 248-254.

[73] Susi H, Michael B M. Protein structure by Fourier transform infrared spectroscopy: second derivative spectra [J] . Biochem Biophys Res Commun, 1983, 115: 391-397.

[74] Gargouri Y, Julien R, Sugihara A, Verger R, Sarda L. Inhibition of pancreatic and microbial lipases by proteins [J] . Biochim Biophys Acta , 1984, 795: 326-331.

[75] Gunata Y Z, Bayonove C L, Baumes R L, et al. Stability of free and bound fractions on some aroma components of grape c. v. Muscat during the wine processing: Preliminary results [J] . Am J Enol Vitic, 1986, 37: 112-114.

[76] Heresztyn T. Conversion of glucose to gluconic acid by glucose oxidase enzyme in Muscat Gordo juice [J] . The Australian Grapegrower and Winemaker, 1987: 25-27.

[77] Singh A, Agrawal A K, Abidi A B, Darmwal N S. Properties of exoglucanase from Aspergillus niger [J] . Journal of General & Applied Microbiology, 1990, 36: 245-254.

[78] Tuka K, Zverlov V V, Bumazkin B K, Velikodvorskaya G A, Strongin A Y. Cloning and expression of Clostridium thermocellum genes coding for thermostable exoglucanases (cellobiohydrolases) in *Escherichia coli* cells [J] . Biochemical and Biophysical Research Communications, 1990, 169: 1055-1060.

[79] Schrag J D, Li Y, Wu S, Cygler M. Ser-His-Glu triad forms the catalytic site of the lipase from Geotrichum candidum. Nature, 1991, 351: 761-764.

[80] Unsitalo J M. Enzyme production by recombinant Trichodemn reesei strain [J] . Biotechnology, 1991, 17: 35-50.

[81] Fabian H, Naumann D, Misselwitz R, Ristau O, Gerlach D, Welfle H. Secondary structure of streptokinase in aqueous solution: a Fourier transform infrared spectroscopic study [J] . Biochemistry, 1992, 31: 6532-6538.

[82] Sugihara A, Ueshima M, Shimada Y, Tsunasawa S, Tominaga Y. Purification and characterization of a novel thermostable lipase from Pseudomonas cepacia [J] . J Biochem, 1992, 112: 598-603.

[83] Torii H, Tasumi M. Three-dimensional doorway-state theory for analyses of absorption bands of many-oscillator systems [J] . J Chem Phys, 1992, 97: 86-91.

[84] Irwin D, Walker L, Spezio M, Wilson D. Activity studies of eight purified cellulases: specificity, synergism, and binding domain effects [J] . Biotechnol. Bioeng, 1993, 42: 1002-1013.

[85] Kim D W, Jeong Y K, Jang Y H, Lee J K. Purification and characterization of endoglucanase and exoglucanase components from Trichoderma viride [J] . Journal of Fermentation and Bioengineering, 1994, 7: 363-369.

[86] McCarter J D, Withers S G. Mechanisms ohenlymatlc glycoside hydrolysis [J] . Curr Opin Struct, 1994 (4): 885-892.